数据科学与大数据管理丛书

Data Mining and
Data Analysis with R

数据挖掘
与数据分析

基于R语言

主编 王阳　　　副主编 胡文杰 梁韵基

机械工业出版社
CHINA MACHINE PRESS

本书首先介绍了 R 语言的相关知识，包括 R 语言基础、R 语言可视化技术。随后本书详细介绍了数据挖掘与数据分析中重要的理论方法与基础知识，包括线性回归、逻辑回归、决策树与回归树、随机森林、贝叶斯分类器等内容，并展示了如何将 R 语言用到这些方法的具体场景中。本书通过结合数据挖掘技术的理论知识与 R 语言的实战应用，帮助读者更好地运用 R 语言解决数据挖掘中的实际问题。

本书适合作为高等院校管理科学与工程类、工商管理类等专业本科生、研究生的教材，也可以作为相关从业人员的参考读物。

图书在版编目（CIP）数据

数据挖掘与数据分析：基于 R 语言 / 王阳主编 . —
北京：机械工业出版社，2023.10
（数据科学与大数据管理丛书）
ISBN 978-7-111-74132-9

I. ①数… Ⅱ. ①王… Ⅲ. ①数据采集②数据处理
Ⅳ. ① TP274

中国国家版本馆 CIP 数据核字（2023）第 201962 号

机械工业出版社（北京市百万庄大街 22 号　邮政编码 100037）
策划编辑：张有利　　　　责任编辑：张有利
责任校对：马荣华　陈　越　责任印制：李　昂
河北鹏盛贤印刷有限公司印刷
2024 年 1 月第 1 版第 1 次印刷
185mm×260mm・16.75 印张・373 千字
标准书号：ISBN 978-7-111-74132-9
定价：55.00 元

电话服务　　　　　　　　网络服务
客服电话：010-88361066　机 工 官 网：www.cmpbook.com
　　　　　010-88379833　机 工 官 博：weibo.com/cmp1952
　　　　　010-68326294　金 书 网：www.golden-book.com
封底无防伪标均为盗版　机工教育服务网：www.cmpedu.com

在人类社会发展的进程中，数据一直承载着信息记录的重要作用。从人类文明诞生伊始的"结绳记事"，到当今信息技术的"数学建模"，数据见证了人类历史的进步与变迁。近年来，随着大数据时代的来临，数据生成往往具有速度快、数据量大的特点，数据结构多样复杂，其中蕴含的应用价值非常高。

为了应对日趋复杂的海量数据，数据分析技术得到了快速发展。传统的数据分析技术侧重于对统计学方法的应用，如今，侧重于机器学习的数据挖掘技术正不断走向成熟。数据挖掘技术可以从大量模糊的现实数据中挖掘出潜在的信息，借助数据库技术、机器学习、数学算法、可视化技术等手段揭示事物之间的关联性和潜在规律，使数据转变成信息，信息进一步升华为知识。可以预见的是，在未来的农业、工业、教育、医疗等多个领域的推动下，数据分析技术将发展到一个全新的高度，也必将扮演更加重要的角色。

我们在西北工业大学为硕士研究生（含学术学位和专业学位）开设了数据挖掘与商务数据分析课程，该课程目前已设立5年之久，学习该课程的学生累计超过550人。课程中制作的讲义课件和相关案例是本书理论部分的基础，实验课上的数据集和上机内容则构成了本书实践部分的主体。随着课程内容的迭代与积累，本书包含的内容也在不断丰富完善。本书定稿后已在西北工业大学作为教材试用。

课程开设之初，我们查阅过许多数据挖掘相关的图书，遗憾的是，它们包含的内容并不足以匹配我们课程的教学目标。为了让学生熟练掌握数据挖掘技术的理论方法与基础知识，并能够将其付诸实践，我们在本书的前两章中详细介绍了R语言基础，同时结合实例给出了具体操作过程。我们希望读者能够在不借助任何其他课程知识的情况下，即可对商务应用场景中的数据进行描述性数据分析、可视化和高级数据模型构建。

概述

总的来说，本书将数据分析和挖掘基本原理、数据分析案例、模型构建、模型代码实现和结果分析相结合，帮助读者更好地掌握 R 语言在实际场景中的应用，根据具体业务需求制定智能决策方案。

本书总共有 12 章，前 10 章包含 10 个主题：R 语言基础、R 语言可视化技术、线性回归、逻辑回归、决策树与回归树、随机森林、贝叶斯分类器、层次聚类、K 均值聚类、关联规则分析。本书的最后两章介绍了两个具体的案例分析。

为了加深读者对每部分知识的理解，提高读者的实践能力，我们在每章结尾处都设置了本章小结和课后习题。

本书提供的教辅材料包括：课程幻灯片、实验数据集、源代码、课后习题及答案。

本书的编写过程获得了多位老师的大力相助。王阳老师主要负责设计本书整体框架，并撰写了本书的大部分内容。胡文杰老师主要负责编写代码，对代码运行结果进行分析，设计例题以及校对文字。梁韵基老师主要负责设计案例和校对文字。冯建广老师撰写了本书的线性回归与逻辑回归部分，周珍与张新卫老师共同编写了决策树与回归树、随机森林两个部分的内容，陈志老师主要设计了两个具体的案例分析。

致谢

本书在编写的过程中，许多人为其付出了心血。在此感谢西北工业大学信息与知识管理团队的学生，王秋实、范琼瑜、周思佳、闫勇为本书实验部分的代码编写与测试投入了大量精力，王俊鹏、翟寒、吴松给本书提出了许多重要的建议及反馈。我们同时要感谢西北工业大学选修数据挖掘与商务数据分析课程的同学，他们作为本书的第一批使用者，提出了宝贵的修改意见。

我们还要感谢西北工业大学的其他老师，他们为本书提供了富有建设性的反馈，特别感谢陈志老师为本书的实验部分提供了丰富的计算资源，搭建了良好的测试环境。

C O N T E N T S

目 录

第1章

R语言基础

■ **学习目标**

- 掌握 R 语言的数据读取和导出操作
- 掌握 R 语言的对象和数据类型
- 熟练运用 R 语言的流程控制语句
- 熟练运用 R 语言进行数据处理
- 熟悉 R 语言数据处理包中的 dplyr 包和 tidyr 包

■ **应用背景介绍**

　　R 语言被广泛应用于统计领域，是商业软件 S 语言的一种实现，因此两种语言在一定程度上可相互兼容。但 R 语言以其简洁而强大的优点，近年来逐渐崭露头角，不管在学界还是业界都得到越来越多人的青睐。同时，R 语言是一款开源的工具，大部分函数的源代码都是可以免费获取的，这使得其受欢迎的程度逐年提升。

　　作为一套完整的数据处理和绘图软件，R 语言可以在不同的操作系统上运行。在各类 R 包的辅助下，R 语言几乎能够实现各种数据统计、分析与绘图功能。R 包的扩展性同时也加速了 R 语言的发展，可以预见的是，无论在学界还是业界，R 语言都将扮演越来越重要的角色。

1.1　R 语言中的数据读取和数据导出

　　本节主要介绍 R 语言中的数据读取和数据导出及其代码实现。

1.1.1 第一个 R 会话

R 语言具有强大的数据统计与分析功能，如创建简单的数据集、输出数据集中的元素、提取数据集的子集、计算均值、计算方差等。为了提前感受 R 语言的强大功能，我们首先尝试一些简单的 R 语言操作：

```
# 利用2、5、8生成一个简单的数据集x
x <- c(2,5,8)
# 通过数据集x构造数据集q
q <- c(x,x,6)
```

构造完成后，x 中包含 2、5、8 三个元素，q 中包含 2、5、8、2、5、8、6 七个元素，我们接着通过索引输出 x 中的元素：

```
#输出x中的第二个元素
x[2]
输出：
[1]5

#输出q中的第三个元素
q[3]
输出：
[1]8
```

R 语言中 ":" 可指示范围，如 1:6 表示 1 到 6，4:8 表示 4 到 8 等。

```
#提取q中第2至第5个元素
q[2:5]
输出：
>q[2:5]
[1]5 8 2 5
```

R 语言中可调用 mean() 函数计算均值，sd() 函数计算方差：

```
#计算x中数据的均值
mean(x)
输出：
[1]5

#计算q中数据的方差
sd(q)
输出：
[1]2.478479
```

1.1.2　变量赋值

和其他编程语言一样，R语言中也存在符号变量。用户在创建变量时必须使用赋值运算符"<-"给变量赋值，赋值完成后，该变量才正式创建完成，R语言中不允许创建没有赋值的空变量。R语言中同样支持通过符号"="进行赋值，二者在赋值上的效果一样，用户可根据自身喜好选择。

下面语句创建了一个变量x0，并将其赋值为2：

```
#创建一个值为2的变量x0
x0 <- 2
输出：
>x0
[1]2
```

变量创建完成后，该变量便代表了用户赋予的数值。用户可通过赋值运算符"<-"对变量重新赋值，以达到修改变量值的目的。

```
#修改变量x0的值
x0 <- 4
输出：
>x0
[1]4
```

1.1.3　从文件中读取数据

想要从外部文件中直接读取整个数据框，文件通常需要具备特殊的格式：文件的第一行应该为数据框中的每列变量命名，其余行包括一个行标签以及每个变量的取值。图1-1为csv文件的格式示例。

常用的读取文件数据的函数包括read.table()、read.csv()、read.delim()等。首先来看一个例子：

```
HousePrice <- read.table("./HousePrices.csv",header=TRUE)
HousePrice
```

read.table()函数中的第一个参数为要读取文件的路径及名称，header用于指出文件的第一行是否为变量的名字，其默认值为FALSE。除了上述三种函数外，R语言还可以直接读取Excel文件，具体代码如下：

```
#导入xlsx包
library(xlsx)
#读取myexcel.xlsx文件中的第一个工作表
```

```
mydata <- read.xlsx("./myexcel.xlsx",1)
#读取myexcel.xlsx文件中表名为mysheet的工作表
mydata <- read.xlsx("./myexcel.xlsx",sheetName="mysheet")
```

1	HomeID	Price	SqFt	Bedrooms	Bathrooms	Offers	Brick	Neighborhood
2	1	114300	1790	2	2	2	No	East
3	2	114200	2030	4	2	3	No	East
4	3	114800	1740	3	2	1	No	East
5	4	94700	1980	3	2	3	No	East
6	5	119800	2130	3	3	3	No	East
7	6	114600	1780	3	2	2	No	North
8	7	151600	1830	3	3	3	Yes	West
9	8	150700	2160	4	2	2	No	West
10	9	119200	2110	4	2	3	No	East
11	10	104000	1730	3	3	3	No	East
12	11	132500	2030	3	2	3	Yes	East
13	12	123000	1870	2	2	2	Yes	East
14	13	102600	1910	3	2	4	No	North
15	14	126300	2150	3	3	5	Yes	North
16	15	176800	2590	4	3	4	No	West

图 1-1 csv 文件的格式示例

1.1.4 从 R 语言的包中获取数据

在 R 语言中，我们不仅可以从文件中读取数据，还可以从 R 语言的包中获取数据。调用函数 data() 可以查看 datasets 包中的数据集，如图 1-2 所示。

```
Data sets in package 'datasets':

AirPassengers                    Monthly Airline Passenger Numbers 1949-1960
BJsales                          Sales Data with Leading Indicator
BJsales.lead (BJsales)           Sales Data with Leading Indicator
BOD                              Biochemical Oxygen Demand
CO2                              Carbon Dioxide Uptake in Grass Plants
ChickWeight                      Weight versus age of chicks on different diets
DNase                            Elisa assay of DNase
```

图 1-2 datasets 包中的部分数据集

我们同样可以对这些数据进行处理分析。下面展示如何计算数据集 Nile 的均值和标准差：

```
>mean(Nile)
[1]919.35
>sd(Nile)
[1]169.2275
```

1.1.5 导出数据

根据导出文件格式的不同，存在多种文件导出函数。write.table()、write.csv()、write.xlsx() 等函数可用于将程序中的数据导出到指定的文件夹，具体代码如下：

```
write.table(mydata,"./mydata.txt",sep="\t")
write.csv(mydata,file="C:/Data/mydata.csv")
write.xlsx(mydata ,"./mydata.xlsx")
```

上述函数中的第一个参数为待导出的数据集，第二个参数为导出文件的路径及名称，sep 为数据的分隔符。

1.2 R 语言中的数据类型和对象

R 语言是一门面向对象的语言，R 语言中的所有操作都需要指明具体的操作对象，每个对象具有相应的数据类型和数据长度。本节主要介绍 R 语言中的数据类型和对象及其代码实现。

1.2.1 数据类型

R 语言中常用的数据类型包括数值型（numeric）、字符型（character）、复数型（complex）和逻辑型（logical），mode() 函数可以指示数据类型，length() 函数可以获取数据长度。

1. 数值型

数值型数据的示例如下：

```
a <- 64
mode(a)
输出：
[1]"numeric"

length(a)
输出：
[1]6

sqrt(a)
输出：
[1]8
```

2. 字符型

字符型数据必须用双引号（""）包起来，其示例如下：

```
a <- "The cat ate my homework"
sub("cat","pig",a)
输出：
[1]"The pig ate my homework"
```

3. 复数型

任何复数都能表示成 $a+bi$ 的形式，其中 a、b 皆为实数，i 为虚数单位，且 $i^2=-1$。R 语言中可以实现所有复数的运算，示例如下：

```
y1 <- -8+3i
y2 <- 6+5i
mode(y1)
输出：
[1]"complex"

y1+y2
输出：
[1]-2+8i
```

4. 逻辑型

逻辑型数据中，用户可以进行取非（！）、取与（& 和 &&）、取或（| 和 ||）三种操作，示例如下：

```
a <-(1+1==3)
a
输出：
[1]FALSE

y3 <- TRUE
!y3
输出：
[1]FALSE

y4 <- c(T,T,F,F,F)
y5 <- c(F,F,T,F,F)
y4 && y5
输出：
[1]FALSE

y4 & y5
输出：
[1]FALSE FALSE FALSE FALSE FALSE
```

上述代码表明，& 操作会对逻辑型数据中的每个元素求与，&& 操作只对第一个元素求与。取或操作和取与操作类似。

```
y4 || y5
输出:
[1]TRUE

y4 | y5
输出:
[1]TRUE  TRUE  TRUE FALSE FALSE
```

1.2.2　R语言中的向量

R语言中有多种类型的对象，包括向量、矩阵、数据框、列表和因子。向量是R语言中最常用的一种数据类型，其结构简洁，构造方便，可具体细分为数值型向量、字符型向量、逻辑型向量，代码如下：

```
a<-c(1,3,6.4,7,-8,2)# 数值型向量
b<-c("one","two","three")# 字符型向量
c<-c(TRUE,FALSE,FALSE,TRUE,TRUE)# 逻辑型向量
```

向量中的元素可使用下标引用，示例如下：

```
#索引a中第2和第4个元素
a[c(2,4)]
输出:
[1]3 7
```

1.2.3　R语言中的矩阵

矩阵中所有元素的数据类型必须相同，每一列必须拥有相同的长度。矩阵使用matrix()函数创建，其一般形式为

```
mymatrix<-matrix(vector,nrow=r,ncol=c,byrow=FALSE,
dimnames=list(char_vector_rownames,char_vector_colnames)
```

R语言中的数据填充是列优先的，即byrow的默认值是FALSE，这表示矩阵在接收数据时按列填充，byrow=TRUE意味着矩阵在接收数据时按行填充。dimnames为行和列提供了可选择的标签，具体代码如下：

```
# 构造一个5行4列的矩阵
y<-matrix(1:20,nrow=5,ncol=4)
# 另一个示例
cells<-c(25,64,72,48)
rnames<-c("R1","R2")
```

```
cnames <- c("C1","C2")
mymatrix <- matrix(cells,nrow=2,ncol=2,byrow=TRUE,dimnames=list(rnames,cnames))
mymatrix
输出：
     C1 C2
R1 25 64
R2 72 48
```

矩阵中的元素也可以使用下标引用：

```
mymatrix[,2]# 矩阵的第2列
输出：
R1 R2
64 48

mymatrix[1,]# 矩阵的第1行
输出：
C1 C2
25 64

mymatrix[2,1]# 矩阵的第2行、第1列
输出：
[1]72
```

1.2.4　R 语言中的数据框

数据框是比矩阵更通用的一种数据类型。在数据框中，不同的列可以拥有不同的数据类型，但每列的长度必须相等。数据框通常使用 data.frame() 函数创建。

```
d <- c(1,2,3,4)
e <- c("green","red","blue",NA)
f <- c(FALSE,TRUE,TRUE,FALSE)
mydataframe <- data.frame(d,e,f)
names(mydataframe) <- c("ID","Color","Passed")
```

上述代码构造了一个含有 3 列不同数据类型的数据框，其中第一列为数值型，第二列为字符型，第三列为逻辑型，数据框 mydataframe 中的元素如图 1-3 所示。

由于数据框结构的通用性，存在多种方法识别数据框中的元素。

▲	ID ▲▼	Color ▲▼	Passed ▲▼
1	1	green	FALSE
2	2	red	TRUE
3	3	blue	TRUE
4	4	NA	FALSE

图 1-3　数据框 mydataframe 中的元素

```
mydataframe[2:3]# 获取2-3列的数据
输出：
```

```
     Color    Passed
1    green    FALSE
2     red     TRUE
3    blue     TRUE
4    <NA>     FALSE

mydataframe[c("ID","Passed")]# 获取列名为ID、Passed的数据
```
输出:
```
     ID    Passed
1    1     FALSE
2    2     TRUE
3    3     TRUE
4    4     FALSE

mydataframe$Color  # 获取列Color的数据
```
输出:
```
[1]"green" "red"    "blue"   NA
```

1.2.5 R 语言中的列表

列表是对象的有序组合，它可以包含不同类型的元素，比如数值、向量、矩阵或是另一个列表。列表使用 list() 函数创建:

```
#创建一个包含字符串、矩阵、逻辑值向量和子列表的列表
mylist <- list(c("Blue","Green"),matrix(c(23,6,3,3,9,8),nrow=2),
                    c(FALSE,TRUE),list("Mon",91.87))
names(mylist)<- c("Color","A_matrix","Logic","Inner_list")
```

可以看到，列表对其存储数据的长度和类型没有要求，且列表中可以嵌套子列表。执行上述代码将产生以下结果:

```
mylist
```
输出:
```
$Color
[1]"Blue"  "Green"

$A_matrix
     [,1] [,2] [,3]
[1,]  23    3    9
[2,]   6    3    8

$Logic
[1]FALSE   TRUE

$Inner_list
$Inner_list[[1]]
```

```
[1]"Mon"

$Inner_list[[2]]
[1]91.87
```

列表中的元素可以通过其索引访问，若遇到命名过的元素则可以通过其名称访问。以上面创建的列表为例，通过索引访问 mylist 中的第一个元素：

```
mylist[1]
输出：
$Color
[1]"Blue"   "Green"
```

通过元素名称访问 mylist 中的 A_matrix 矩阵：

```
mylist$A_matrix
输出：
     [,1]   [,2]   [,3]
[1,]   23     3     9
[2,]    6     3     8
```

通过元素名称及元素中的索引，访问 mylist 中的 A_matrix 矩阵的第一行第三列数据：

```
mylist$A_matrix[1,3]
输出：
[1]9
```

通过元素名称及元素中的索引，访问 mylist 中的 Inner_list 子列表的第一个元素：

```
mylist$Inner_list[1]
输出：
[[1]]
[1]"Mon"
```

1.2.6　R 语言中的因子

R 语言中的因子主要用于对数据进行分组，可以记录数据中的类别名称及类别数目，如人的性别可以分为男性和女性，考试成绩可以分为优、良、差等。因子型变量内的所有非重复值，被称为因子水平（levels）。在 R 语言中一般用 factor() 函数创建因子型变量。

```
#创建一个包含5个male、8个female的变量
myfactor <- c(rep("male",5),rep("female",8))
#将其转化为因子型变量
myfactor <- factor(myfactor)
```

直接输出因子型变量 myfactor 会得到以下结果：

```
myfactor
输出：
[1]male    male    male    male    male    female female female female female female
female female
Levels:female male
```

其中的 levels 即为因子型变量内的所有非重复值。我们还可以利用 summary() 函数对因子型变量 myfactor 进行统计，结果如下：

```
summary(myfactor)
输出：
female    male
    8    5
```

调用 class() 函数可获取 myfactor 变量的类型为因子型变量：

```
class(myfactor)
输出：
[1]"factor"
```

调用 as.character() 函数可以将 myfactor 转为字符型变量：

```
as.character(myfactor)
输出：
[1]"male"     "male"     "male"     "male"     "male"     "female" "female" "female"
"female" "female" "female" "female" "female"
```

调用 as.integer() 函数可以将 myfactor 转为数值型变量：

```
as.integer(myfactor)
输出：
[1]2 2 2 2 2 1 1 1 1 1 1 1 1
```

1.3　R 语言中的控制语句及函数

与其他编程语言类似，R 语言也有控制结构，便于用户编写程序，将数据处理的操作程序化、规范化。R 语言中的控制语句主要包括 if 分支、for 循环、while 循环以及 switch 语句。同时，R 语言是一个函数的集合体，不仅允许用户根据需求自定义函数，还集成了大量函数包，帮助用户完成各种数据处理的操作。

本节主要介绍 R 语言中的控制语句及函数。

1.3.1 if 分支

if 分支也被称作条件语句，主要用来判断相应条件下的代码执行内容，具体语法如下：

```
if(logical expression){
  statements
} else {
 alternative statements
}
```

如果 if 后的条件判断为真，则执行 statements 对应的语句，否则执行 alternative statements 对应的语句。if 后的判断条件可以是逻辑型向量，也可以是数值型向量。当判断条件为数值型向量时，0 代表条件为假，其余数值代表条件为真。根据下面的代码，由于 x 的值为 6，x 大于 0，条件判断为真，因此输出结果为 "Positive number"。

```
x <- 6
if(x>0){
  print("Positive number")
}
输出:
[1]"Positive number"
```

根据下面的代码，由于 x1 的值为 −6，条件判断为假，因此输出结果为 "Negative number"。

```
x1 <- -6
if(x1>0){
  print("Positive number")
} else {
  print("Negative number")
}
输出:
[1]"Negative number"
```

需要注意的是，else 必须与 if 语句的右大括号写在同一行。上述代码也可以写成单独的一行，得到的输出结果一致。

```
if(x1>0)print("Positive number")else print("Negative number")
```

R 语言的特性允许我们按以下结构编写代码：

```
x2 <- -8
x3 <- if(x2>0)23 else 24
x3
输出:
[1]24
```

当有多个条件需要判断时，可以重复编写 if…else…if…语句，语法如下：

```
if(test_expression1){
  statement1
} else if(test_expression2){
  statement2
} else if(test_expression3){
  statement3
} else {
  statement4
}
```

不管有多少个判断条件，最终只有一个条件满足要求，也只有该条件下的语句会被执行。由于 x4 的取值为 0，因此它只符合 else 中的条件，故而执行结果为 "Zero"。

```
x4 <- 0
if(x4>0){
  print("Positive number")
} else if(x4<0){
  print("Negative number")
} else {
  print("Zero")
}
输出:
[1]"Zero"
```

向量构成了 R 语言的基本组成部分，R 语言中的大多数函数都将向量作为输入和输出，这种代码向量化的方式比单独将相同的函数应用于向量的每个元素要快得多。与此概念类似，R 语言中的 if…else 语句有一个向量等价形式，即 ifelse() 函数。ifelse() 函数的语法为：

```
ifelse(cond,statement1,statement2)
```

其中 cond 是判断条件，当判断条件为真时，输出 statement1 的值，否则输出 statement2 的值，示例如下：

```
x5 <- c(11,6,3,7,4,91)
ifelse(x5 %% 2 == 0,"even","odd")
输出:
[1]"odd"  "even" "odd"  "odd"  "even" "odd"
```

ifelse() 函数的输入向量 x5 中包含 6 个元素，需要判断这些元素的奇偶性。若其对 2 求余的结果为 0，则说明其为偶数，否则为奇数。

在上述例子中，判断条件为 x5%%2==0，这将导致结果向量 (FALSE,TRUE, FALSE, FALSE,TRUE, FALSE)，该向量对应到输出语句后才转换成了我们看到的结果。

1.3.2 for 循环

循环语句是一种重要的编程语句，当存在大量重复性工作时，循环语句的价值得以充分体现，不仅能削减代码量，还能提高编程效率，确保问题高效得到解决。for 循环是经典的循环语句之一，其语法如下：

```
for(var in seq)expr
```

上述语法中，seq 是一个向量，而 var 在循环中取其每个值。在每次迭代的过程中，expr 都会得到执行。我们来看一个具体的示例：

```
x6 <- c(1,32,55,64,7,86,23,9)
count1 <- 0
tor(var in x6){
  if(var %% 2 == 0)count1 <- count1+1
}
print(count1)
输出:
[1]3
```

在该例子中，我们通过 for 循环计算向量 x6 中有多少偶数。for 循环前，我们先定义一个变量 count1 用于计算偶数个数。由于 x6 中共有 8 个元素，因此循环执行了 8 次，每次循环中 var 都会取 x6 中的一个数值，并计算其是否为偶数，若是，则 count1 的值加 1，最终计算结果为 3。

下述示例中，我们通过 for 循环计算 1~1 000 的奇数和。for 循环开始前，我们先定义一个变量 sum_1_1000 用于接收累加值，随后函数将循环 1 000 次，每次循环中，函数首先通过 if 语句判断数字 i 是否为奇数，若是则将其值累加到 sum_1_1000 中，若不是则直接进入下一次循环。

```
# 计算1到1000之间的奇数和
sum_1_1000 <- 0
for(i in 1:1000){
  if(i %% 2 == 1){
    sum_1_1000 <- sum_1_1000+ i
  }
}
sum_1_1000
输出:
[1]250000
```

1.3.3 while 循环

while 循环是另一种经典的循环语句，它与 for 循环有一定的相似之处，二者之间可以相互转换，其语法如下：

```
while(cond)expr
```

其中 cond 是判断条件，当判断条件为真时，expr 将开始执行，expr 执行结束时将重新判断条件，若判断条件依旧为真，expr 继续执行，以此类推，直到判断条件为假时循环结束。我们来看一个具体示例：

```
x7 <- 1
while(x7<6){
  print(x7)
  x7 <- x7+1
}
输出：
[1]1
[1]2
[1]3
[1]4
[1]5
```

在该例子中，我们首先定义变量 x7，并将其赋值为 1。由于 while 循环体的判断条件为 x7<6，因此 print(x7) 和 x7=x7+1 会循环执行直到 x7 ≥ 6 为止。

相比于 for 循环，while 循环更适合循环次数不确定的情况。由于 while 循环可能陷入无休止的循环，因此当循环体内的函数符合某种条件时，需要借用 break 语句跳出循环，我们来看下面的示例：

```
# 使用while循环登录银行账户
while(TRUE){
  cardID <- readline("请输入银行卡号:")
  password <- readline("请输入账号密码:")
  if(cardID == "123456" & password == "ILoveR666"){
    print("账号登录成功！")
    break
  } else {
    print("您的银行卡号或者账号密码有误！")
  }
}
输出：
请输入银行卡号:123456
请输入账号密码:IlikeR
[1]"您的银行卡号或者账号密码有误！"
请输入银行卡号:789456
请输入账号密码:ILoveR
[1]"您的银行卡号或者账号密码有误！"
请输入银行卡号:123456
请输入账号密码:ILoveR
[1]"您的银行卡号或者账号密码有误！"
```

```
请输入银行卡号:123456
请输入账号密码:ILoveR666
[1]"账号登录成功! "
```

上述示例展示了使用 while 循环登录银行账户的过程。readline() 函数是一种实现人机交互的函数，用户通过输入自定义信息给变量 cardID 和 password 赋值。只有当用户输入的银行卡号和账号密码符合循环体中函数的设定值时，用户才能成功登录账号，此时由于不知道用户要尝试多少次，即不知道循环将进行多少次，因此更适合用 while 循环编写程序。

需要注意的是，while 循环中的 break 语句非常关键。当用户输入了正确的银行卡号和账号密码时，程序不仅要提示用户登录成功，还要跳出信息输入的循环体，此时便要用到 break 语句。break 语句用于结束当前循环并跳出整个循环体，若没有 break 语句，则用户即使输入了正确的信息还会被要求继续输入，即 while 循环将陷入无休止的循环，由此可见 while 循环中 break 语句的重要性。

1.3.4　switch 语句

switch 语句将测试的变量与列表中的值（case）进行比较，依据具体的情况选择相应的执行语句，其语法如下：

```
switch(expression,case1,case2,case3…)
```

switch 语句中，如果表达式的值不是字符串，则将其默认设置为整数。switch 语句中可以包含任意数量的 case 语句，每个 case 语句后面写明要比较的值和一个冒号。如果表达式的整数值介于 1 和最大参数之间，则评估 case 语句的相应元素并返回结果。如果表达式为字符串，则该字符串需与 case 语句中的值完全匹配。若有多个匹配结果，则返回第一个匹配结果。当遇到没有匹配结果时，如果函数中存在未命名的元素，则返回其值。下面这个简单的例子中，switch() 的表达式为 5，这意味 x8 将被赋予 switch() 中的第 5 个值，因此 x8 的值为 "white"。

```
x8 <- switch(5,
    "blue",
    "yellow",
    "green",
    "black",
    "white",
    "pink"
)
x8
输出:
[1]"white"
```

下面这个例子中，x9 是一个长度为 7 的字符型向量，因此 for 循环将执行 7 次。每次循环会判断 x9 中的元素是否在 switch 语句的情况中，由于 ch 是字符型变量，因此需要其与 case 语句的值相匹配，若没有匹配，则输出默认情况 default 0。

```
x9 <- c("A","b","c","D","E","f","G")
#cat()函数是输出函数的一种，当没有输出结果时，cat()不会输出任何东西
for(ch in x9){
  cat(ch,":",switch(EXPR=ch,a=1,A=2,c=3,d=4,E=5,F=6,G=1:4,"default 0"),"\n")
}
输出：
A:2
b:default 0
c:3
D:default 0
E:5
f:default 0
G:1 2 3 4
```

1.3.5　自定义函数

R 语言的一项强大功能在于用户可以添加自定义的函数。事实上，R 语言中的许多函数实际上是函数的函数。函数的结构如下所示：

```
myfunction <- function(arg1,arg2…){
statements
return(object)
}
```

其中 myfunction 为函数名称，arg1、arg2 为参数，statements 为函数语句，return(object) 返回函数结果。

在 function() 函数中，括号内的传入参数是可选的。我们在自定义函数时，根据实际情况可以不编写传入参数，也可以编写多个传入参数。函数中没有传入参数的情况如下：

```
# 函数中没有传入参数的情况
f1 <- function(){
  print("I love R!")
}
f1()
输出：
[1]"I love R!"
```

函数中有传入参数的情况如下：

```
# 函数中有传入参数的情况
```

```
f2 <- function(num_i){
  for(i in 1:num_i){
    print("I love R!")
  }
}
f2(3)
输出：
[1]"I love R!"
[1]"I love R!"
[1]"I love R!"
```

需要注意的是，如果自定义的函数中定义了传入参数，则用户在后续调用函数时必须同样写明传入参数的值，否则程序会报错，以f2()函数为例：

```
f2()
输出：
Error in f2():缺少参数"num_i",也没有缺省值
```

为了减少上述错误的发生，用户可以设置传入参数的默认值。如果函数被调用时没有写明具体的传入参数，默认的参数值则会作为传入参数值，示例如下：

```
# 设置传入参数的默认值
f3 <- function(num_i=2){
  for(i in 1:num_i){
    print("I love R!")
  }
}
f3()
输出：
[1]"I love R!"
[1]"I love R!"

f3(1)
输出：
[1]"I love R!"
```

我们最后来看一个稍微复杂的示例，此示例是关于编写矩阵转置函数的。

```
# 矩阵的转置
f4 <- function(x){
  if(!is.matrix(x)){
    warning("argument is not a matrix:returning NA")
    return(NA_real_)
  }
  y <- matrix(1,nrow=ncol(x),ncol=nrow(x))
  for(i in 1:nrow(x)){
    for(j in 1:ncol(x)){
```

```
      y[j,i]<- x[i,j]
    }
  }
  return(y)
}
```

我们在函数 f4() 中设置了条件判断语句 if(!is.matrix(x)) 以确保输入的数据类型为矩阵，因此我们执行 f4(1) 时，由于 1 不是矩阵，因而程序会输出如下结果：

```
f4(1)
输出:
[1]NA
Warning message:
In f4(1):argument is not a matrix:returning NA
```

为了正确调用函数 f4()，我们首先构造了一个 3 行 6 列的矩阵 mymatrix2。

```
# 构造一个3行6列的矩阵用于测试
mymatrix2 <- matrix(c(rep(8,5),rep(9,5),rep(6,4),rep(3,4)),nrow=3,ncol=6)
mymatrix2
输出:
     [,1]  [,2]  [,3]  [,4]  [,5]  [,6]
[1,]    8     8     9     9     6     3
[2,]    8     8     9     6     6     3
[3,]    8     9     9     6     3     3
```

调用函数 f4(mymatrix2) 后，输出结果为：

```
f4(mymatrix2)
输出:
     [,1]  [,2]  [,3]
[1,]    8     8     8
[2,]    8     8     9
[3,]    9     9     9
[4,]    9     6     6
[5,]    6     6     3
[6,]    3     3     3
```

1.3.6 R 语言中的内置函数

R 语言中几乎所有的内容都是通过函数完成的，接下来我们将列出那些在创建编码或重新编码变量时常用的数值函数（见表 1-1）和字符函数（见表 1-2）。

表 1-1　常用的数值函数

函数	描述
abs(x)	求 x 的绝对值
sqrt(x)	求 x 的平方根
ceiling(x)	向上取整（如 ceiling(3.7) = 4）
floor(x)	向下取整（如 floor(8.98) = 8）
trunc(x)	去尾取整（如 trunc(4.76) = 4）
round(x, digits = n)	四舍五入（如 round(6.7453, digits = 2) = 6.75）
signif(x, digits = n)	舍入（如 signif(6.7453, digits = 2) = 6.7）
cos(x), sin(x), tan(x)	三角函数（还有 acos(x)、cosh(x)、acosh(x) 等）
log(x)	自然对数函数
log10(x)	公用对数函数
exp(x)	e^x 指数函数

表 1-2　常用的字符函数

函数	描述
substr(x, start = n1, stop = n2)	提取或代替字符向量中的子串 x <- "ILoveR" substr(x, 2, 5) 的结果为 "Love" substr(x, 2, 5) <- "Like" 的结果为 "ILikeR"
grep(pattern, x, ignore.case = FALSE, fixed = FALSE)	在 R 语言中搜索模式。如果 fixed = FALSE，则模式是一个正则表达式。如果 fixed = TRUE，则模式为文本字符串。函数返回匹配的索引。 grep("D", c("A", "D", "c"), fixed = TRUE)，返回值为 2
sub(pattern, replacement, x, ignore.case = FALSE, fixed = FALSE)	在 x 中查找模式并替换为 replacement 文本 如果 fixed = FALSE，则模式是一个正则表达式 如果 fixed = TRUE，则模式为文本字符串 sub("\\s", ".", "Hello World")，返回值为 "Hello.World"
strsplit(x, split)	在 split 处拆分字符向量 x 的元素 strsplit("Love", "")，返回值为 "L", "o", "v", "e"
paste(···, sep = "")	使用 sep 字符串分隔字符串后连接字符串 paste("a", 1:3, sep = "")，返回值为 c("a1", "a2", "a3") paste("a", 1:3, sep = "O")，返回值为 c("aO1", "aO2", "aO3")
toupper(x)	大写
tolower(x)	小写

表 1-3 描述了与概率分布相关的函数。对于下面的随机数生成器，我们可以使用函数 set.seed(1234) 或其他整数来创建可重现的伪随机数。

表 1-3 与概率分布相关的函数

函数	描述

dnorm(x)	正态密度函数（默认值 m = 0 sd = 1）
	# 绘制标准正态曲线
	x <- pretty(c(-3, 3), 30)
	y <- dnorm(x)
	plot(x, y, type = "I", xlab = "Deviate", ylab = "Density", yaxs = "i")

pnorm(q)	q 的累积正态概率 （q 左侧正态曲线下的面积） pnorm(1.96) 的结果为 0.975
qnorm(p)	正常分位数 正态分布 p 百分位数的值 qnorm(.9) 的结果为 1.28
rnorm(n, m = 0, sd = 1)	n 个随机正态偏差，其中均值为 m，标准偏差为 sd #50 个随机正态变量，平均值 =50，标准差 =10 x <- rnorm(50, m = 50, sd = 10)
dbinom(x, size, prob)	二项分布，其中 size 是样本大小，prob 是硬币翻转出现正面的概率 (pi) # 10 次硬币翻转中出现 0~5 个正面的概率 dbinom(0:5, 10, .5)
pbinom(q, size, prob)	# 10 次硬币翻转中出现 5 个或更少正面的概率 pbinom(5, 10, .5)

qbinom(p, size, prob)	给出累积值与概率值匹配的数字
	# 当一枚硬币被抛 101 次时，有多少个正面的概率为 0.4
	qbinom(0.4, 101, 1/2)
	输出结果为：49

rbinom(n, size, prob)	从给定样本产生给定概率的所需数量的随机值
	# 从 200 个样本中以 0.3 的概率找出 9 个随机值
	rbinom(9, 200, .3)
	输出结果为：53 53 55 67 57 57 69 52 65

dpois(x, lamda)	泊松分布，返回发生 x 次随机事件的概率
ppois(q, lamda)	泊松分布，返回累积概率
qpois(p, lamda)	泊松分布，返回相应分位点 x
rpois(n, lamda)	泊松分布，返回每组发生随机事件的次数

（续）

函数	描述
dunif(x, min = 0, max = 1)	均匀分布，分布密度
punif(q, min = 0, max = 1)	均匀分布，分布函数
qunif(p, min = 0, max = 1)	均匀分布，分位数函数
runif(n, min = 0, max = 1)	均匀分布，随机数产生函数

表 1-4 提供了其他有用的统计函数。这些函数在计算之前都有选项 na.rm 用以移除缺失值，否则，缺失值的存在将导致结果缺失。函数的输入对象可以是数值向量或数据框。

表 1-4　其他有用的统计函数

函数	描述
mean(x, trim = 0, na.rm = FALSE)	计算对象 x 的均值 trim 表示截尾平均数，如：trim = 0.05 表示丢弃最大的 5% 数据和最小的 5% 数据后，再计算算术平均数 trim 的取值范围为 0~0.5
sd(x)	计算对象 x 的标准差
median(x)	计算对象 x 的中位数
quantile(x, probs)	计算对象 x 的分位数
range(x)	计算对象 x 的范围
sum(x)	计算对象 x 的和
diff(x, lag = 1)	滞后差异
min(x)	计算对象 x 的最小数
max(x)	计算对象 x 的最大数
scale(x, center = TRUE, scale = TRUE)	列中心或标准化矩阵
seq(from, to, by)	生成序列 seq(1, 20, 4) 的结果为 1,5,9,13,17
rep(x, ntimes)	重复 x n 次
cut(x, n)	将因子中的连续变量除以 n 个水平

1.4　R 语言中的数据处理

作为一种统计分析软件，R 语言的优势在于其出色的数据处理能力，简便而强大的编程语言以及集成的函数包使得 R 语言几乎能够胜任各种数据分析统计工作。本节主要介绍 R 语言中的各种数据处理操作。

1.4.1 从数据集中提取信息

R 语言中有许多函数可以提取对象或数据集的内容。

ls() 函数用于列出当前工作环境中的所有对象：

```
ls()
输出：
[1]"a"        "b"        "c"          "cells"        "ch"          "cnames"        "d"
   "e"        "f"        "f1"
[11]"f2"      "f3"      "f4"      "mydataframe"    "myfactor"    "mylist"    "mymatrix"
    "mymatrix2"    "rnames"        "x"
[21]"x1"      "x2"        "x3"        "x4"        "x5"        "x8"        "x9"
```

names() 函数可用于提取对象中的变量：

```
names(mydataframe)
输出：
[1]"ID"      "Color"  "Passed"
```

str() 函数用于展示对象的结构：

```
str(mydataframe)
输出：
'data.frame':4 obs. of  3 variables:
 $ ID      :num  1 2 3 4
 $ Color  :chr   "green" "red" "blue" NA
 $ Passed :logi  FALSE TRUE TRUE FALSE
```

levels() 函数可以列出因子型变量中的因子水平：

```
levels(myfactor)
输出：
[1]"female" "male"
```

dim() 函数用于获取矩阵等数据类型对象的维度：

```
dim(mymatrix2)
输出：
[1]3 6
```

class() 函数可用于获取对象的数据类型：

```
class(mylist)
输出：
[1]"list"
```

直接输入某个对象的名称可获取对象中包含的所有元素：

```
# 输出mymatrix2
mymatrix2
输出:
     [,1]  [,2]  [,3]  [,4]  [,5]  [,6]
[1,]   8     8     9     9     6     3
[2,]   8     8     9     6     6     3
[3,]   8     9     9     6     3     3
```

head() 函数用于获取数据的开头几行：

```
# 输出mymatrix2的前2行
head(mymatrix2,2)
输出:
     [,1]  [,2]  [,3]  [,4]  [,5]  [,6]
[1,]   8     8     9     9     6     3
[2,]   8     8     9     6     6     3
```

tail() 函数用于获取数据的末尾几行：

```
# 输出mymatrix2的后2行
tail(mymatrix2,2)
输出:
     [,1]  [,2]  [,3]  [,4]  [,5]  [,6]
[2,]   8     8     9     6     6     3
[3,]   8     9     9     6     3     3
```

1.4.2　缺失信息处理

在 R 语言中，缺失的信息用符号 NA（not available）表示，不存在的数值（如除以 0）用符号 NaN（not a number）表示。不同于 SAS，R 语言对字符型数据和数值型数据使用相同的符号。

is.na() 函数用于验证数据中的缺失值，其返回值为逻辑向量，若数据为 NA，则返回 TRUE，否则返回 FALSE。

```
# 验证向量中的缺失值
x10 <- c(1,2,3,4,5,NA,7,NA,10)
is.na(x10)
输出:
[1]FALSE FALSE FALSE FALSE FALSE TRUE FALSE TRUE FALSE
```

R 语言中还允许用户将元素重新编码为缺失值：

```
# 将x10中的第4个元素重新编码为缺失值
x10[4] <- NA
```

```
x10
输出:
[1]1  2  3  NA  5  NA  7  NA  10
```

缺失数据会对数据分析的结果和速度造成一定的影响，因此在通常情况下，我们在进行数据分析时往往希望移除缺失数据。在 R 语言中通过将参数 na.rm 的值设置为 TRUE 即可达到此目的。

```
x11 <- c(1,23,NA,16,47,26,34,93,NA,65)
mean(x11)
输出:
[1]NA

mean(x11,na.rm=TRUE)
输出:
[1]38.125
```

complete.cases() 函数返回一个逻辑向量，指示数据集中没有缺失数据的部分。下面的示例中，我们通过 !complete.cases(mydata) 语句指示矩阵 mydata 中有缺失的部分。

```
# 构造一个4行5列的矩阵
mydata <- matrix(c(x10,x11,34),nrow=4,ncol=5)
mydata
输出:
     [,1]  [,2]  [,3]  [,4]  [,5]
[1,]   1     5    10    16    93
[2,]   2    NA     1    47    NA
[3,]   3     7    23    26    65
[4,]  NA    NA    NA    34    34

# 获取mydata中含有缺失数据的行
mydata[!complete.cases(mydata),]
输出:
     [,1]  [,2]  [,3]  [,4]  [,5]
[2,]   2    NA     1    47    NA
[4,]  NA    NA    NA    34    34
```

na.omit() 函数用于返回删除缺失值后的对象，下面的示例展示了如何获取删除缺失值后的 mydata。

```
# 删除mydata中含有缺失值的行
mydata_withoutNA <- na.omit(mydata)
mydata_withoutNA
输出:
     [,1]  [,2]  [,3]  [,4]  [,5]
[1,]   1     5    10    16    93
```

```
[3,]    3    7    23    26    65
attr(,"na.action")
[1]4 2
attr(,"class")
[1]"omit"
```

1.4.3　运算符

对于有编程基础的读者来说，R 语言中的二进制运算符和逻辑运算符看起来将会非常熟悉，它们类似于其他编程语言中的运算符。需要注意的是，二元运算符适用于向量、矩阵以及标量。表 1-5 展示了 R 语言中的算术运算符，表 1-6 展示了 R 语言中的逻辑运算符。

表 1-5　R 语言中的算术运算符

运算符	描述	运算符	描述
+	加法运算符	^ 或者 **	幂运算符
−	减法运算符	x%%y	模数 (x mod y) 如 7%%2 = 1
*	乘法运算符	x%/%y	整数除法运算符 如 7%/%2 = 3
/	除法运算符		

表 1-6　R 语言中的逻辑运算符

运算符	描述	运算符	描述
<	小于	!=	不等于
<=	小于等于	!x	非 x
>	大于	x|y	x 或 y
>=	大于等于	x&y	x 和 y
==	等于	isTRUE(x)	验证 x 是否为真

我们来看一些关于运算符的具体示例：

```
# 获取向量x12中大于6或者小于2的元素
x12 <- c(1:8)
x12[(x12>6)|(x12<2)]
输出：
[1]1 7 8
```

上述示例中，向量 x12 内共有 8 个元素：1 2 3 4 5 6 7 8，第一个条件 x12>6 执行后，

返回的结果为 F F F F F T T，第二个条件 x12<2 执行后，返回的结果为 T F F F F F F F，逻辑运算符 | 执行后的返回结果为 T F F F F F T T，因此最终结果在输出前的运行程序为 x12[c(T,F,F,F,F,F,T,T)]，因此输出结果为 1 7 8。

R 语言中还封装了许多常用的数据统计函数，如对数运算函数 log2()、开方函数 sqrt() 等，读者可自行探索。

```
log2(9)
输出：
[1]3.169925

sqrt(27)
输出：
 [1]5.196152
```

1.4.4　替换现有字段中的数据

数据处理的过程中，往往需要替换现有字段中的数据，在 R 语言中有多种方式达到这一目的。我们首先构造一个数据框 schoolData_o，该数据框中含有三个字段：ID、Grade、Status，每个字段包含 8 个元素，其中 sample() 函数为取样函数，用于随机打乱字段 Grade 和 Status 中的元素顺序。

```
# 构造数据框schoolData_o
d1 <- c(1:8)
d2 <- sample(c(rep(1,1),rep(2,2),rep(3,1),rep(4,1),rep(5,3)),8)
d3 <- sample(c(rep("open",4),rep("close",4)),8)
schoolData_o <- data.frame(d1,d2,d3)
names(schoolData_o) <- c("ID","Grade","Status")
schoolData_o
schoolData <- schoolData_o
```

原始数据框构造完毕后，我们将其复制到数据框 schoolData 中，之后所有的操作都在 schooData 上进行。值得一提的是，每开始一轮新的操作，将重置 schoolData 中的元素为 schoolData_o，schoolData_o 中的元素如图 1-4 所示。

下面将用几个示例展现如何替换 R 语言中现有字段中的数据。我们先展示在无条件的情况下如何替换现有字段中的数据。以下将数据框 SchoolData 中的 Grade 字段中的所有数据分别替换为数字 5、文本字符串 "Five" 或 NA。

▲	ID ⇕	Grade⇕	Status ⇕
1	1	1	open
2	2	3	open
3	3	4	close
4	4	2	close
5	5	5	open
6	6	5	close
7	7	2	open
8	8	5	close

图 1-4　schoolData_o 中的元素

把数据框 schoolData 中的 Grade 字段的所有数据替换成数字 5：

```
# 把数据框schoolData中的Grade字段的所有数据替换成数字5
schoolData <- schoolData_o
schoolData$Grade <- 5
schoolData
输出：
   ID  Grade  Status
1  1      5   open
2  2      5   open
3  3      5   close
4  4      5   close
5  5      5   open
6  6      5   close
7  7      5   open
8  8      5   close
```

把数据框 schoolData 中的 Grade 字段的所有数据替换成文本字符串 "Five"：

```
schoolData <- schoolData_o
schoolData$Grade <- "Five"
schoolData
输出：
   ID  Grade  Status
1  1   Five   open
2  2   Five   open
3  3   Five   close
4  4   Five   close
5  5   Five   open
6  6   Five   close
7  7   Five   open
8  8   Five   close
```

把数据框 schoolData 中的 Grade 字段的所有数据替换成 NA：

```
schoolData <- schoolData_o
schoolData$Grade <- NA
schoolData
输出：
   ID  Grade  Status
1  1   NA    open
2  2   NA    open
3  3   NA    close
4  4   NA    close
5  5   NA    open
6  6   NA    close
7  7   NA    open
8  8   NA    close
```

下面展示了如何应用条件以便仅替换特定行中的数据。需要注意的是，如果想用某个值替换 NA，则不能使用 "value"=="NA"，必须使用 is.na() 函数。

```
# 把数据框schoolData中Grade字段内取值为5的元素替换成Grade Five
schoolData <- schoolData_o
schoolData$Grade[schoolData$Grade == 5] <- "Grade Five"
schoolData
输出：
  ID      Grade  Status
1 1          1  open
2 2          3  open
3 3          4  close
4 4          2  close
5 5 Grade Five  open
6 6 Grade Five  close
7 7          2  open
8 8 Grade Five  close
```

把数据框 schoolData 中的 Grade 字段内取值小于等于 5 的所有数据替换成 Grade Five or Less：

```
# 把数据框schoolData中Grade字段内取值小于等于5的所有数据替换成Grade Five or Less
schoolData <- schoolData_o
schoolData$Grade[schoolData$Grade <= 5] <- "Grade Five or Less"
schoolData
输出：
  ID               Grade Status
1 1  Grade Five or Less  open
2 2  Grade Five or Less  open
3 3  Grade Five or Less  close
4 4  Grade Five or Less  close
5 5  Grade Five or Less  open
6 6  Grade Five or Less  close
7 7  Grade Five or Less  open
8 8  Grade Five or Less  close
```

把数据框 schoolData 中的 Grade 字段内的缺失数据替换成 Missing Grade：

```
schoolData <- schoolData_o
schoolData$Grade[1:4] <- NA
schoolData$Grade[is.na(schoolData$Grade)] <- "Missing Grade"
schoolData
输出：
  ID         Grade Status
1 1  Missing Grade  open
2 2  Missing Grade  open
3 3  Missing Grade  close
4 4  Missing Grade  close
5 5             5  open
6 6             5  close
7 7             2  open
8 8             5  close
```

下面展示了如何根据多个条件替换数据。下面的这段代码创建了一个新字段 Type，并找到 Grade 字段内取值等于 5 且 Status 字段内值为 open 的行，将这些行的 Type 字段下的元素赋值为 "Elementary"。

```
# 找到数据框schoolData中的Grade字段内取值等于5且Status字段内值为open的行，把这些行的Type字
段下的元素赋值为Elementary
schoolData <- schoolData_o
schoolData$Type[schoolData$Grade==5 & schoolData$Status=="open"]<-"Elementary"
schoolData
输出：
  ID  Grade  Status      Type
1  1     1    open      <NA>
2  2     3    open      <NA>
3  3     4    close     <NA>
4  4     2    close     <NA>
5  5     5    open   Elementary
6  6     5    close     <NA>
7  7     2    open      <NA>
8  8     5    close     <NA>
```

下面展示了如何复制现有字段。有时我们不想重新编码数据，而只是想要另一列包含相同的数据。此时我们可以制作一个字段的副本，然后在此副本上进行重新编码。

```
# 将数据框schoolData中Grade字段内的元素复制到新列CopyOfGrade中
schoolData <- schoolData_o
schoolData$CopyOfGrade <- schoolData$Grade
schoolData
输出：
  ID  Grade  Status  CopyOfGrade
1  1     1    open        1
2  2     3    open        3
3  3     4    close       4
4  4     2    close       2
5  5     5    open        5
6  6     5    close       5
7  7     2    open        2
8  8     5    close       5
```

下面基于字段 Grade 创建一个名为 NewGrade 的新字段。

```
# 在数据框schoolData中创建一个新的字段NewGrade
schoolData <- schoolData_o
schoolData$NewGrade <- NA
# 将原Grade字段中数值为5的元素赋值到NewGrade中
schoolData$NewGrade[schoolData$Grade == 5] <- 5
schoolData
输出：
  ID   Grade   Status   NewGrade
```

```
1   1    1    open      NA
2   2    3    open      NA
3   3    4    close     NA
4   4    2    close     NA
5   5    5    open       5
6   6    5    close      5
7   7    2    open      NA
8   8    5    close      5
```

为了重新编码数据，我们可能会使用一种或多种 R 语言的控制结构。

```
# 创建两个成绩类别
schoolData <- schoolData_o
schoolData$GradeCat <- ifelse(schoolData$Grade>3,c("good"),c("bad"))
schoolData
输出：
    ID   Grade   Status   GradeCat
1   1    1       open          bad
2   2    3       open          bad
3   3    4       close        good
4   4    2       close         bad
5   5    5       open         good
6   6    5       close        good
7   7    2       open          bad
8   8    5       close        good
```

在数据框中创建字段 GradeCat，并依据字段 Grade 中的数值创建三个成绩类别 bad、middle、good。与前面提过的示例一样，我们可以再次使用逻辑运算符 & 或任何其他运算符来生成我们想要的条件。

```
# 创建三个成绩类别
schoolData <- schoolData_o
attach(schoolData)
schoolData$GradeCat[Grade>3] <- "good"
schoolData$GradeCat[Grade>1 & Grade <= 3] <- "middle"
schoolData$GradeCat[Grade <= 1] <- "bad"
detach(schoolData)
schoolData
输出：
    ID   Grade   Status   GradeCat
1   1    1       open          bad
2   2    3       open       middle
3   3    4       close        good
4   4    2       close      middle
5   5    5       open         good
6   6    5       close        good
7   7    2       open       middle
8   8    5       close        good
```

1.4.5 变量的重命名

在数据处理的过程中，有时为了提高编码的效率与可读性，我们需要修改数据集中某几列的变量名，这在 R 语言中有多种实现方式。我们首先构造一个简单的数据框 simpleData_o，该数据框包含五个字段：ID、Color、Logic、Float、Mix，每个字段包含 3 个元素。

```
# 变量重命名
d4 <- c(1:3)
d5 <- c("red","blue","yellow")
d6 <- c(TRUE,TRUE,FALSE)
d7 <- c(1.5,2.4,3.6)
d8 <- c(-31,4.5,-6)
simpleData_o <- data.frame(d4,d5,d6,d7,d8)
names(simpleData_o) <- c("ID","Color","Logic","Float","Mix")
simpleData_o
```

原始数据框构造完毕后，我们将其复制到数据框 simpleData 中，之后所有的操作都在 simpleData 上进行。值得一提的是，每开始一轮新的操作，将重置 simpleData 中的元素为 simpleData_o，simpleData_o 中的元素如图 1-5 所示。

下面展示了如何更改数据框中列的名称。在没有其他条件的情况下，程序将从第一列开始改名，直到用完提供的名称。例如，数据框 simpleData 中有五列数据，但我们只提供了两个名称，则只有前两列将被重命名，其余列名会被重置为 NA。

	ID	Color	Logic	Float	Mix
1	1	red	TRUE	1.5	-31.0
2	2	blue	TRUE	2.4	4.5
3	3	yellow	FALSE	3.6	-6.0

图 1-5　simpleData_o 中的元素

```
# 更改前两列的名称
simpleData <- simpleData_o
names(simpleData) <- c("NewID","NewColor")
simpleData
输出：
  NewID  NewColor    NA    NA      NA
1    1       red  TRUE   1.5   -31.0
2    2      blue  TRUE   2.4     4.5
3    3    yellow FALSE   3.6    -6.0
```

下面展示了如何通过使用列名称来标识将要被更改名称的列。以下代码将数据框中名为 Logic 的字段重命名为 NewLogic。

```
# 更改列Logic的名称
simpleData <- simpleData_o
colnames(simpleData)[colnames(simpleData)=="Logic"] <- "NewLogic"
```

```
simpleData
输出:
  ID  Color  NewLogic  Float   Mix
1  1    red     TRUE     1.5  -31.0
2  2   blue     TRUE     2.4    4.5
3  3 yellow    FALSE     3.6   -6.0
```

下面展示了如何使用列号来标识将要被更改名称的列。以下代码将数据框中的第 4 列重命名为 NewFloat。

```
# 更改第4列的名称
simpleData <- simpleData_o
names(simpleData)[4] <- "NewFloat"
simpleData
输出:
  ID  Color  Logic  NewFloat   Mix
1  1    red   TRUE       1.5  -31.0
2  2   blue   TRUE       2.4    4.5
3  3 yellow  FALSE       3.6   -6.0
```

在实际使用的过程中,应尽量避免使用列号标识改名这种方法。因为如果列的顺序发生更改,它将错误地改变列的名称。

1.4.6 数字的四舍五入

数字的四舍五入是一种常见的数据处理方式,在 R 语言中主要通过 round() 函数实现这一功能,其语法如下:

```
round(x,digits)
```

其中,x 为待舍入的数,digits 用于指定四舍五入保留的小数位数。

我们将使用之前构造过的数据框 simpleData 进行操作。第一个示例将数据框 simpleData 中的 Float 字段的数字四舍五入到整数位,并将四舍五入的数字保存回同一字段。round() 函数如果未指定小数位数,则默认四舍五入到整数位。

```
# 数字的四舍五入
simpleData <- simpleData_o
simpleData$Float <- round(simpleData$Float)
simpleData
输出:
  ID  Color  Logic  Float   Mix
1  1    red   TRUE      2  -31.0
2  2   blue   TRUE      2    4.5
3  3 yellow  FALSE      4   -6.0
```

需要注意的是，被四舍舍入的元素必须是数值型参数，否则系统将返回错误提示。以下这段代码中，舍入前的字段元素都丢失了。

```
simpleData$Color <- round(simpleData$Color)
输出：
Error in round(simpleData$Color):数学函数中用了非数值参数
```

我们通常会将舍入后的数值保存在新的字段中，保留原始数据以供以后使用。下面的这段代码是正确的。

```
# 保留舍入前的原始数据
simpleData <- simpleData_o
simpleData$FloatRounded <- round(simpleData$Float)
simpleData
输出：
  ID   Color  Logic  Float  Mix   FloatRounded
1 1     red    TRUE    1.5  -31.0             2
2 2    blue    TRUE    2.4    4.5             2
3 3  yellow   FALSE    3.6   -6.0             4
```

下面展示了如何指定要舍入的小数位数。

```
# 指定要舍入的小数位数
simpleData <- simpleData_o
simpleData$FloatRounded <- round(simpleData$Float,0)
simpleData
输出：
  ID   Color  Logic  Float   Mix   FloatRounded
1 1     red    TRUE    1.5  -31.0             2
2 2    blue    TRUE    2.4    4.5             2
3 3  yellow   FALSE    3.6   -6.0             4
```

1.4.7　子集数据

R 语言具有强大的索引功能来访问对象元素，这些特征可用于选择和排除变量及观察值。R语言中通过使用符号"[ ]"指定向量、矩阵、数组或数据框内单个元素的索引或名称，从而实现访问这些元素的目的。

我们仍然以数据框 simpleData 为例，通过指定索引或元素名称来访问元素。

```
# 访问simpleData第2行第4列的元素
simpleData <- simpleData_o
simpleData[2,4]
输出：
```

```
[1]2.4

# 访问simpleData第2行Logic列的元素
simpleData[2,"Logic"]
```
输出：
```
[1]TRUE


# 访问simpleData中Mix列的元素
simpleData[,"Mix"]
```
输出：
```
[1]-31.0    4.5   -6.0
```

我们还可通过不同数据类型的向量访问元素，如数值型向量、逻辑型向量等。

```
# 通过数值向量访问1~3列
simpleData[,c(1:3)]
```
输出：
```
  ID  Color   Logic
1  1    red    TRUE
2  2   blue    TRUE
3  3 yellow   FALSE

# 通过逻辑向量访问1、3、4、5列
simpleData[,c(T,F,T,T)]
```
输出：
```
  ID  Logic  Float  Mix
1  1   TRUE    1.5  -31.0
2  2   TRUE    2.4    4.5
3  3  FALSE    3.6   -6.0
```

通过运算符"$"，我们可以指定数据框中的具体字段，示例如下：

```
# 通过名称访问第5列
simpleData$Mix
```
输出：
```
[1]-31.0    4.5   -6.0

# 在逻辑向量中比较结果
simpleData$Color == "blue"
```
输出：
```
[1]FALSE   TRUE FALSE

# 访问字段Float中元素值大于2的行
simpleData[simpleData$Float>2,]
```
输出：
```
  ID  Color   Logic  Float  Mix
2  2   blue    TRUE    2.4    4.5
3  3 yellow   FALSE    3.6   -6.0
```

下面我们将演示变量的保留，仍以数据框 simplcData 为例：

```
# 保留字段ID、Float、Mix中的数据
partVars <- c("ID","Float","Mix")
simpleDataPart1 <- simpleData[partVars]
simpleDataPart1
输出:
  ID  Float   Mix
1  1    1.5  -31.0
2  2    2.4    4.5
3  3    3.6   -6.0

# 保留第1和第3~5个字段的数据
simpleDataPart2 <- simpleData[c(1,3:5)]
simpleDataPart2
输出:
  ID  Logic  Float   Mix
1  1   TRUE    1.5  -31.0
2  2   TRUE    2.4    4.5
3  3  FALSE    3.6   -6.0
```

接着我们将演示变量的排除，R 语言中可通过 "!""-" 等运算符直接排除相应的数据，也可以通过给数据赋值 NULL 达到排除变量的目的。

```
# 排除字段ID、Float、Mix中的数据
partVars2 <- names(simpleData)%in% c("ID","Float","Mix")
simpleDataPart3 <- simpleData[!partVars2]
simpleDataPart3
输出:
     Color   Logic
1      red    TRUE
2     blue    TRUE
3   yellow   FALSE

# 排除第2和第4个字段的数据
simpleDataPart4 <- simpleData[c(-2,-4)]
simpleDataPart4
输出:
  ID  Logic   Mix
1  1   TRUE  -31.0
2  2   TRUE    4.5
3  3  FALSE   -6.0

# 删除字段Float、Mix中的数据
simpleData$Float <- simpleData$Mix <- NULL
simpleData
输出:
  ID  Color  Logic
1  1    red   TRUE
```

```
2  2    blue    TRUE
3  3    yellow  FALSE
```

下面我们将演示观察值的保留或删除，以数据框 schoolData 为例：

```
# 保留schoolData中前五行观察值
schoolData <- schoolData_o
schoolDataPart1 <- schoolData[1:5,]
schoolDataPart1
输出:
  ID  Grade  Status
1  1     1   open
2  2     3   open
3  3     4   close
4  4     2   close
5  5     5   open

# 保留schoolData中Grade值大于2且Status值为open的观察值
schoolDataPart2 <- schoolData[which(schoolData$Grade>2 & schoolData$Status=="open"),]
schoolDataPart2
输出:
  ID  Grade  Status
2  2     3   open
5  5     5   open

# 上述的另一种方式
attach(schoolData)
schoolDataPart3 <- schoolData[which(Grade>2 & Status=="open"),]
detach(schoolData)
schoolDataPart3
输出:
  ID  Grade  Status
2  2     3   open
5  5     5   open
```

我们在保留变量和观察值时，也可以运用子集函数 subset()，该函数是保留变量和观察值的最简单的方式之一。下面的例子中，我们通过 subset() 函数找出数据框 schoolData 中的 Grade 字段大于 3 或者 Status 字段为 close 的行，并保存相应的 ID 字段中的元素。

```
# 使用subset()函数
schoolDataPart4 <- subset(schoolData,Grade>3 | Status=="close",select=c(ID))
schoolDataPart4
输出:
  ID
3  3
4  4
5  5
```

```
6  6
8  8
```

下面的示例与上述类似，但是保存的元素为 ID 字段到 Status 字段中相应的元素。

```
# 使用subset()函数
schoolDataPart5 <- subset(schoolData,Grade>3 | Status=="close",select=c(ID:Status))
schoolDataPart5
输出:
   ID  Grade  Status
3  3      4   close
4  4      2   close
5  5      5   open
6  6      5   close
8  8      5   close
```

1.4.8　随机抽样

从总体中选择样本的方式有很多，其中常用的一种就是随机抽样。在 R 语言中，通过 sample() 函数可以模拟随机抽样过程，其语法如下：

```
sample(x,size,replace=FALSE,prob=NULL)
```

其中：x 为抽样的总体；size 为样本数量；replace 表示是否为有放回抽样，其默认值为 FALSE；prob 表示每个元素被抽中的概率。我们先看一个基础的例子：

```
# 从1~50中随机抽取10个数
sample(1:50,10)
输出:
[1]18   8   1   13   42   17   36   30   3   12
```

接下来我们以数据框 schoolData 为例，展示 sample() 函数在数据处理中的用法。

```
# 从schoolDataPart6中随机抽取5行数据
schoolDataPart6 <- schoolData[sample(1:nrow(schoolData),5,replace=FALSE),]
schoolDataPart6
输出:
   ID  Grade  Status
5  5      5   open
8  8      5   close
4  4      2   close
6  6      5   close
2  2      3   open
```

在 R 语言中，sample() 函数还有一种非常实用的使用技巧——随机打乱数据集中的元素顺序。

```
# 随机打乱数据集中的元素顺序
d9 <- c(1:10)
sample(d9,length(d9))
输出：
[1]  4  6  3  1  8  2  9  5  7  10
```

1.4.9　apply() 函数集合

当需要对列表的所有元素或数组的所有列执行多次相同或相似的任务时，可以用到 R 语言中的 apply() 函数集合：lapply()、sapply()、apply()，它们有时比 for 循环更快更简单。

我们首先来学习一下 lapply() 函数，其语法如下：

```
lapply(li,function)
```

函数 function 会应用到列表 li 的每个元素上，输出结果还是一个列表，其中的元素皆为应用 function 后的值。我们看下面这个具体的例子：

```
# 运用lappy将mylist1中的元素全部转为大写
mylist1 <- list("spiderman","ironman","thor")
lapply(mylist1,toupper)
输出：
[[1]]
[1]"SPIDERMAN"

[[2]]
[1]"IRONMAN"

[[3]]
[1]"THOR"
```

sapply() 函数与 lapply() 类似，但该函数试图通过将结果转换为适当大小的向量或数组达到简化结果的目的。其语法如下：

```
sapply(li,function)
```

下面的示例中，function 函数被设置成和上述 lapply() 一样的函数，我们来看结果有何差异：

```
# 运用sapply将mylist1中的元素全部转为大写
sapply(mylist1,toupper)
输出:
[1]"SPIDERMAN"  "IRONMAN"    "THOR"
```

sapply() 函数的输出结果被转换成了一个向量，看起来显然比 lapply() 函数的输出结果更为简洁。

```
# 运用sapply构造3*4的矩阵
fct1 <- function(x){
  return(c(x,x * x,x * x * x))
}
sapply(1:4,fct1)
输出:
      [,1]  [,2]  [,3]  [,4]
[1,]    1     2     3     4
[2,]    1     4     9    16
[3,]    1     8    27    64
```

apply() 函数具有强大的机制，它可以沿数组的某些维度应用函数，并返回适当大小的向量或数组。apply() 函数的语法如下：

```
apply(arr,margin,fct)
```

其中：arr 为数据对象；margin 代表维度的下标；margin 值为 1 时表示行，值为 2 时表示列；fct 为指定的函数。接下来的示例中，我们首先构造一个 3 行 4 列的矩阵 x13，随后在 x13 上应用 apply() 函数。

```
# 构造一个3行4列的矩阵x13
x13 <- matrix(c(1:12),nrow=3,ncol=4)
x13
输出:
      [,1]  [,2]  [,3]  [,4]
[1,]    1     4     7    10
[2,]    2     5     8    11
[3,]    3     6     9    12

# 运用apply函数对矩阵x13的行求和
apply(x13,1,sum)
输出:
[1]22 26 30

# 运用apply函数对矩阵x13的列求和
apply(x13,2,sum)
输出:
[1] 6 15 24 33
```

1.4.10 数据类型转换

R 语言中的数据类型转换非常简单。is.foo() 函数可以测试数据类型是否为 foo，若是则返回 TRUE，否则返回 FALSE，常用的函数包括 is.numeric()，is.character()，is.vector()，is.matrix()，is.data.frame()。使用函数 as.foo() 可以将数据类型显式转化为 foo，常用的函数包括 as.numeric()，as.character()，as.vector()，as.matrix()，as.data.frame()。需要注意的是，并不是任意两种类型的数据之间都能转换，可发生转换的数据类型如表 1-7 所示。

表 1-7 数据类型间的转换

被转换的数据类型	转换成的数据类型		
	向量	矩阵	数据框
向量	c(x, y)	cbind(x, y)；rbind(x,y)	data.frame(x, y)
矩阵	as.vector(mymatrix)		as.data.frame(mymatrix)
数据框		as.matrix(myframe)	

值得一提的是，R 语言中的数据类型转换还有一种隐式转换，如将字符串添加到数值向量中会将数值向量中的所有元素转换为字符。

1.4.11 数据聚合

在 R 语言中聚合数据相对容易，aggregate() 函数可以根据用户需求把数据打组聚合，并对聚合后的数据执行求和、平均等操作，其语法如下：

```
aggregate(x,by,FUN,…,simplify=TRUE,drop=TRUE)
```

其中：x 为待处理的对象；by 为分组元素的列表；FUN 为数据处理的函数；simplify 决定是否将结果简化为矩阵或向量，其默认值为 TRUE；drop 决定是否删除没有使用到的分组，其默认值为 TRUE。

接下来的示例中，我们使用的数据集为 R 包自带的数据集 iris，其部分信息如图 1-6 所示。

```
# 运用aggregate()函数聚合数据集iris
iris
aggdata2 <- aggregate(iris[,1:4],by=list(iris$Species),FUN=mean,na.rm=TRUE)
aggdata2
```

```
  Sepal.Length Sepal.Width Petal.Length Petal.Width Species
1          5.1         3.5          1.4         0.2 setosa
2          4.9         3.0          1.4         0.2 setosa
3          4.7         3.2          1.3         0.2 setosa
4          4.6         3.1          1.5         0.2 setosa
5          5.0         3.6          1.4         0.2 setosa
6          5.4         3.9          1.7         0.4 setosa
7          4.6         3.4          1.4         0.3 setosa
8          5.0         3.4          1.5         0.2 setosa
9          4.4         2.9          1.4         0.2 setosa
10         4.9         3.1          1.5         0.1 setosa
11         5.4         3.7          1.5         0.2 setosa
12         4.8         3.4          1.6         0.2 setosa
13         4.8         3.0          1.4         0.1 setosa
14         4.3         3.0          1.1         0.1 setosa
15         5.8         4.0          1.2         0.2 setosa
```

图 1-6　数据集 iris 的部分信息

其结果如图 1-7 所示。

```
     Group.1 Sepal.Length Sepal.Width Petal.Length Petal.Width
1     setosa        5.006       3.428        1.462       0.246
2 versicolor        5.936       2.770        4.260       1.326
3  virginica        6.588       2.974        5.552       2.026
```

图 1-7　数据集 iris 的聚合结果

在该示例中，aggregate() 函数中待处理的对象为数据集 iris 的第 1~4 列，分组列表为字段 Species，处理函数为求均值。结果表明，iris 中第 1~4 列的数据总共被分为三组：setosa、versicolor、virginica，每组中各字段的平均值被计算了出来。

为了加深读者对 aggregate() 函数的理解，我们将对 R 包自带的数据集 mtcars 做进一步的分析，数据集的部分信息如图 1-8 所示。

```
                     mpg cyl  disp  hp drat    wt  qsec vs am gear carb
Mazda RX4           21.0   6 160.0 110 3.90 2.620 16.46  0  1    4    4
Mazda RX4 Wag       21.0   6 160.0 110 3.90 2.875 17.02  0  1    4    4
Datsun 710          22.8   4 108.0  93 3.85 2.320 18.61  1  1    4    1
Hornet 4 Drive      21.4   6 258.0 110 3.08 3.215 19.44  1  0    3    1
Hornet Sportabout   18.7   8 360.0 175 3.15 3.440 17.02  0  0    3    2
Valiant             18.1   6 225.0 105 2.76 3.460 20.22  1  0    3    1
Duster 360          14.3   8 360.0 245 3.21 3.570 15.84  0  0    3    4
Merc 240D           24.4   4 146.7  62 3.69 3.190 20.00  1  0    4    2
Merc 230            22.8   4 140.8  95 3.92 3.150 22.90  1  0    4    2
Merc 280            19.2   6 167.6 123 3.92 3.440 18.30  1  0    4    4
Merc 280C           17.8   6 167.6 123 3.92 3.440 18.90  1  0    4    4
Merc 450SE          16.4   8 275.8 180 3.07 4.070 17.40  0  0    3    3
Merc 450SL          17.3   8 275.8 180 3.07 3.730 17.60  0  0    3    3
Merc 450SLC         15.2   8 275.8 180 3.07 3.780 18.00  0  0    3    3
Cadillac Fleetwood  10.4   8 472.0 205 2.93 5.250 17.98  0  0    3    4
```

图 1-8　数据集 mtcars 的部分信息

```
# 运用aggregate()函数聚合数据集mtcars
mtcars
attach(mtcars)
aggdata1 <- aggregate(mtcars,by=list(cyl,vs),FUN=mean,na.rm=TRUE)
```

```
print(aggdata1)
detach(mtcars)
```

其结果如图 1-9 所示。

```
  Group.1 Group.2       mpg cyl   disp       hp     drat       wt     qsec vs       am     gear     carb
1       4       0  26.00000   4 120.30  91.0000 4.430000 2.140000 16.70000  0 1.0000000 5.000000 2.000000
2       6       0  20.56667   6 155.00 131.6667 3.806667 2.755000 16.32667  0 1.0000000 4.333333 4.666667
3       8       0  15.10000   8 353.10 209.2143 3.229286 3.999214 16.77214  0 0.1428571 3.285714 3.500000
4       4       1  26.73000   4 103.62  81.8000 4.035000 2.300300 19.38100  1 0.7000000 4.000000 1.500000
5       6       1  19.12500   6 204.55 115.2500 3.420000 3.388750 19.21500  1 0.0000000 3.500000 2.500000
```

图 1-9　数据集 mtcars 的聚合结果

以上信息表明，待处理的对象为 mtcars 中的全部数据，分组列表为 cyl 以及 vs，处理函数为求均值。从结果来看，mtcars 中的数据总共被分为了 5 组，第一组的特征为 cyl=4，vs=0，第二组的特征为 cyl=6，vs=0，以此类推，计算每组中各个字段数据的均值。

1.4.12　文本数据排序

对文本数据进行排序是一项很常见的操作，R 语言中可以通过 order() 函数实现这一功能，该函数的语法如下：

```
order(x,na.last=TRUE,decreasing=FALSE)
```

其中：x 为排序的对象；na.last 用于处理缺失值，其默认值为 TRUE，表示将缺失值放在最后，反之则将缺失值放在最前，若其取值为 NA，则表示移除缺失值；decreasing=FALSE 表示默认排序方式为升序排序。order() 函数的返回结果为位置次序，即排序后的结果在原对象中的索引。

```
# order()排序
x_o <- c(23,45,73,18,67,43,78,59)
x_o
输出：
[1]18  23  43  45  59  67  73  78

order(x_o)
输出：
[1]4  1  6  2  8  5  3  7
```

上述示例中，向量 x_o 含有 8 个元素，应用 order() 函数排序后，排序结果为：18 23 43 45 59 67 73 78，找到这些数在原向量 x_o 中的位置，即为最终输出结果 4 1 6 2 8 5 3 7。

order() 函数不仅可以对数值型向量进行排序，还可应用于其他类型的数据。下面的例子展示了 order() 函数如何对一列字符型数据进行排序，为了获取实验用的数据集 stulevel，我们需要安装 eeptools 包并加载它：

```
#安装包eeptools
install.packages("eeptools")

#加载包eeptools
library(eeptools)

#打开数据
data(stulevel)
```

获取数据集 stulevel 后，我们对其数据中的某几列应用 order() 函数：

```
# 首先构建用于排序的字符型数据字段
stulevel$proflvl_character <- as.character(stulevel$proflvl)
stulevel$race_character <- as.character(stulevel$race)
```

数据集 stulevel 升序排序后的部分结果如图 1-10 所示。

```
# 对单行字符型数据进行升序排序
stulevel1 <- stulevel[with(stulevel,order(stulevel$proflvl_character)),]
stulevel1[,c((ncol(stulevel1)- 3):ncol(stulevel1))]
```

	proflvl	race	proflvl_character	race_character
27	advanced	B	advanced	B
29	advanced	B	advanced	B
34	advanced	B	advanced	B
65	advanced	B	advanced	B
81	advanced	W	advanced	W
86	advanced	W	advanced	W
93	advanced	W	advanced	W
181	advanced	H	advanced	H
188	advanced	W	advanced	W
192	advanced	W	advanced	W
220	advanced	B	advanced	B
251	advanced	B	advanced	B
256	advanced	W	advanced	W

图 1-10 数据集 stulevel 升序排序后的部分结果

上述示例首先构建了用于排序的字符型数据字段 proflvl_character 和 race_character，随后对 proflvl_character 字段中的数据进行升序排序。输出排序结果时，ncol() 函数用于获取数据集中的列数，因此（ncol(stulevel1)-3):ncol(stulevel1) 表示只输出数据集 stulevel 的最后四列。

对单行字符型数据进行降序排序，数据集 stulevel 降序排序后的部分结果如图 1-11 所示。

```
# 对单行字符型数据进行降序排序
stulevel2 <- stulevel[order(stulevel$proflvl_character,decreasing=TRUE),]
stulevel2[,c((ncol(stulevel2)- 3):ncol(stulevel2))]
```

```
       proflvl    race proflvl_character race_character
   6  proficient    B       proficient              B
   7  proficient    B       proficient              B
   8  proficient    B       proficient              B
  11  proficient    B       proficient              B
  12  proficient    B       proficient              B
  17  proficient    B       proficient              B
  18  proficient    B       proficient              B
  19  proficient    B       proficient              B
  20  proficient    B       proficient              B
  22  proficient    B       proficient              B
  25  proficient    B       proficient              B
  26  proficient    B       proficient              B
  28  proficient    B       proficient              B
  37  proficient    B       proficient              B
  38  proficient    B       proficient              B
  44  proficient    H       proficient              H
```

图 1-11　数据集 stulevel 降序排序后的部分结果

对两行字符型数据进行升序排序后，我们调用 head() 函数只输出数据集的前几行。head() 函数会默认输出前 6 行的结果，因此输出结果如图 1-12 所示。

```
# 对两行字符型数据进行升序排序
stulevel3 <- stulevel[with(stulevel,order(stulevel$proflvl_character,stulevel$race_
    character)),]
head(stulevel3[,c((ncol(stulevel3)- 3):ncol(stulevel3))])
```

```
         proflvl    race proflvl_character race_character
  423   advanced    A         advanced             A
  424   advanced    A         advanced             A
 1115   advanced    A         advanced             A
 1171   advanced    A         advanced             A
 1185   advanced    A         advanced             A
 1322   advanced    A         advanced             A
```

图 1-12　数据集 stulevel 中的两行字符型数据进行
升序排序的部分结果

对两行字符型数据进行降序排序的代码如下：

```
# 对两行字符型数据进行降序排序
stulevel4 <- stulevel[with(stulevel,order(stulevel$proflvl_character,stulevel$race_
    character,decreasing=TRUE)),]
head(stulevel4[,c((ncol(stulevel4)- 3):ncol(stulevel4))])
```

输出结果如图 1-13 所示。

```
       proflvl    race proflvl_character race_character
  77  proficient    W       proficient              W
  78  proficient    W       proficient              W
  80  proficient    W       proficient              W
  82  proficient    W       proficient              W
  83  proficient    W       proficient              W
  84  proficient    W       proficient              W
```

图 1-13　数据集 stulevel 中的两行字符型数据进行
降序排序的部分结果

1.4.13 数据合并

在 R 语言中，我们一般使用 merge() 函数水平合并两个对象，大多数情况下，数据合并的实现需要借助一个或多个公共关键变量，因此数据合并的关键是识别两个不同数据框之间共有的列或行。merge() 函数的语法如下：

```
merge(x,y,by=intersect(names(x),names(y)),
      by.x=by,by.y=by,all=FALSE,all.x=all,all.y=all,
      sort=TRUE,suffixes=c(".x",".y"),no.dups=TRUE,
      incomparables=NULL,...)
```

其中：x、y 为需要合并的对象；by 用于指定合并的列，函数中默认两个对象通过共同的列进行合并，合并时，共同的列被提出，随后两个对象被合并在一起，用户可以通过 by.x 或者 by.y 指定合并是基于共同的列还是共同的行；all 用于指示连接为内连接（FALSE）还是外连接（TRUE），all.x=TRUE 表明为左外连接，all.y=TRUE 表明为右外连接。

下面的例子中，我们首先构造了两个数据框 mydataframe1 和 mydataframe2，随后将二者合并成数据框 mydataframe1_2。

```
# 数据合并
mydataframe1 <- data.frame(CustomerID=c(1:6),Product=c(rep("Oven",3),
                                                       rep("Television",3)))
mydataframe1
输出：
CustomerID      Product
1          1        Oven
2          2        Oven
3          3        Oven
4          4        Television
5          5        Television
6          6        Television

mydataframe2 <- data.frame(CustomerID=c(2,4,6),
                           State=c(rep("California",2),rep("Texas",1)))
mydataframe2
输出：
  CustomerID       State
1          2    California
2          4    California
3          6       Texas

mydataframe1_2 <- merge(x=mydataframe1,y=mydataframe2,by="CustomerID")
mydataframe1_2
输出：
  CustomerID      Product        State
1          2         Oven    California
2          4   Television    California
3          6   Television        Texas
```

上述示例展示了 R 语言中的内连接，与之相对应的是 R 语言中的外连接：返回两个表中的所有行，从左边连接在右表中具有匹配的记录。相关代码如下所示。

```
# 数据合并(外连接)
mydataframe1_2_o <- merge(x=mydataframe1,y=mydataframe2,
                          by="CustomerID",all=TRUE)
mydataframe1_2_o
输出:
  CustomerID      Product      State
1          1         Oven       <NA>
2          2         Oven  California
3          3         Oven       <NA>
4          4   Television  California
5          5   Television       <NA>
6          6   Television      Texas
```

R 语言的外连接又可以分为左外连接和右外连接，其中左外连接返回左表中的所有行，以及右表中具有匹配键的任何行。右外连接返回右表中的所有行，以及左表中具有匹配键的任何行。

```
# 数据合并(左外连接)
mydataframe1_2_o_l <- merge(x=mydataframe1,y=mydataframe2,
                            by="CustomerID",all.x=TRUE)
mydataframe1_2_o_l
输出:
  CustomerID      Product      State
1          1         Oven       <NA>
2          2         Oven  California
3          3         Oven       <NA>
4          4   Television  California
5          5   Television       <NA>
6          6   Television      Texas

# 数据合并(右外连接)
mydataframe1_2_o_r <- merge(x=mydataframe1,y=mydataframe2,
                            by="CustomerID",all.y=TRUE)
mydataframe1_2_o_r
输出:
  CustomerID      Product      State
1          2         Oven  California
2          4   Television  California
3          6   Television      Texas
```

1.4.14　table() 函数

R 语言中的 table() 函数使用变量及其频率执行数据的分类制表，其主要目标为创建带有条件的频率表和交叉表。下面我们将为 R 语言自带的数据集 iris 中的物种类型创建一个频率表。

```
# 利用table()函数创建频率表
table(iris$Species)
输出：
setosa   versicolor   virginica
    50           50          50
```

结果表明，数据集 iris 中共有三类物种：setosa、versicolor、virginica，它们的频率都是50。我们也可以通过 table() 函数创建带有条件的频率表，比如数据集 iris 中有多少观察值的字段 Sepal.Length>6.0。

```
# 利用table()函数创建有条件的频率表
table(iris$Sepal.Length>6.0)
输出：
FALSE   TRUE
   89     61
```

table() 函数同样有助于创建 2 路交叉表。接下来的示例中，我们将使用 R 语言自带的数据集 mtcars，并创建其 gear 和 carb 的 2 路交叉表。

```
# 利用table()函数创建2路交叉表
table(mtcars$gear,mtcars$carb)
输出：
     1  2  3  4  6  8
  3  3  4  3  5  0  0
  4  4  4  0  4  0  0
  5  0  2  0  1  1  1
```

类似于 2 路交叉表，table() 函数还能帮助我们创建 3 路交叉表。

```
# 利用table()函数创建3路交叉表
table(mtcars$gear,mtcars$carb,mtcars$cyl)
输出：
, , =4

     1  2  3  4  6  8
  3  1  0  0  0  0  0
  4  4  4  0  0  0  0
  5  0  2  0  0  0  0

, , =6

     1  2  3  4  6  8
  3  2  0  0  0  0  0
  4  0  0  0  4  0  0
  5  0  0  0  0  1  0

, , =8
```

```
     1  2  3  4  6  8
3  0  4  3  5  0  0
4  0  0  0  0  0  0
5  0  0  0  1  0  1
```

1.5 R包

使用 R 语言进行数据分析时，需要对已有数据进行处理，优化数据的结构，规范数据的格式，方便后续的数据分析工作。R 语言自带的基础数据处理方法不够简洁易记，且在处理大量数据时速度太慢，面对复杂需求时需要执行的操作太过烦琐或无法达成。因此，本节主要介绍几个可以高效处理数据的 R 包，包括 dplyr 包，tidyr 包，这些包在运行速度、代码简洁度及功能上相比 R 语言自带的基础数据处理方法有着较大提升，若能熟练掌握，可以成为处理数据的一大利器。

1.5.1 dplyr 包

dplyr 包主要用于数据清洗和整理，该包专注 dataframe 数据格式，可以大幅提高数据处理速度，第 1.5.1 节将使用 R 语言自带的数据集 mtcars 对 dplyr 包的使用方法及相关函数进行展示。

首先安装 dplyr 包及准备数据，在利用 dplyr 包处理数据之前，需要将数据装载成 dplyr 包的一个特定对象类型（tbl_df），可以用 tbl_df 函数实现该过程：

```
install.packages("dplyr")
library(dplyr)
mtcars_df=tbl_df(mtcars)
```

1. 筛选

filter() 函数可以按给定的逻辑判断筛选出符合要求的子数据集，例如筛选出数据集 mtcars_df 中 mpg 的值为 21，hp 的值为 110 的所有数据：

```
filter(mtcars_df,mpg == 21,hp == 110)
输出:
# A tibble:2×11
   mpg   cyl  disp    hp  drat    wt  qsec    vs    am  gear  carb
  <dbl> <dbl> <dbl> <dbl> <dbl> <cdb> <dbl> <dbl> <dbl> <dbl> <dbl>
1  21     6   160   110   3.9  2.62  16.5    0     1     4     4
2  21     6   160   110   3.9  2.88  17.0    0     1     4     4
```

筛选 mpg 值大于 20 或 hp 值大于 100 的所有数据：

```
filter(mtcars_df,mpg>20 || hp>100)
输出:
 # A tibble:32×11
    mpg   cyl  disp    hp  drat    wt  qsec    vs    am  gear  carb
  <dbl> <dbl> <dbl> <dbl> <dbl> <cdb> <dbl> <dbl> <dbl> <dbl> <dbl>
 1  21     6   160   110  3.9   2.62  16.5     0     1     4     4
 2  21     6   160   110  3.9   2.88  17.0     0     1     4     4
 3  22.8   4   108    93  3.85  2.32  18.6     1     1     4     1
 4  21.4   6   258   110  3.08  3.22  19.4     1     0     3     1
 5  18.7   8   360   175  3.15  3.44  17.0     0     0     3     2
 6  18.1   6   225   105  2.76  3.46  20.2     1     0     3     1
 7  14.3   8   360   245  3.21  3.57  15.8     0     0     3     4
 8  24.4   4   147    62  3.69  3.19  20       1     0     4     2
 9  22.8   4   141    95  3.92  3.15  22.9     1     0     4     2
10  19.2   6   168   123  3.92  3.44  18.3     1     0     4     4
# ... with 22 more rows
```

2. 排列

arrange() 函数可以按给定的列名依次对数据集的行进行排序，默认为升序排列，在列名前加 desc 可实现倒序排序，例如，对数据集按照 disp 列排序：

```
arrange(mtcars_df,disp)
输出:
# A tibble:32×11
    mpg   cyl  disp    hp  drat    wt  qsec    vs    am  gear  carb
  <dbl> <dbl> <dbl> <dbl> <dbl> <cdb> <dbl> <dbl> <dbl> <dbl> <dbl>
 1  33.9   4   71.1   65  4.22  1.84  19.9     1     1     4     1
 2  30.4   4   75.7   52  4.93  1.62  18.5     1     1     4     2

 3  32.4   4   78.7   66  4.08  2.2   19.5     1     1     4     1
 4  27.3   4   79      66  4.08  1.94  18.9     1     1     4     1
 5  30.4   4   95.1  113  3.77  1.51  16.9     1     1     5     2
 6  22.8   4   108    93  3.85  2.32  18.6     1     1     4     1
 7  21.5   4   120    97  3.7   2.46  20.0     1     0     3     1
 8  26     4   120    91  4.43  2.14  16.7     0     1     5     2
 9  21.4   4   121   109  4.11  2.78  18.6     1     1     4     2
10  22.8   4   141    95  3.92  3.15  22.9     1     0     4     2
# ... with 22 more rows
```

优先按照 gear 降序，gear 相同时按 disp 升序：

```
arrange(mtcars_df,desc(gear),disp)
输出:
# A tibble:32×11
    mpg   cyl  disp    hp  drat    wt  qsec    vs    am  gear  carb
  <dbl> <dbl> <dbl> <dbl> <dbl> <cdb> <dbl> <dbl> <dbl> <dbl> <dbl>
 1  30.4   4   95.1  113  3.77  1.51  16.9     1     1     5     2
 2  26     4   120    91  4.43  2.14  16.7     0     1     5     2
 3  19.7   6   145   175  3.62  2.77  15.5     0     1     5     6
```

```
 4  15       8   301     335   3.54  3.57  14.6    0     1     5     8
 5  15.8     8   351     264   4.22  3.17  14.5    0     1     5     4
 6  33.9     4   71.1     65   4.22  1.84  19.9    1     1     4     1
 7  30.4     4   75.7     52   4.93  1.62  18.5    1     1     4     2
 8  32.4     4   78.7     66   4.08  2.2   19.5    1     1     4     1
 9  27.3     4   79        66   4.08  1.94  18.9    1     1     4     1
10  22.8     4  108        93   3.85  2.32  18.6    1     1     4     1
# ... with 22 more rows
```

3. 选择

select() 函数可以用列名作为参数选择子数据集，如选择从 cyl 到 vs 的所有列：

```
select(mtcars_df,cyl:vs)
输出：
# A tibble:32×7
    cyl disp   hp  drat    wt  qsec    vs
  <dbl> <dbl> <dbl> <dbl> <cdb> <dbl> <dbl>
 1    6   160  110   3.9  2.62  16.5    0
 2    6   160  110   3.9  2.88  17.0    0
 3    4   108   93  3.85  2.32  18.6    1
 4    6   258  110  3.08  3.22  19.4    1
 5    8   360  175  3.15  3.44  17.0    0
 6    6   225  105  2.76  3.46  20.2    1
 7    8   360  245  3.21  3.57  15.8    0
 8    4   147   62  3.69  3.19  20      1
 9    4   141   95  3.92  3.15  22.9    1
10    6   168  123  3.92  3.44  18.3    1
# ... with 22 more rows
```

选择 mpg，hp，gear 三列数据：

```
select(mtcars_df,mpg,hp,gear)
输出：
# A tibble:32×3
    mpg   hp  gear
  <dbl> <dbl> <dbl>
 1  21    110    4
 2  21    110    4
 3  22.8   93    4
 4  21.4  110    3
 5  18.7  175    3
 6  18.1  105    3
 7  14.3  245    2
 8  24.4   62    4
 9  22.8   95    4
10  19.2  123    4
# ... with 22 more rows
```

4. 变形

mutate() 函数可以对已有列进行数据运算，例如在数据集的末尾加一列表示数据的编号：

```
mutate(mtcars_df,NO=1:dim(mtcars_df)[1])
输出：
# A tibble:32×12
      mpg   cyl  disp    hp  drat    wt  qsec    vs    am  gear  carb    NO
    <dbl> <dbl> <dbl> <dbl> <dbl> <cdb> <dbl> <dbl> <dbl> <dbl> <dbl> <int>
  1 21       6   160   110  3.9   2.62  16.5     0     1     4     4     1
  2 21       6   160   110  3.9   2.88  17.0     0     1     4     4     2
  3 22.8     4   108    93  3.85  2.32  18.6     1     1     4     1     3
  4 21.4     6   258   110  3.08  3.22  19.4     1     0     3     1     4
  5 18.7     8   360   175  3.15  3.44  17.0     0     0     3     2     5
  6 18.1     6   225   105  2.76  3.46  20.2     1     0     3     1     6
  7 14.3     8   360   245  3.21  3.57  15.8     0     0     3     4     7
  8 24.4     4   147    62  3.69  3.19  20       1     0     4     2     8
  9 22.8     4   141    95  3.92  3.15  22.9     1     0     4     2     9
 10 19.2     6   168   123  3.92  3.44  18.3     1     0     4     4    10
# ... with 22 more rows
```

将 disp 列的数据除以 25 并添加为新的列 new_disp：

```
mutate(mtcars_df,new_disp=disp / 25)
输出：
# A tibble:32×12
      mpg   cyl  disp    hp  drat    wt  qsec    vs    am  gear  carb new_disp
    <dbl> <dbl> <dbl> <dbl> <dbl> <cdb> <dbl> <dbl> <dbl> <dbl> <dbl>   <dbl>
  1 21       6   160   110  3.9   2.62  16.5     0     1     4     4    6.4
  2 21       6   160   110  3.9   2.88  17.0     0     1     4     4    6.4
  3 22.8     4   108    93  3.85  2.32  18.6     1     1     4     1    4.32
  4 21.4     6   258   110  3.08  3.22  19.4     1     0     3     1   10.3
  5 18.7     8   360   175  3.15  3.44  17.0     0     0     3     2   14.4
  6 18.1     6   225   105  2.76  3.46  20.2     1     0     3     1    9
  7 14.3     8   360   245  3.21  3.57  15.8     0     0     3     4   14.4
  8 24.4     4   147    62  3.69  3.19  20       1     0     4     2    5.87
  9 22.8     4   141    95  3.92  3.15  22.9     1     0     4     2    5.63
 10 19.2     6   168   123  3.92  3.44  18.3     1     0     4     4    6.70
# ... with 22 more rows
```

5. 汇总

summarise() 函数对数据框调用其他函数进行汇总操作，并返回操作结果，如计算 qsec 列的平均值：

```
summarise(mtcars_df,mean_qsec=mean(qsec,na.rm=TRUE))
输出：
# A tibble:1×1
```

```
mean_qsec
    <dbl>
1   17.8
```

6. 分组

group_by() 函数可以对数据进行分组，当对数据集通过 group_by() 添加了分组信息后，mutate() 函数，arrange() 函数和 summarise() 函数会自动对这些 tbl 类数据执行分组操作。例如，对数据集按照 cyl 分组，并且计算每组元素的数量：

```
cars <- group_by(mtcars_df,cyl)
countcars <- summarise(cars,count=n())
countcars
输出:
# A tibble:3×2
    cyl  count
  <dbl> <int>
1   4     11
2   6      7
3   8     14
```

对数据集按照 gear 分组，并计算每组中 wt 的平均值：

```
summarise(group_by(mtcars_df,gear),mean(wt))
输出:
>summarise(group_by(mtcars_df,gear),mean(wt))
# A tibble:3×2
    gear 'mean(wt)'
   <dbl>   <dbl>
1    3     3.89
2    4     2.62
3    5     2.63
```

7. 连接符 %>%

连接符是 dplyr 包中的一个非常实用的功能，它可以支持将所有操作步骤写在一起，不储存中间结果，连接符左边操作的结果直接作为右边操作的输入。使用连接符时，最开始的输入为数据集。例如，对数据集按照 gear 分组，并计算每组中 wt 的平均值，然后按 wt 平均值的降序排列：

```
mtcars_df %>% group_by(gear)%>% summarise(mean_wt=mean(wt))%>%
            arrange(desc(mean_wt))
输出:
# A tibble:3×2
    gear   mean_wt
   <dbl>    <dbl>
```

```
1    3      3.89
2    5      2.63
3    4      2.62
```

1.5.2 tidyr 包

tidyr 包用于数据处理，可以实现数据长格式和宽格式之间的相互转换，这里所指的长格式数据就是一个观测对象由多行组成，而宽格式数据则是一个观测对象仅由一行组成。除此之外，tidyr 包还可以对数据进行拆分和合并，同时也能够对缺失值进行简单的处理。第 1.5.2 节将以学生成绩表为例展示 tidyr 包中部分函数的用法，首先构建学生成绩表：

```
grades <- data.frame(student=c('Alex','Bob','Cathy','Jhon'),math=c(88,79,81,90),
                english=c(76,80,79,86),R_program=c(81,85,82,89))
grades
输出：
    student    math    english    R_program
1     Alex     88        76          81
2      Bob     79        80          85
3    Cathy     81        79          82
4     Jhon     90        86          89
```

1. 宽表转长表

gather() 函数可以实现宽表转长表，语法如下：

```
gather(data,key,value,…,na.rm=FALSE,convert=FALSE,factor_key=FALSE)
```

其中，data 表示需要被转换的宽表，key 表示将原数据框中的所有列赋给一个新变量 key，value 表示将原数据框中的所有值赋给一个新变量 value，…指定哪些列聚到同一列中，na.rm 表示是否删除缺失值，convert 表示是否对 key 列数据进行类型转换（主要用于数值数据类型），factor_key 表示是否将 key 列的数据存储为因子型。例如，将学生成绩表进行宽表转长表：

```
longgrades <- gather(grades,class,grade,c(math,english,R_program))
#c(math,english,R_program)等价于 -student
longgrades
输出：
    student    class      grade
1     Alex     math        88
2      Bob     math        79
3    Cathy     math        81
4     Jhon     math        90
```

```
5    Alex    english     76
6    Bob     english     80
7    Cathy   english     79
8    Jhon    english     86
9    Alex    R_program   81
10   Bob     R_program   85
11   Cathy   R_program   82
12   Jhon    R_program   89
```

2. 长表转宽表

spread() 函数可以实现长表转宽表，语法如下：

```
spread (data,key,value,fill=NA,convert=FALSE,drop=TRUE,sep=NULL)
```

其中：data 为需要被转换的长表；key 为原数据框中需要扩展的列；value 为原数据框中需要分散的值；fill 表示对长表转宽表后的缺失值进行填充，默认填充 NA，例如 fill=10，则对长表转宽表后的所有的缺失值填充为 10；convert 表示是否对 key 列数据进行类型转换，默认不转换；drop 表示是否保留原数据中未显示的因子级别，默认不保留；sep 表示将新列的名称改为 "<key_name><sep><key_value>" 的形式，默认为不改动。例如，将学生成绩表进行长表转宽表：

```
widegrades <- spread(longgrades,class,grade)
widegrades
输出:
  student english  math  R_program
1   Alex     76      88      81
2   Bob      80      79      85
3   Cathy    79      81      82
4   Jhon     86      90      89
```

3. 合并

unite() 函数可以将数据框中多列合并为一列，语法如下：

```
unite(data,col,...,sep="_",remove=TRUE,na.rm=FALSE)
```

其中：data 为需要被操作的数据；col 为新合并列的名字；…为需要被合并的列；sep 为合并时使用的连接符，默认为"-"；remove 表示是否删除被合并的列，默认删除；na.rm 表示是否删除缺失值，默认不删除。例如，将学生的所有成绩合成一列，并用"-"号连接：

```
unitegrades <- unite(grades,all_grade,math,english,R_program,sep='-',remove=FALSE)
unitegrades
输出:
```

```
   student  all_grade  math  english  R_program
1    Alex    88-76-81    88      76         81
2    Bob     79-80-85    79      80         85
3   Cathy    81-79-82    81      79         82
4    Jhon    90-86-89    90      86         89
```

4. 拆分

separate() 函数可将一列拆分为多列，其语法如下：

```
separate(data,col,into,sep="[^[:alnum:]]+",remove=TRUE,convert=FALSE,extra="warn",
  fill="warn",...)
```

其中：data 为需要被操作的数据；col 为需要被拆分的列；into 为新建的列；sep 为被拆分列的分隔符，若为数字则表示被拆分的位置；remove 表示是否删除被拆分的列，默认删除；convert 表示是否对拆分后的数据进行类型转换，默认不转换；extra 的值代表对拆分片段过多情形的处理方式，默认的 warn 表示发出警告并删除额外值；fill 的值代表拆分片段过少情形的处理方式，默认的 warn 表示发出警告并用右侧的值填充。例如，将合并后的学生成绩表拆分：

```
separategrade <- separate(unitegrades,all_grade,c('math','english','R_program'),
                          sep='-',remove=TRUE)
separategrade
输出：
   student  math  english  R_program
1    Alex    88      76         81
2    Bob     79      80         85
3   Cathy    81      79         82
4    Jhon    90      86         89
```

将合并后的学生成绩表从 all_grade 列的第 2、4、5 处拆分：

```
separategrade1 <- separate(unitegrades,all_grade,c('math','english','R_program'),
                           sep=c(2,4,5),remove=TRUE)
separategrade1
输出：
   student  math  english  R_program
1    Alex    88     -7          6
2    Bob     79     -8          0
3   Cathy    81     -7          9
4    Jhon    90     -8          6
```

由以上结果可以看出，若拆分位置为3个，则原数据会被拆分成4段，由于只定义了3列，因此第四段数据会丢失，在使用数字确定拆分位置时需要注意拆分位置数量与拆分目标段数之间的关系。

◎ 本章小结

本章主要从 R 语言基础数据类型、R 语言数据处理等多个方面对 R 语言进行理论介绍。首先介绍了如何从 R 语言中读取和导出数据；随后对 R 语言中的对象和数据类型进行了全面的讲解，R 语言中常用的数据类型包括数值型、字符型、复数型和逻辑型；接着介绍了 R 语言中的控制语句及函数，主要包括 if 分支、for 循环、while 循环、switch 语句以及自定义函数；然后展示了 R 语言中的各种数据处理操作；最后对 R 语言中几个可以高效处理数据的包（dplyr 包、tidyr 包）进行了详细介绍。

◎ 课后习题

1. 请读者分别创建数值型、字符型、复数型以及逻辑型数据，并给这些数据赋值。
2. 分别用数据框、向量读取表 1-8 中的数据。

表 1-8 数据读取

ID	Color	Logic	Float	ID	Color	Logic	Float
1	blue	TRUE	1.04	3	white	TRUE	8.43
2	yellow	FALSE	5.15	4	pink	TRUE	6.72

3. 某班级的学生成绩的相关数据如表 1-9 所示。

表 1-9 学生成绩

ID	Name	Grade	ID	Name	Grade
1	Peter	78	4	Tina	85
2	Tony	56	5	Bob	62
3	Lucy	90	6	Tom	98

（1）求该班级学生成绩的平均值。
（2）求该班级学生成绩的方差。
（3）该班级规定，学生成绩低于 60 分为不合格，成绩在 [60,70) 为合格，成绩在 [70,80) 为一般，成绩在 [80,90) 为良好，成绩在 [90,100] 为优秀。请读者运用条件语句和循环语句判断该班级学生的成绩表现。
4. 现有数据集 schoolInfo，如表 1-10 所示。

表 1-10　数据集 schoolInfo

ID	Score	Status	Sum	ID	Score	Status	Sum
1	2	open	88.77	6	2	NA	76.19
2	NA	close	75.66	7	3	NA	61.54
3	4	close	89.43	8	2	close	74.26
4	5	NA	78.36	9	NA	open	86.53
5	NA	close	91.26				

（1）返回数据集中有缺失数据的行。

（2）从数据集中提取所有 Score 值大于 3 的行。

（3）新建一个字段 NewScore，并将 Score 中的所有数据为 5 的值替换为文本字符串 "five"。

（4）新建一个字段 ScoreCat，Score 中小于 3 的值在 ScoreCat 中赋值为 bad，Score 中大于等于 3 的值在 ScoreCat 中赋值为 Good，Score 中缺失的值在 ScoreCat 中赋值为 Unknown。

（5）从数据集中随机抽取 5 行数据。

（6）四舍五入字段 Sum 中的值（只保留整数）。

## 第2章

R语言可视化技术

■ **学习目标**

- 了解 ggplot2 绘图工具包
- 理解 ggplot2 的图层语法
- 熟练掌握 ggplot2 中的图层和图像细节调整技术
- 能够利用 ggplot2 绘制常用的工具图

■ **应用背景介绍**

　　人们处理视觉信息的速度远快于处理书面信息的速度，将数据转化为图形不仅更加直观，也更有利于表达数据的多维性，进而加快信息的处理速度。数据可视化的本质是视觉对话，可视化技术通过丰富的图表信息表现数据，相比于枯燥的文本数据，图形更具有启发性，有助于我们挖掘数据中蕴含的潜在规律。

　　R 语言具有强大的数据可视化技术，丰富的 R 包确保了 R 语言能够方便快捷地将枯燥的数据转化为鲜明直观的图形，帮助人们更有效地分析数据。R 语言中常用的绘图工具包主要有 graphics 包、grid 包、lattice 包、ggplot2 包等，其中 ggplot2 包（以下简称 ggplot2）是最强大的绘图工具包之一，它的出现让数据可视化工作变得既轻松又优雅。因此在 R 语言的可视化技术中，ggplot2 成为我们关注的焦点。

2.1　ggplot2 的图层语法

　　在 ggplot2 问世之前，R 语言已经具备比较成熟的绘图工具包，比如官方的基础图形系统 graphics 包、网格图形系统 grid 包、Deepayan Sarkar 开发的 lattice 包等。这些包采用整休封装的设计思路，将不同的绘图函数封装成一个个函数整体，用户根据自身需要选择相应的函数，并设置相关的参数，便可绘制相应图形。这种设计对于简单的图形绘制非常实用，可当需要绘制的图形复杂度增加时，涉及的参数将会非常庞大，图形的绘制也变得繁重起来。

为了提高绘图的灵活性，ggplot2 中提出了一套图层语法，将图形中的元素拆分成一系列相互独立的部分，用户在绘图时不需要在一开始就设置图形中涉及的所有参数，而是将需要的图形元素一点点添加到图中。这种设计使得用户在面临复杂的图形时也能灵活绘制，绘图变成了一个从易到繁、自由组合的过程。

本节主要介绍 ggplot2 的图层语法，该语法是 ggplot2 的理论基础，掌握该语法才能掌握 ggplot2 的精髓。

2.1.1 图像的组成

在图层语法中，图像主要由以下部分组成：

（1）待可视化的数据（data）以及数据中的变量到图形属性的映射（mapping）。

（2）几何对象（geom）、统计变换（stat）和位置调整（position），其中几何对象就是显示在图中的图形元素，统计变换是对数据的某种处理，位置调整用于调整元素的位置。

（3）标度（scale），数据取值到图形属性的映射，如不同的取值对应不同的大小或颜色。

（4）坐标系（coord），通常为笛卡尔坐标系，偶尔也用极坐标等其他坐标系。

（5）分面（facet），对数据的不同子集作图并联合展示。

（6）主题（theme），对图像的细节进行调整，如网格线间隔、背景颜色等。

上述图像组件中，数据、映射、几何对象、统计变换以及位置调整共同组成了一个图层，标度、坐标系、分面以及主题主要用于调整图形细节，使图像满足我们的绘制需求，并且更加美观。

图层的叠加是 ggplot2 绘图的核心思想。在 ggplot2 中通过符号 "+" 将不同的图层叠加在一起，编码的位置越靠后，图层就叠加在更上层，多个图层的叠加最终组成目标绘图，这种设计方式与 Photoshop 中的图层叠加类似。

图 2-1 展示了图层语法的基本框架。

2.1.2 散点图示例

为了更好地说明 ggplot2 的图层语法，我们接下来将介绍一个绘图示例。待可视化的数据集为 R 包中自带的数据集 mpg，数据集 mpg 中记录了各种与汽车相关的信息，比如汽车型号、类别、引擎大小、耗油量等，该数据集中的前十行数据如图 2-2 所示。

数据集 mpg 中，manufacturer 表示汽车生产商，model 表示汽车的型号，displ 表示发动机的排量，year 为生产年份，cyl 表示气缸数，trans 代表传输类型，drv 代表汽车传动系统的类型，cty 字段和 hwy 字段分别记录了汽车每使用 1 加仑[⊖]汽油可以在城市和高速公路上的行驶距离，fl 表示燃料类型，class 表示汽车的等级。我们将绘制汽车每使用 1 加仑汽油在不同类型公路上的行驶距离的对比散点图，并在图像中添加一些辅助信息，以获得既美观又符合我们需求的统计图。

```
#加载包ggplot2
library(ggplot2)

#选择数据集并建立映射
p_test <- ggplot(data=mpg,mapping=aes(x=cty,y=hwy))

p_test+geom_point(aes(colour=class,size=displ))+        #绘制散点图
  stat_smooth()+                                        #拟合直线
  scale_size_continuous(range=c(3,8))+                  #设置图中散点的大小范围
  facet_wrap(~ year,ncol=1)+                            #分面
  labs(title="公路类型-行驶距离")+                       #添加标题
  theme(plot.title=element_text(size=15,hjust=0.5))     #设置标题字体大小及对齐方式
```

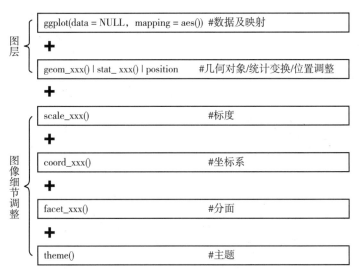

图 2-1 图层语法的基本框架

manufacturer	model	displ	year	cyl	trans	drv	cty	hwy	fl	class
\<chr>	*\<chr>*	*\<dbl>*	*\<int>*	*\<int>*	*\<chr>*	*\<chr>*	*\<int>*	*\<int>*	*\<chr>*	*\<chr>*
1 audi	a4	1.8	1999	4	auto(l5)	f	18	29	p	compact
2 audi	a4	1.8	1999	4	manual(m5)	f	21	29	p	compact
3 audi	a4	2	2008	4	manual(m6)	f	20	31	p	compact
4 audi	a4	2	2008	4	auto(av)	f	21	30	p	compact
5 audi	a4	2.8	1999	6	auto(l5)	f	16	26	p	compact
6 audi	a4	2.8	1999	6	manual(m5)	f	18	26	p	compact
7 audi	a4	3.1	2008	6	auto(av)	f	18	27	p	compact
8 audi	a4 quattro	1.8	1999	4	manual(m5)	4	18	26	p	compact
9 audi	a4 quattro	1.8	1999	4	auto(l5)	4	16	25	p	compact
10 audi	a4 quattro	2	2008	4	manual(m6)	4	20	28	p	compact

图 2-2 数据集 mpg 中的部分信息

⊖ 1 加仑 = 3.785 4 升

　　加载相应的工具包"ggplot2"是绘图的第一步。在上述示例中，我们首先调用底层绘图函数 ggplot()，data=mpg 表明待可视化的数据集为 mpg，随后我们建立该数据集中 cty 字段与 hwy 字段的映射关系，其中 cty 字段中的数据对应 x 轴，hwy 字段中的数据对应 y 轴。需要注意的是，待可视化的数据集的格式必须为 data.frame()。

　　geom_xxx() 函数用于绘制不同类型的统计图，这里调用 geom_point() 函数绘制散点图。colour=class 表示散点的颜色依据 class 取值的不同而不同（颜色也可以用英文单词 color），size=displ 表示发动机的排量越大，散点的大小就越大。stat_smooth() 函数用于拟合曲线。

　　scale_size_continuous(range = c(3,8)) 表示散点的大小范围为 3~8。facet_wrap(~year,ncol = 1) 表示图像依据 year 分面，mpg 中 year 字段只有 1999 和 2008 两种取值，由于设置了 ncol=1，因此图像将分成上下两张图。labs(title = " 公路类型 - 行驶距离 ") 为图像添加了标题，theme(plot.title = element_text(size = 15,hjust = 0.5)) 将标题文字大小设置为 15，并设置对齐方式为居中。绘图结果如图 2-3 所示。

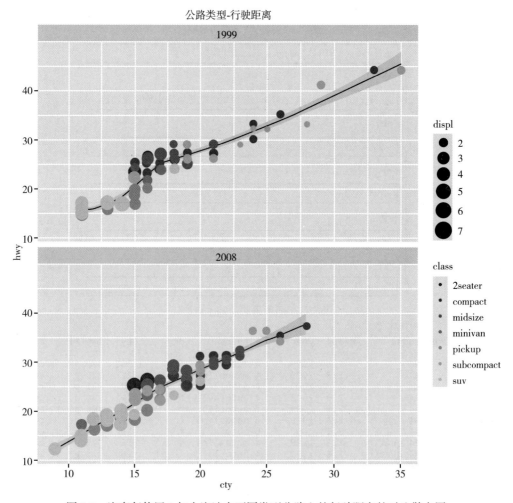

图 2-3　汽车每使用 1 加仑汽油在不同类型公路上的行驶距离的对比散点图

2.2　图层

图层是 ggplot2 的主要考察对象，主要由五个部分组成：数据集、映射、几何对象、统计变换、位置调整。在 ggplot2 中，用户通过符号"+"添加图层，图层的层层叠加构成了我们最终绘制的统计图。

本节主要介绍 ggplot2 中图层的概念及应用。

2.2.1　绘图对象

创建绘图对象是绘图的基础，在 ggplot2 工具包中，ggplot() 函数用于创建绘图对象，该函数的语法如下：

```
ggplot(data=NULL,mapping=aes(),…)
```

数据 data 和图形属性映射 mapping 为该函数的两个主要参数。其中数据用于指定待可视化的数据集，其格式必须为数据框（data.frame()）。数据以副本的形式存储在图像中，因此当数据发生改变时，已经绘制的图形不会有变化。

映射通过 aes() 函数将数据变量映射为图形属性，上一节的散点图示例中有：

```
p_test <- ggplot(data=mpg,mapping=aes(x=cty,y=hwy))
```

该示例将 x 坐标映射到 cty，y 坐标映射到 hwy。aes() 函数中的"x=""y="可以省略，即可以直接写成 aes(cty,hwy)，效果与不省略时一致。值得一提的是，映射可以在创建绘图对象时就设定好，也可以后续通过符号"+"修改。

```
p_test <- ggplot(mpg)
p_test <- p_test+aes(cty,hwy)
```

我们可以通过 summary() 函数查看图层信息：

```
summary(p_test)
输出：
data:manufacturer,model,displ,year,cyl,trans,drv,cty,hwy,fl,class [234x11]
mapping: x=~cty,y=~hwy
faceting:<ggproto object:Class FacetNull,Facet,gg>
    compute_layout:function
    draw_back:function
    draw_front:function
    draw_labels:function
    draw_panels:function
    finish_data:function
    init_scales:function
```

```
    map_data:function
    params:list
    setup_data:function
    setup_params:function
    shrink:TRUE
    train_scales:function
    vars:function
    super: <ggproto object:Class FacetNull,Facet,gg>
```

绘图对象指定了待可视化的数据集，设定了图形属性的映射，构成了图层的基础部分，但此时 ggplot2 中并不会出现图形元素。

2.2.2 几何对象

绘图对象创建完成后，为了在 ggplot2 中生成图形元素，需要调用几何对象函数 geom_xxx()。第 2.1.2 节的散点图示例中，我们就是调用了 geom_point() 函数才得以绘制的散点图。

```
#选择数据集并建立映射
p_test <- ggplot(data=mpg,mapping=aes(x=cty,y=hwy))
#绘制散点图
p_test+geom_point(aes(colour=class,size=displ))
```

在 geom_point() 函数中，我们仍通过 aes() 函数将数据变量映射为图形属性，colour=class 表示将 class 的取值映射为散点的颜色，散点的颜色依据 class 取值的不同而不同，size=displ 表示将 displ 的取值映射为散点的大小，发动机的排量越大，散点的大小就越大。

绘图对象和几何对象叠加后，便可在 ggplot2 中生成初始统计图，上述代码的绘图结果如图 2-4 所示。

不同几何对象具有的图形属性不同，需要设定的参数也不太一样。如，上述示例的散点图设置了散点的颜色和大小属性，条形图则需要设定条形的高度、宽度以及填充颜色属性等。表 2-1 列出了 ggplot2 中常用的几何对象。

表 2-1　ggplot2 中常用的几何对象

几何对象	描述	几何对象	描述
abline	由斜率和截距决定的线	path	路线图
hline	水平线	boxplot	箱线图
vline	竖直线	violin	小提琴图
point	散点图	qq	QQ 图
bar	条形图	smooth	添加光滑的条件均值线
histogram	直方图	text	文本注释
line	折线图		

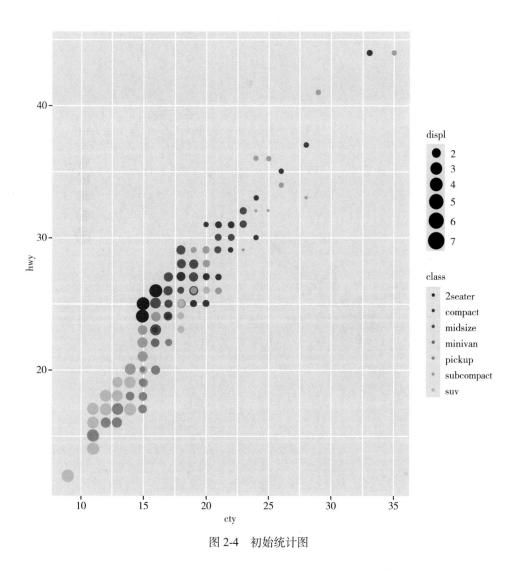

图 2-4 初始统计图

2.2.3 统计变换

统计变换（stat）对数据进行某种运算处理，不同的计算方法对应不同的 stat_xxx()
函数。下面我们通过调用 stat_smooth() 函数计算给定 x 时 y 的均值，以此添加光滑的拟合
曲线。

```
#选择数据集并建立映射
p_test <- ggplot(data=mpg,mapping=aes(x=cty,y=hwy))
#绘制散点图
p_test+geom_point(aes(colour=class,size=displ))+
    stat_smooth()                                      #拟合曲线
```

上述代码能够绘制出添加拟合曲线后的散点图，绘图结果如图 2-5 所示。

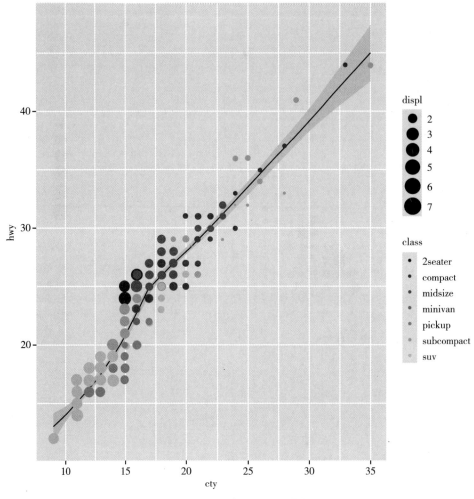

图 2-5　添加拟合曲线后的散点图

在图形绘制中，几何对象与统计变换都被视作图层，geom_xxx() 函数与 stat_xxx() 函数往往成对出现。每个几何对象的 geom_xxx() 函数中都包含一个 stat 参数，每个统计变换的 stat_xxx() 函数中都包含一个 geom 参数，它们的代码如下：

```
geom_xxx(mapping,data,…,stat,position)
stat_xxx(mapping,data,…,geom,position)
```

其中，mapping 代表图形属性的映射，data 为数据集，position 代表位置调整，这些参数都不是必选参数。假设现在需要绘制一张均值散点图，第一种绘图方式调用了几何对象 geom_point() 函数，并将其中的 stat 参数设置为 "summary"。第二种绘图方式调用了统计变换 stat_summary() 函数，并将其中的 geom 参数设置为 "point"。前者侧重于图像类型的绘制，后者侧重于统计变换的过程，二者最终的绘图效果一致。它们的代码如下：

```
# 以geom_xxx()开头的图层
ggplot(mpg,aes(cty,hwy))+
  geom_point(aes(colour=class),size=4,stat="summary")

# 以stat_xxx()开头的图层
ggplot(mpg,aes(cty,hwy))+
  stat_summary(aes(colour=class),size=4,geom="point")
```

绘图结果如图 2-6 所示。

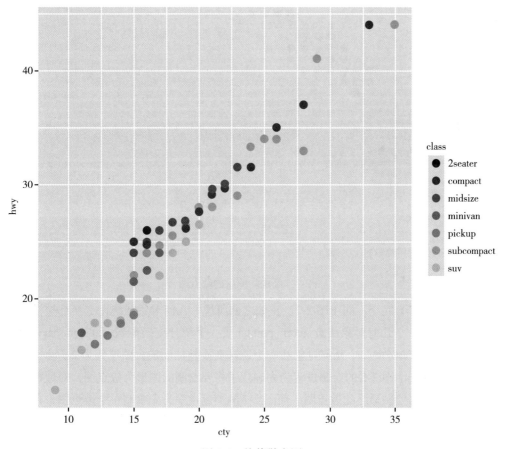

图 2-6　均值散点图

如果将几何对象和统计变化分别写在各自的函数里，还能得到和上述一样的效果吗？我们来看下面的示例：

```
# 同时添加geom_xxx()图层和stat_xxx()图层
ggplot(mpg,aes(cty,hwy))+
  geom_point(aes(colour=class),size=4)+
  stat_summary()
```

绘图结果如图 2-7 所示。

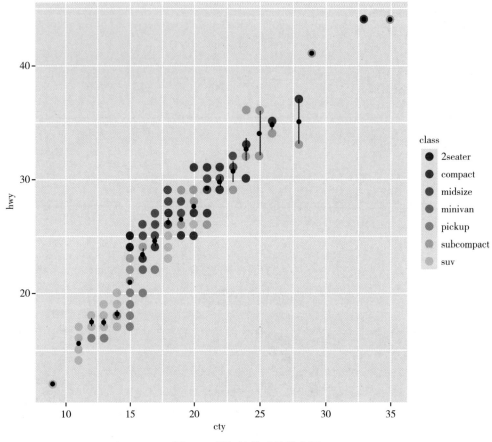

图 2-7　添加均值后的散点图

可以看出图 2-6 完全不同于图 2-7。正如之前所说，几何对象和统计变换都被视作一个图层，图 2-6 由一个几何对象函数 geom_point() 或一个统计变换函数 stat_summary() 绘制，图层数为 1，而图 2-7 由一个几何对象和一个统计变换叠加而成，图层数为 2，两张图从图层数目上就不一样。图 2-6 的绘制过程为先确认了将要绘制的图形为散点图，对数据集进行了求均值处理后再绘制最终的散点图。而图 2-7 的绘制过程为先绘制一个散点图，再在原图上叠加每个 x 的均值。

需要注意的是，大部分情况下我们会省略几何对象与统计变换中的参数 data，因为在绘图对象 ggplot() 函数中已经设置了待可视化的数据集，该数据集之后将作为参数 data 的默认参数。若在 geom_xxx() 函数或 stat_xxx() 函数中设置了参数 data，则默认数据集将被改变。表 2-2 列出了 ggplot2 中常用的统计变换。

表 2-2　ggplot2 中常用的统计变换

统计变换	描述	统计变换	描述
identity	不对数据进行统计变换	sum	计算每个单一值的频数
quantile	计算连续的分位数	summary	对每个 x 所对应的 y 做统计描述
smooth	添加光滑曲线	unique	删除重复值

2.2.4　位置调整

我们在绘制图像的过程中，有时会遇到数据堆叠的问题，此时就需要对元素的位置进行调整。例如图 2-4 展示的散点图中，我们可以很明显地观察到黑点与灰点存在数据堆叠的现象。为了避免数据重合等问题，我们可以通过设置几何对象 geom_xxx() 函数或者统计变换 stat_xxx() 函数中的 position 参数达到数据位置调整的目的。下面的示例向图 2-4 中的点添加扰动，以避免数据重合。

```
# 添加位置调整
p_test+geom_point(aes(colour=class,size=displ),position="jitter")
```

绘图结果如图 2-8 所示。

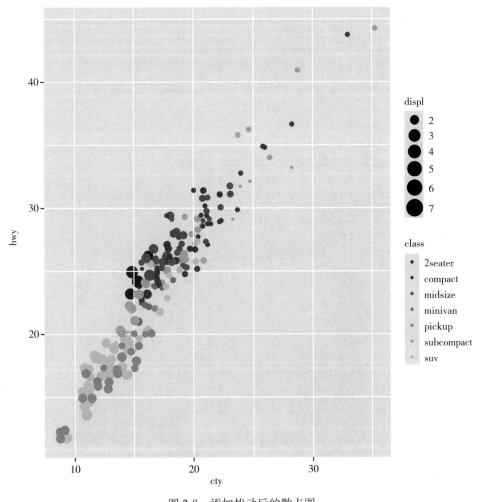

图 2-8　添加扰动后的散点图

数据重叠的情况多出现于离散型数据，因此位置调整一般用于离散型数据的绘图。表

2-3 列出了 ggplot2 中主要的位置调整参数。

表 2-3　ggplot2 中的位置调整参数

位置调整参数	描述
dodge	并排放置（避免重叠）
fill	堆叠图形元素并将高度标准化为 1
identity	不做任何调整
jitter	给点添加扰动（避免重合）
stack	堆叠图形元素

为了更好地展示 ggplot2 中的位置调整，下面的示例中我们将绘制设置了不同位置调整参数的条形图。

```
# 绘制条形图
p_test1 <- ggplot(mpg,aes(x=trans,fill=factor(cyl)))
```

待可视化的数据集仍然为 mpg，x 轴变量为 trans，填充色变量为 cyl。

```
p_test1+geom_bar(position="stack")
```

我们首先设置位置调整参数为堆叠，即 "stack"，绘图结果如图 2-9 所示。

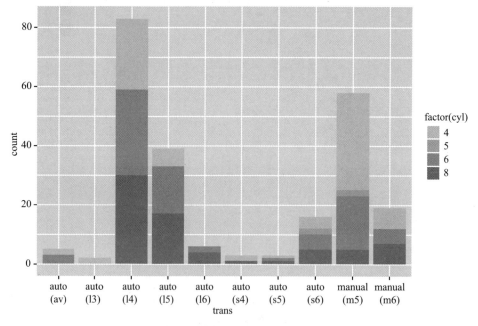

图 2-9　条形图（position = "stack"）

随后设置位置调整参数为堆叠，并将高度标准化为 1，即 "fill"。绘图结果如图 2-10 所示。

```
p_test1+geom_bar(position="fill")
```

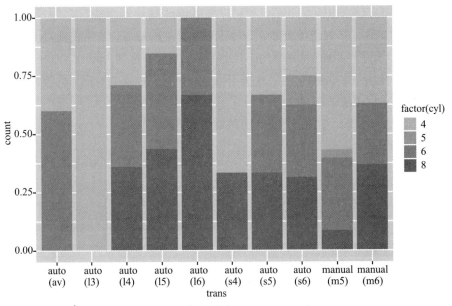

图 2-10 条形图（position = "fill"）

最后设置位置调整参数为并列，即 " dodge"。

```
p_test1+geom_bar(position="dodge")
```

绘图结果如图 2-11 所示。

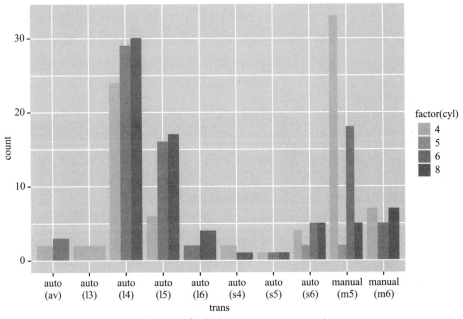

图 2-11 条形图（position = "dodge"）

2.3 图像细节调整

学习了图层的有关知识后，我们已经可以利用 ggplot2 绘制出基本的统计图形。为了让绘制的图像更加美观，同时也能更加充分地表现数据集的特征，常常需要对图像的细节进行调整。ggplot2 中用于调整图像细节的工具有很多，主要有标度（scale）、坐标系（coord）、分面（facet）以及主题（theme）等，这些工具能够有效提高我们对图形的控制能力，帮助我们更好地绘制出优美的图形。

本节主要介绍 ggplot2 中用于图像细节调整的工具及其应用。

2.3.1 标度

标度将数据转化为可视的图形属性，如颜色、位置、大小或形状。依据变量类型的不同，标度分为连续型标度和离散型标度。从图形属性的角度来看，标度则主要分为位置标度、颜色标度和手动型标度。

在绘制图形的过程中，我们有时需要构造新的标度，此时便要用到标度构造器 scale_xxx_xxx()。标度构造器的命名以 scale_ 开头，第二部分为图形属性名称（size_、colour_等），第三部分为标度的名称（continuous、hue 等）。

下面的散点图示例中，我们就是通过标度构造器 scale_size_continuous() 设置了散点的大小范围。

```
#设置图中散点的大小范围
scale_size_continuous(range=c(3,8))+
labs(title="公路类型-行驶距离")
```

labs() 函数用于设置坐标轴及图例上的标签。图 2-5 展示的统计图中，默认把 x 轴和 y 轴的名称设置成了 cty、hwy，我们可以在 labs() 中重新设置这些名称，绘图结果如图 2-12 所示。

```
#设置坐标轴和图例上的标签
p_test+geom_point(aes(colour=class,size=displ))+
  stat_smooth()+
  scale_size_continuous(range=c(3,8))+
  labs(title="公路类型-行驶距离",x="每加仑城市公路英里数",y="每加仑高速公路英里数")
```

我们也可以通过 xlab() 函数、ylab() 函数修改坐标轴标签：

```
# 设置坐标轴的标签
p_test+geom_point(aes(colour=class,size=displ))+
  stat_smooth()+
  scale_size_continuous(range=c(3,8))+
  labs(title="公路类型-行驶距离")+
  xlab("每加仑城市公路英里数")+ylab("每加仑高速公路英里数")
```

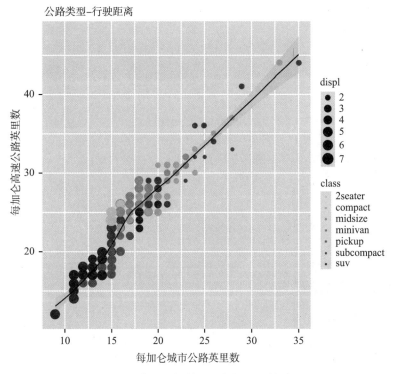

公路类型–行驶距离

图 2-12   修改坐标轴和图例标签的统计图

这种方式绘制的图形效果与图 2-12 一致。

标度从图形属性的角度分为位置标度、颜色标度和手动型标度，接下来我们将对它们进行逐一介绍。

1. 位置标度

位置标度是最常用的标度之一，每张统计图一定拥有一个 x 标度和一个 y 标度。我们在绘制图形的过程中，经常需要修改坐标轴的范围，ggplot2 中的 xlim() 函数和 ylim() 函数能够帮助我们轻松完成这一任务，可设置的位置标度类型包括离散型、连续型和日期型。

```
#离散型标度
xlim("差","中","好")
#连续型标度
xlim(5,10)
#日期型标度
xlim(as.Date(c("2022-05-20","2022-06-18")))
```

我们首先来看离散型位置标度的示例：

```
# 调整位置标度(离散型)
ggplot(mpg,aes(x=trans,fill=factor(cyl)))+geom_bar()+
  xlim("auto(av)","auto(s4)","auto(s6)")
```

绘制结果如图 2-13 所示，其中上图未添加 xlim() 函数，下图添加了 xlim() 函数。

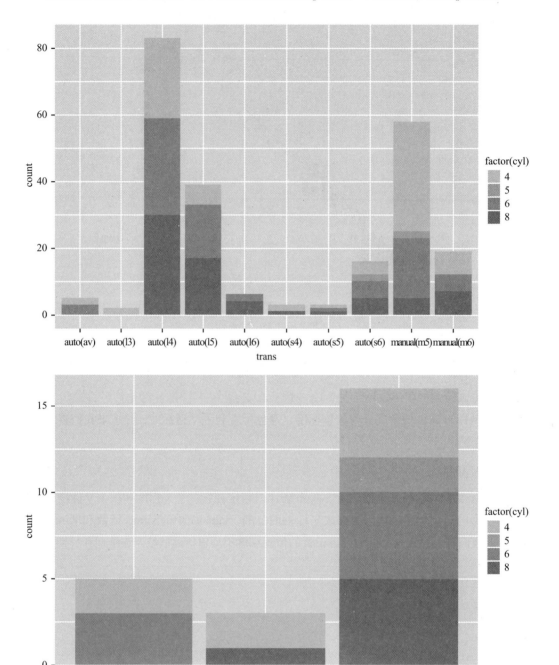

图 2-13　离散型位置标度

连续型位置标度的示例如下：

```
# 调整位置标度(连续型)
ggplot(mpg,aes(cty,hwy))+geom_point(aes(colour=class,size=displ))+
  xlim(10,20)+ylim(10,20)
```

绘制结果如图 2-14 所示，其中上图未添加 xlim() 函数，下图添加了 xlim() 函数。

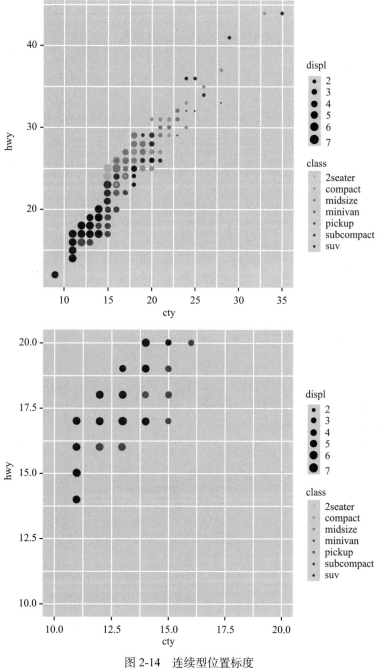

图 2-14　连续型位置标度

日期型标度的示例如下，选用的数据集为 R 语言自带数据集 economics，该数据集中 date 字段表示日期，psavert 字段表示个人储蓄率。

```
# 调整位置标度(日期型)
ggplot(data=economics,aes(x=date,y=psavert))+
  geom_line()+
  xlim(as.Date(c("1995-05-20","2005-05-20")))
```

绘制结果如图 2-15 所示，其中左图未添加 xlim() 函数，右图添加了 xlim() 函数。

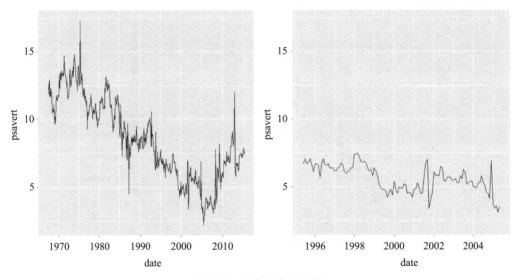

图 2-15　日期型位置标度

2. 颜色标度

颜色标度也是我们在绘图时常用的标度，根据数据类型的不同，颜色标度可以分为连续型颜色标度和离散型颜色标度。

连续型颜色标度共有三类，具体如下：

```
#双色梯度
scale_colour_gradient()
scale_fill_gradient()

#三色梯度
scale_colour_gradient2()
scale_fill_gradient2()

#n色梯度
scale_colour_gradientn()
scale_fill_gradientn()
```

这三类颜色标度的区别在于颜色梯度中的色彩数量。双色梯度通过参数 low 和 high 控制梯度两端的颜色，三色梯度在双色梯度的基础上额外添加了参数 mid，*n* 色梯度允许用户自定义色彩数量。下面示例展示了这三类颜色标度的用法。

我们首先构造了一个简单的数据框 mydataframe_continuous_color，该数据框只包含两个字段 x 和 y，其中 x 包含的元素为 1~50，y 包含的元素为 50 个随机生成的数据。

```
# 调整颜色标度(连续型)
mydataframe_continuous_color <- data.frame(x=1:50,y=rnorm(50))

p_continuous_color <- ggplot(mydataframe_continuous_color,aes(x,y,colour=y))+
  geom_point(size=4)

p_continuous_color

p_continuous_color+
  scale_color_gradient(low="red",high="blue")# 双色梯度

p_continuous_color+
  scale_color_gradient2(low="red",high="blue",mid="white")# 三色梯度

p_continuous_color+
  scale_color_gradientn(colours=c("red","blue","white","green"))# n色梯度
```

绘图结果如图 2-16 所示，其中图 2-16a 未设置颜色标度，图 2-16b 设置了双色梯度，图 2-16c 设置了三色梯度，图 2-16d 设置了 *n* 色梯度。

离散型颜色标度主要有两种，分别是 HCL 配色模型和 ColorBrewer 调色板：

```
#HCL配色模型
scale_colour_hue()
scale_fill_hue()

#ColorBrewer调色板
scale_colour_brewer()
scale_fill_ brewer()
```

HCL 配色模型是默认的配色方案，通过 hcl 色轮选取色彩。其中 h 表示色相，范围为（0，360），c 表示饱和度，l 表示明度。ColorBrewer 调色板中，参数 type 用于选择调色板的类型："seq""div""qual"，参数 palette 用于指定调色板的名称或序号，常用的有"Set1""Set2"等。下面的示例展示了这两种颜色标度的用法。

我们首先构造了一个简单的数据框 mydataframe_discrete_color，该数据框只包含两个字段 x 和 y，x 字段中记录了科目信息，y 字段中记录了成绩信息。

```
# 调整颜色标度(离散型)
mydataframe_discrete_color<-data.frame(x=c("数学","语文","英语","物理","化学"),
  y=c(140,120,145,105,94))
```

```
p_discrete_color <- ggplot(mydataframe_discrete_color,aes(x,y,fill=factor(x)))+
  geom_bar(stat="identity")

p_discrete_color

p_discrete_color+
  scale_fill_hue(h=c(100,200),c=50)# HCL配色模型

p_discrete_color+
  scale_fill_brewer(type="seq",palette="Set1")# ColorBrewer调色板
```

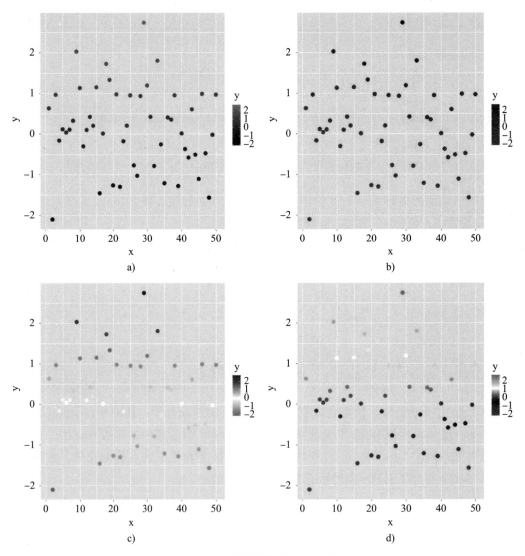

图 2-16　连续型颜色标度示例

注：图 2-16b 的 y 值从小到大对应的颜色为红色到蓝色。图 2-16c 的 y 值从小到大对应的颜色为红色到白色到蓝色。图 2-16d 的 y 值从小到大对应的颜色为红色到蓝色到白色到绿色。

绘图结果如图 2-17 所示，其中左图添加了 HCL 配色模型，右图调用了 ColorBrewer 调色板。

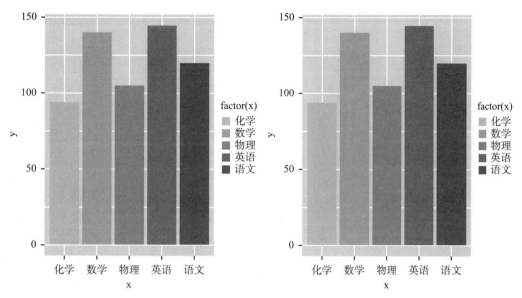

图 2-17 离散型颜色标度示例

3. 手动型标度

ggplot2 中允许用户手动定制标度，这一功能通过 scale_xxx_manual() 函数实现。常用的手动型标度如下：

```
#定制形状标度
scale_shape_manual()
#定制线条类型标度
scale_linetype_manual()
#定制颜色标度
scale_colour_manual()
scale_fill_manual()
```

手动型标度中，用户通过设定参数 values 的值自定义图形属性。需要注意的是，手动型标度一般用于离散型数据。下面的示例将对离散型颜色标度示例中的绘图对象 p_discrete_color 进行重新上色：

```
# 手动型标度
p_discrete_color+
  scale_fill_manual(values=c("red","blue","yellow","green","black"))
```

绘图结果如图 2-18 所示。

ggplot2 中点的形状（shape）为 [0,25] 区间内的 26 个整数，其中 0 号 ~20 号形状的点具有轮廓颜色（color）属性，只有 21 号 ~26 号形状的点具有填充（fill）属性。图 2-19 展示了 ggplot2 中点的形状。

ggplot2 允许用户设置多个手动型标度。下面的示例中，我们先手动设置了颜色标度，将它们的值设置成了 "yellow" "black" "red" "green" "white" "red" 以及 "blue"（因为映射 fill 的变量为 class，该字段中有 7 个离散的值）。随后我们手动设置了形状标度，并设置其值为 c(21,22,23,24,21,22,23)

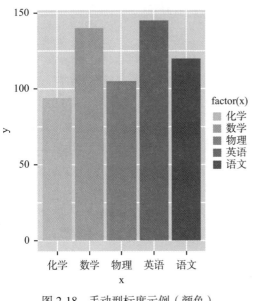

图 2-18 手动型标度示例（颜色）

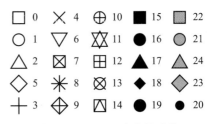

图 2-19 ggplot2 中点的形状

```
#设置多个手动型标度
ggplot(data=mpg,mapping=aes(x=cty,y=hwy,fill=class,shape=class))+
  geom_point(size=5)+
  scale_fill_manual(values=c("yellow","black","red","green","white","red","bl
  ue"))+
  scale_shape_manual(values=c(21,22,23,24,21,22,23))
```

绘图结果如图 2-20 所示。

2.3.2 坐标系

坐标系是一种定位系统，将多种位置标度结合在一起以确定图形的具体位置。表 2-4 展示了 ggplot2 中的坐标系，以 2 维坐标系为主。

表 2-4 ggplot2 中的坐标系

坐标系	描述	坐标系	描述
cartesian	笛卡尔坐标系	trans	笛卡尔坐标系（变换）
equal	笛卡尔坐标系（同尺度）	map	地图射影
flip	笛卡尔坐标系（翻转）	polar	极坐标系

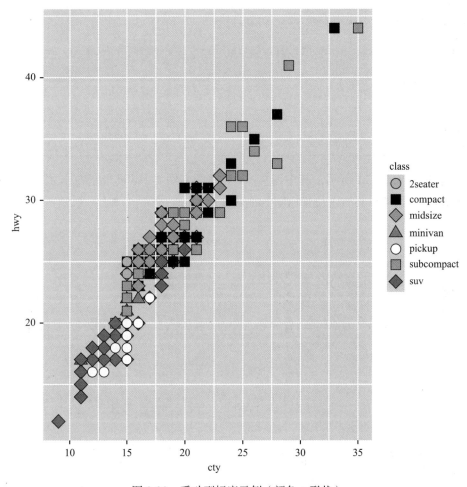

图 2-20　手动型标度示例（颜色＋形状）

1. 笛卡尔坐标系

笛卡尔坐标系（coord_cartesian）是 ggplot2 中最常用的坐标系，该坐标系通过 x 坐标和 y 坐标定位图形。笛卡尔坐标系中有两个重要的参数 xlim 和 ylim，它们用于设置坐标轴的范围。需要注意的是，笛卡尔坐标系中 xlim 和 ylim 的工作原理不同于位置标度中的 xlim 和 ylim，前者只是单纯展示设定范围内的数据，不会删除设定范围外的数据，相当于将原图形局部放大，而后者会将设定范围外的数据直接删除。下面的示例很好地说明了二者的区别：

```
# xlim和ylim
ggplot(mpg,aes(cty,hwy))+
  geom_point(aes(colour=class,size=displ))+
  stat_smooth()# 原图

ggplot(mpg,aes(cty,hwy))+
```

```
  geom_point(aes(colour=class,size=displ))+
  stat_smooth()+
  coord_cartesian(xlim=c(20,30),ylim=c(30,40))# 笛卡尔坐标系中的xlim和ylim

ggplot(mpg,aes(cty,hwy))+
  geom_point(aes(colour=class,size=displ))+
  stat_smooth()+
  xlim(20,30)+
  ylim(30,40)# 位置标度中的xlim和ylim
```

　　绘图结果如图 2-21 所示，其中图 2-21a 为原图，图 2-21b 设置了笛卡尔坐标系中的 xlim 和 ylim，图 2-21c 设置了位置标度中的 xlim 和 ylim。

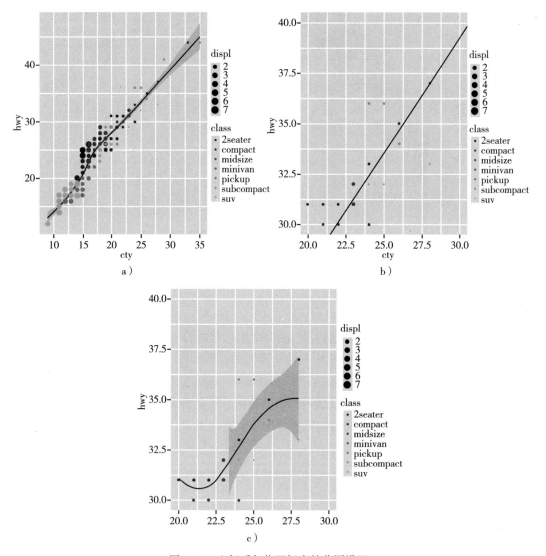

图 2-21　坐标系与位置标度的范围设置

2. 翻转坐标系

翻转坐标系（coord_flip）用于调换 x 轴与 y 轴，具体用法如下：

```
# 翻转坐标系
ggplot(mpg,aes(displ,cty))+
  geom_point(aes(colour=class),size=3,shape=11)+
  stat_smooth()

ggplot(mpg,aes(displ,cty))+
  geom_point(aes(colour=class),size=3,shape=11)+
  stat_smooth()+
  coord_flip()# 翻转
```

绘图结果如图 2-22 所示，其中图 2-22a 为原图，图 2-22b 为翻转后的图。

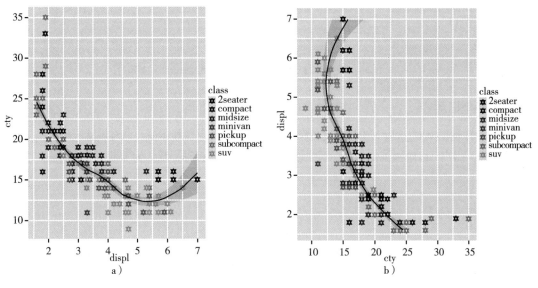

图 2-22　翻转坐标系

3. 同尺度坐标系

同尺度坐标系（coord_equal）用于确保 x 轴的标度与 y 轴的标度相同，参数 ratio 允许用户修改 x 轴和 y 轴的尺度比例，默认值为 1:1。具体用法如下：

```
# 同尺度坐标系
ggplot(mpg,aes(cty,hwy))+
  geom_point(aes(colour=class,size=displ))+
  stat_smooth()# 原图

ggplot(mpg,aes(cty,hwy))+
  geom_point(aes(colour=class,size=displ))+
  stat_smooth()+
  coord_equal(ratio=0.5)# 修改尺寸比例
```

绘图结果如图 2-23 所示，其中图 2-23a 为原图，图 2-23b 为坐标同尺度后的图。

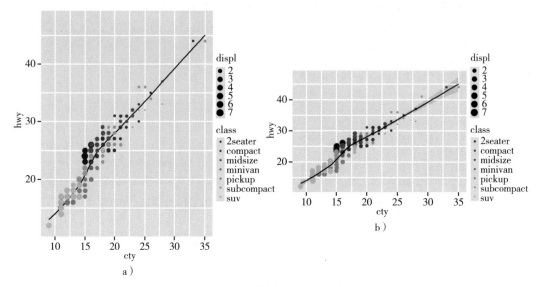

图 2-23　同尺度坐标系示例

4. 极坐标系

极坐标系（coord_polar）中用于定位图形的位置标度为半径和角度。通过设置极坐标系中的参数 theta，用户可以选择笛卡尔坐标系中被映射成角度的坐标轴，默认为 x 轴。具体用法如下：

```
# 极坐标系
ggplot(mpg,aes(x=trans,fill=factor(cyl)))+
  geom_bar()

ggplot(mpg,aes(x=trans,fill=factor(cyl)))+
  geom_bar()+
  coord_polar()# 将x轴映射为极坐标系的角度

ggplot(mpg,aes(x=trans,fill=factor(cyl)))+
  geom_bar()+
  coord_polar(theta="y")# 将y轴映射为极坐标系的角度
```

绘图结果如图 2-24 所示，其中图 2-24a 为笛卡尔坐标系下的条形图，图 2-24b 是将 x 轴映射为极坐标系的角度，图 2-24c 是将 y 轴映射为极坐标系的角度。

2.3.3　分面

分面（facet）用于对数据的不同子集作图并联合展示。具体来说，分面会在一个页面中摆放多张图形，每个图形都是对数据集中的子集进行可视化的结果。ggplot2 中主要有两种分面类型：网格型（facet_grid）和封装型（facet_wrap）。

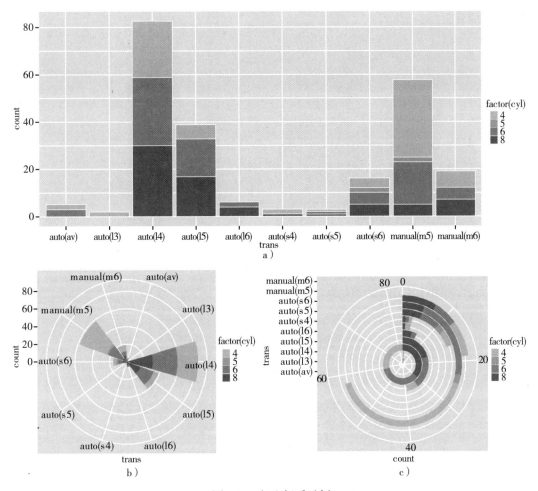

图 2-24　极坐标系示例

1. 网格型分面

网格型分面（facet_grid）通过生成 2 维面板网络实现图形的分面，用户可以设置变量决定分面绘图的行和列。设置一行多列的语法为 ".～a"，设置一列多行的语法为 "b～."，设置多行多列的语法为 "a～b"，其中 a、b 皆为变量名。我们来看一个具体示例：

```
ggplot(mpg,aes(cty,hwy))+geom_point()+
  facet_grid(. ~ cyl)# 一行多列

ggplot(mpg,aes(cty,hwy))+geom_point()+
  facet_grid(cyl ~ .)# 一列多行

ggplot(mpg,aes(cty,hwy))+geom_point()+
  facet_grid(cyl ~ drv)# 多列多行
```

绘图结果如图 2-25 所示，其中图 2-25a 的分面为一行多列，图 2-25b 的分面为一列多行，

图 2-25c 的分面为多行多列。

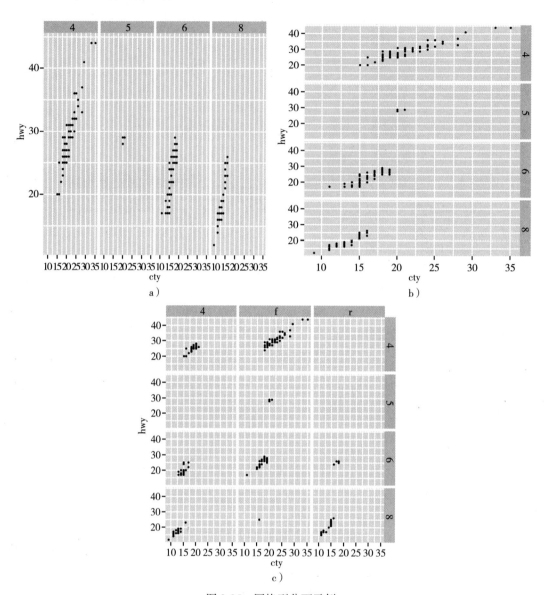

图 2-25　网格型分面示例

网格型分面生成的 2 维面板网络允许用户展示相应的边际图，这一功能通过设置 facet_grid() 函数中的参数 margins 实现，其用法如下：

```
#展示所有边际图
margins=TRUE

#展示指定的边际图
margins=c("drv")
```

具体示例如下：

```
ggplot(mpg,aes(cty,hwy))+
  geom_point()+
  facet_grid(cyl~drv,margins=T)# 展示所有边际图
```

绘图结果如图 2-26 所示，其中右下角的边际图为原图，最右侧的列展示了每一行的边际图，最下方的行展示了每一列的边际图。

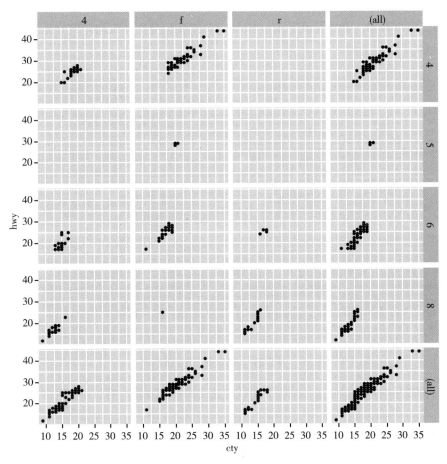

图 2-26　网格型分面的边际图

2. 封装型分面

不同于网格型分面，封装型分面（facet_wrap）最开始生成的是 1 维面板条块，再将其封装到 2 维面板条块中，最终实现图形的分面效果。因此，封装型分面中设置分面的语法为"~ a"（其中 a 为用于分面的变量），再通过设置参数 ncol 和 nrow 的值确定分面图的布局。具体示例如下：

```
# 封装型分面
ggplot(mpg,aes(cty,hwy))+
  geom_point()+
  facet_wrap(~cyl)

ggplot(mpg,aes(cty,hwy))+
  geom_point()+
  facet_wrap(~cyl,ncol=3)# 设置每行三个图
```

绘图结果如图 2-27 所示，其中图 2-27a 未设置 ncol 和 nrow，图 2-27b 设置了每行的图形数为 3。可以看出，若没有设定 ncol 和 nrow，封装型分面会自动调整分面的布局，以获得最美观的图形。

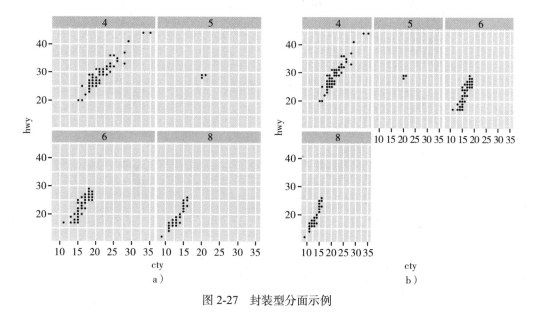

图 2-27　封装型分面示例

若分面变量为连续型变量，则需要将其转化为离散型变量，有以下三种方法：

```
#将数据x划分为若干个间隔为1的部分
cut_interval(x,length=1)

#将数据x划分为n个间隔相同的部分
cut_interval(x,n=10)

#将数据x划分为n个数据点数相同的部分
cut_number(x,n=10)
```

下面的示例中，我们首先创建了数据集 mpg 的副本 mpg_copy，随后在 mpg_copy 中创建了 3 个新的离散型变量 displ_il、displ_in、displ_nn，这三个变量皆通过上述方式由连续型变量转化而来。

```
mpg_copy <- mpg
mpg_copy$displ_il <- cut_interval(mpg_copy$displ,length=1)
mpg_copy$displ_in <- cut_interval(mpg_copy$displ,n=6)
mpg_copy$displ_nn <- cut_number(mpg_copy$displ,n=6)

p_facet_convar+facet_wrap(~displ_il,nrow=1)
p_facet_convar+facet_wrap(~displ_in,nrow=1)
p_facet_convar+facet_wrap(~displ_nn,nrow=1)
```

绘图结果如图 2-28 所示。

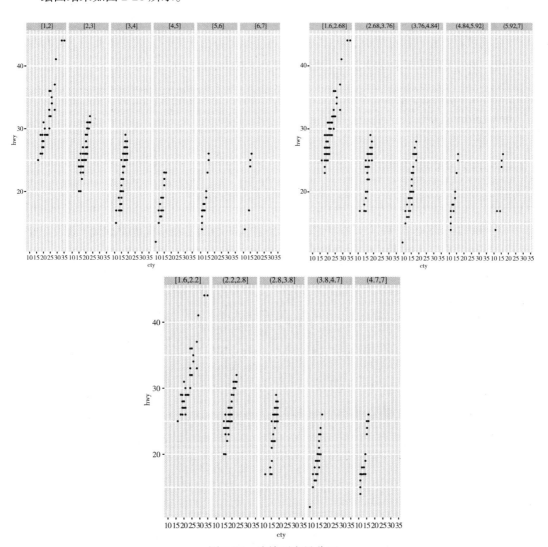

图 2-28　连续型变量分面

参数 scales 允许用户调整图中各面板的位置标度，其用法如下：

```
#所有面板的x和y标度相同(默认)
scales="fixed"

#所有面板的x和y标度可以自由变化
scales="free"

#x标度可变，y的尺度固定
scales="free_x"

#y标度可变，x的尺度固定
scales="free_y"
```

各面板具有相同的标度时，我们可以很方便地对各面板进行比较；各面板具有自由的标度时，我们可以从每个面板中发现更多的细节。具体示例如下：

```
ggplot(mpg,aes(cty,hwy))+
  geom_point()+
  facet_wrap(~cyl)

ggplot(mpg,aes(cty,hwy))+
  geom_point()+
  facet_wrap(~cyl,scales="free")# 每个面板的标度都可以变化
```

绘图结果如图 2-29 所示，其中图 2-29a 所有面板中的 x 和 y 标度都相同，图 2-29b 所有面板中的 x 和 y 标度都可变，显然图 2-29b 展现了各个面板更多的细节。

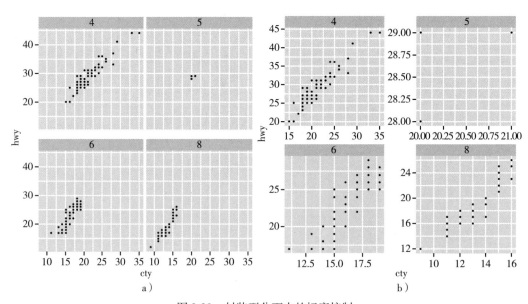

图 2-29 封装型分面中的标度控制

网格型分面和封装型分面中都包含参数 scales，但由于网格型分面生成的是 2 维面板网络，每行共用一个 y 轴，每列共用一个 x 轴，因此在网格型分面中同列的面板 x 标度必须相

同，同行的面板 y 标度必须相同。若将 facet_grid 中的参数 scales 设置为 "free"，则同行面板只有 x 标度是可变的，同列面板只有 y 标度是可变的，具体示例如下：

```
ggplot(mpg,aes(cty,hwy))+
  geom_point()+
  facet_grid(.~cyl,scales="free")# 通过设置scales自由x标度

ggplot(mpg,aes(cty,hwy))+
  geom_point()+
  facet_grid(cyl~.,scales="free")# 通过设置scales自由y标度
```

绘图结果如图 2-30 所示，二者皆设置了 scales = "free"，但呈现的效果是图 2-30a 中只有 x 标度是可变的，图 2-30b 中只有 y 标度是可变的。

网格型分面中还有一个参数 space 用于控制图形占比。space 的默认值为 "fixed"，当其取值为 "free" 时，对于同列面板来说，每个面板所占高度与其标度范围成正比；对于同行面板来说，每个面板所占宽度与其标度范围成正比。具体示例如下：

```
ggplot(mpg,aes(cty,hwy))+
  geom_point()+
  facet_grid(.~cyl,scales="free",space="free")# 设置space使列宽与标度范围成比例

ggplot(mpg,aes(cty,hwy))+
  geom_point()+
  facet_grid(cyl~.,scales="free",space="free")# 设置space使行高与标度范围成比例
```

绘图结果如图 2-31 所示，其中：图 2-31a 为同行面板，因此每个面板所占宽度与其标度范围成正比；图 2-31b 为同列面板，因此每个面板所占高度与其标度范围成正比。

2.3.4 主题

利用 ggplot2 绘图的过程中，图像的呈现取决于数据和非数据两个部分。我们前面提到的图层、标度等概念都是由数据决定的，为图像的主体部分。非数据部分的控制是对图像进行打磨的过程，ggplot2 中的主题（theme）实现了这一点，它只对图形中的非数据部分做出调整，不会影响数据部分的设置。

ggplot2 中有两种内置的主题：theme_gray()、theme_bw()，其中 theme_gray() 为默认主题，特点是灰色背景和白色网格线，而 theme_bw() 是白色背景和灰色网格线的主题。两种主题的效果对比如下：

```
p_bar_theme_eg <- ggplot(mpg,aes(x=trans,fill=factor(cyl)))+geom_bar()
p_bar_theme_eg+theme_gray()
p_bar_theme_eg+theme_bw()
```

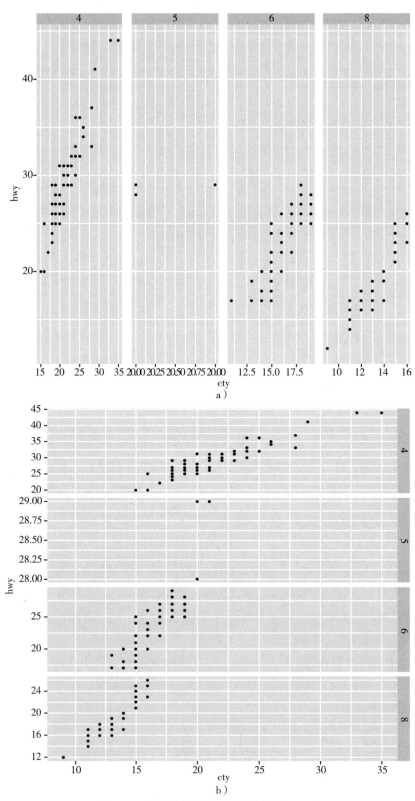

图 2-30　网格型分面中的标度控制（scales）

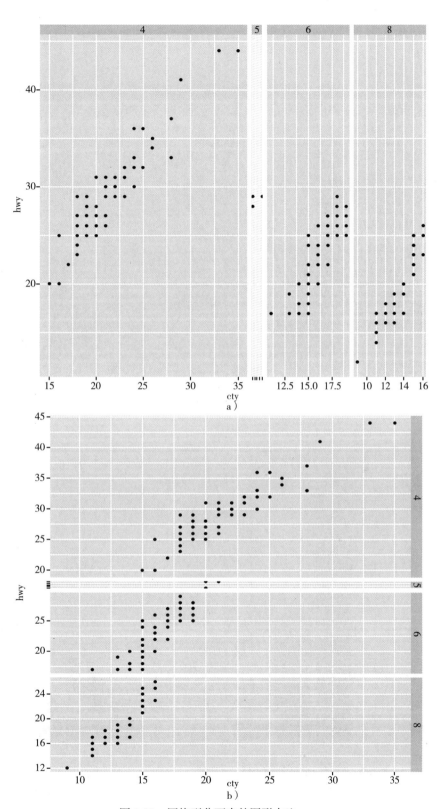

图 2-31　网格型分面中的图形占比

绘图结果如图 2-32 所示，其中图 2-32a 的主题为 theme_gray()，图 2-32b 的主题为 theme_bw()。

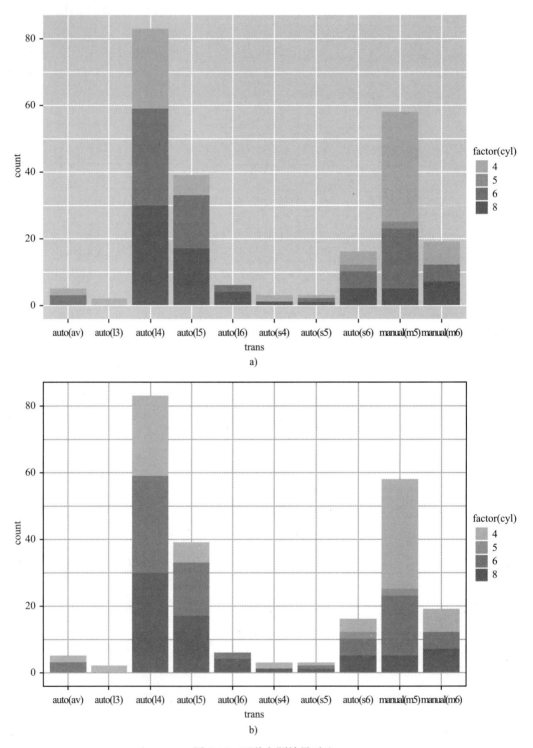

图 2-32　两种主题效果对比

主题中封装了许多控制图形外观的元素函数，用户通过调用这些函数可以自定义主题。表 2-5 列出了 ggplot2 中的主题元素。

表 2-5　ggplot2 中的主题元素

主题元素	描述	主题元素	描述
axis.line	直线和坐标轴	panel.background	面板背景
axis.text.x	x 轴标签	panel.border	面板边界
axis.text.y	y 轴标签	panel.grid.major	主网格线
axis.ticks	轴须标签	panel.grid.minor	次网格线
axis.title.x	水平轴标签	plot.background	整个图形的背景
axis.title.y	竖直轴标签	plot.title	图形标题
legend.background	图例背景	strip.background	分面标签背景
legend.key	图例符号	strip.text.x	水平条状文本
legend.text	图例标签	strip.text.y	竖直条状文本
legend.title	图例标题		

调用 ggplot2 中的元素函数绘图时，需要设置相应的参数。不同类型的参数控制不同的图形外观，具体如下：

```
#标签和标题
element_text()

#线条或线段
element_line()

#背景矩形
element_rect()

#空白
element_blank()
```

接下来我们将对这些参数进行逐一介绍。首先是 element_text()，该参数用于绘制图像的标签和标题，并控制字体属性，如字体的大小（size）、颜色（colour）、对齐方式（hjust）、角度（angle）等。我们来看下面的示例：

```
# element_text()
p_bar_theme_eg+labs(title="Bar chart of transmission")+
  theme(plot.title=element_text(color="blue",size=15))# 设置大小和颜色

p_bar_theme_eg+labs(title="Bar chart of transmission")+
  theme(plot.title=element_text(hjust=0.5,color="brown"))# 设置对齐方式和颜色
```

绘图结果如图 2-33 所示，其中图 2-33a 设置了图像标题字体大小和颜色，图 2-33b 设置了标题对齐方式及颜色。

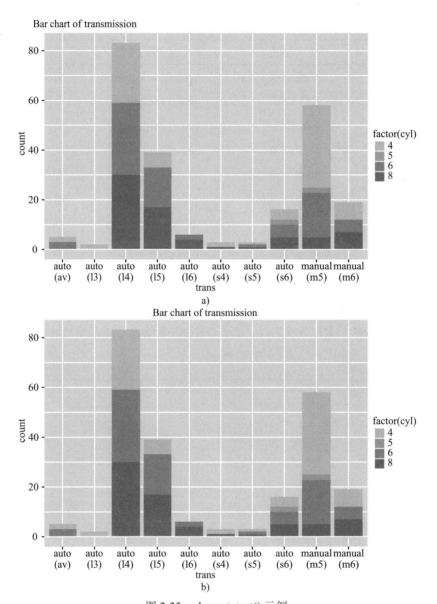

图 2-33　element_text() 示例

注：图 2-33a 的标题字体颜色被设置为蓝色，图 2-33b 的标题字体颜色被设置为棕色。

element_line() 用于控制线条或线段的外观，如线条或线段的大小（size）、颜色（colour）、类型（linetype）等，具体示例如下：

```
# element_line()
# 设置坐标轴的颜色和类型
```

```
p_bar_theme_eg+theme(axis.line=element_line(colour="brown",linetype="longdash"))

# 设置主网格线的大小和颜色
p_bar_theme_eg+theme(panel.grid.major=element_line(size=1.5,colour="pink"))
```

绘图结果如图 2-34 所示，其中图 2-34a 设置了坐标轴的颜色和类型，图 2-34b 设置了主网格线的大小和颜色。

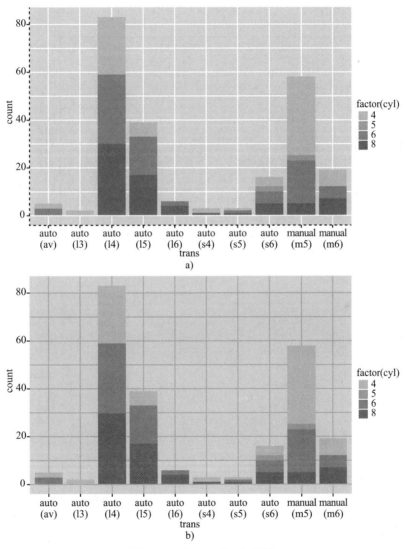

图 2-34　element_line() 示例

element_rect() 用于控制矩形的外观，如矩形的边界属性（size、colour、linetype）、矩形的填充颜色（fill）等，具体示例如下：

```
# element_rect()
# 设置面板背景的矩形边界大小和边界颜色
p_bar_theme_eg+theme(panel.background=element_rect(size=2,colour="blue"))

# 设置整个图形背景的矩形填充颜色和边界线条类型
p_bar_theme_eg+theme(plot.background=element_rect(fill="pink",linetype=4))
```

绘图结果如图 2-35 所示，其中图 2-35a 设置了面板背景的矩形边界大小和边界颜色，图 2-35b 设置了整个图形背景的矩形填充颜色和边界线条类型。

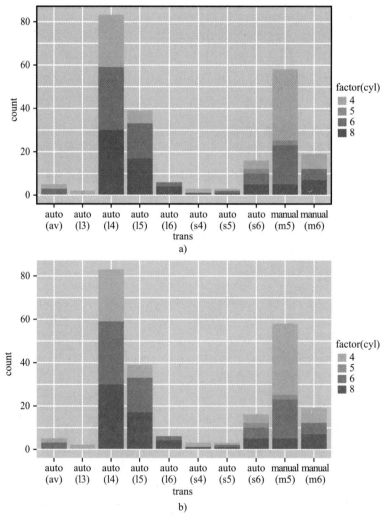

图 2-35   element_rect() 示例

注：图 2-35a 的面板背景的矩形边界颜色被设置为蓝色，图 2-35b 整个图形背景的矩形填充颜色为粉色。

element_blank() 用于删除图形中的元素，即将某个图形元素设为空白，具体示例如下：

```
# element_blank()
```

```
p_bar_theme_eg+theme(panel.background=element_blank())# 删除面板背景

p_bar_theme_eg+theme(axis.text.y=element_blank())# 删除纵轴标签
```

绘图结果如图 2-36 所示，其中图 2-36a 删除了面板背景，图 2-36b 删除了纵轴标签。

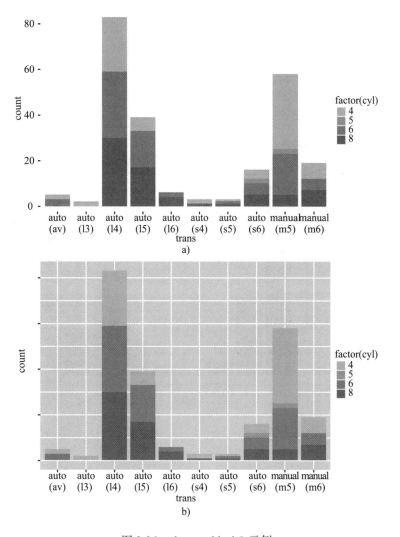

图 2-36　element_blank() 示例

上述介绍的所有主题 theme() 操作都是从局部的角度对图形进行修改，且每次操作不会影响到后续图形的绘制。ggplot2 中允许用户对图形进行全局性的修改，并影响之后的每次绘图。换句话说，ggplot2 中允许用户自定义个性主题，这一功能通过 theme_update() 实现。用户完成自定义主题后，可通过 theme_set() 函数更改当前主题，具体示例如下：

```
# 自定义主题
my_theme <- theme_update(
```

```
    axis.line=element_line(colour="brown",linetype="longdash"),# 设置坐标轴的颜色和类型
    panel.grid.major=element_line(size=1.5,colour="pink"),# 设置主网格线的大小和颜色
    panel.background=element_rect(size=2,colour="blue"),# 设置面板背景的矩形边界大小和颜色
    plot.background=element_rect(fill="pink",linetype=4)# 设置整个图形背景的矩形填充颜
色和边界线条类型
)

theme_set(my_theme)# 更改默认主题

ggplot(mpg,aes(x=trans,fill=factor(cyl)))+
    geom_bar()
ggplot(mpg,aes(x=cty,y=hwy,colour=class,size=displ))+
    geom_point()
```

绘图结果如图 2-37 所示。

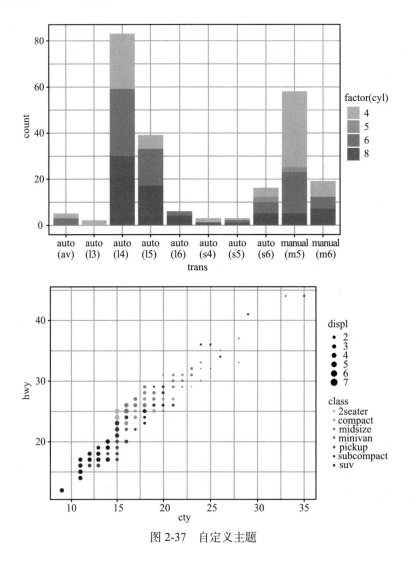

图 2-37　自定义主题

2.4 常用工具图的绘制

现在我们已经基本掌握了 ggplot2 中的图层语法，接下来的任务就是学习如何绘制一些常用的工具图，包括条形图、直方图、折线图、路线图、饼图、箱线图、小提琴图以及 QQ 图。

本节主要介绍如何利用 ggplot2 包绘制常用的工具图。

2.4.1 条形图与直方图

条形图用于展现离散型变量和数值变量的数据信息，通过柱子的高低反映离散型变量的出现频数。在 ggplot2 中，几何对象 geom_bar() 函数可用于绘制条形图，常用的类型分为单离散变量条形图和双离散变量条形图，具体示例如下：

```
# 单离散变量条形图
mydf_bar <- data.frame(Student=c("Peter","Tony","Thor","Tom"),Grade
=c(85,100,70,60))
ggplot(mydf_bar,aes(Student,Grade))+
  geom_bar(stat="identity")+
  geom_hline(yintercept=mean(mydf_bar$Grade))+# 添加水平参考线
  labs(title="Student's Grade")+
  theme(plot.title=element_text(hjust=0.5,color="brown",size=15))

# 双离散变量条形图
ggplot(mpg,aes(x=trans,fill=factor(cyl)))+geom_bar()+
  theme(panel.background=element_blank())
```

绘图结果如图 2-38 所示，其中图 2-38a 为单离散变量条形图，图 2-38b 为双离散变量条形图。

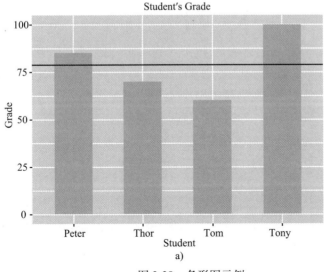

图 2-38 条形图示例

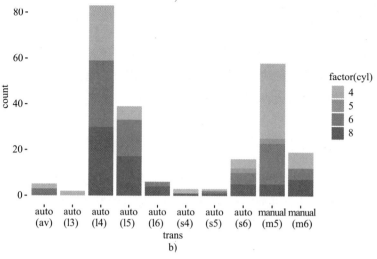

图 2-38 条形图示例（续）

直方图又被称为质量分布图，它是表示资料变化情况的一种主要工具，应用于数值型单变量的可视化信息。在 ggplot2 中，几何对象 geom_histogram() 函数可用于绘制直方图。下面的示例将绘制数据集 mpg 中 hwy 变量的数据分布情况。

```
#直方图
ggplot(mpg,aes(x=hwy))+
  geom_histogram(colour="black",binwidth=2)+#设置颜色和组距
  labs(title="Histogram of hwy")+theme(plot.title=element_text(hjust=0.5))
```

绘图结果如图 2-39 所示。

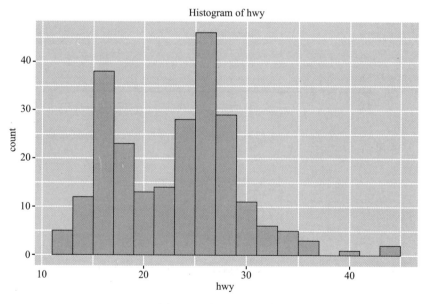

图 2-39 直方图示例

2.4.2 折线图与路线图

折线图是最常用的统计图之一，主要用于显示随时间变化的连续数据，通过折线图我们可以观察到数据的变化趋势。在 ggplot2 中，几何对象 geom_line() 函数可用于绘制折线图。下面的示例将绘制 R 语言自带的数据集 economics 中，个人储蓄率 psavert 随时间 date 的变化情况折线图。

```
# 折线图
ggplot(economics,aes(date,psavert))+
  geom_line(
    colour="red",lwd=0.8,# 设置线条颜色和宽度
    arrow=arrow(
      angle=25,length=unit(0.3,"inches"),
      ends="last",type="closed"
    )
  )+# 设置箭头
  labs(x="日期",y="个人储蓄率",title="个人储蓄率变化趋势")+
  theme(plot.title=element_text(hjust=0.5,size=15))
```

绘图结果如图 2-40 所示。

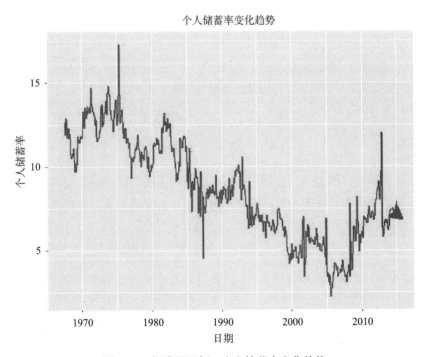

图 2-40 折线图示例：个人储蓄率变化趋势

路线图（geom_path）与折线图类似，二者的不同之处在于折线图是从左往右连接线条的，而路线图依据元素在数据集中出现的先后顺序连接线条，具体示例如下：

```
# 路线图与折线图
mydf_path <- data.frame(x=c(4,2,6),y=c(3,5,7))
ggplot(mydf_path,aes(x,y))+
  geom_line()# 折线图
ggplot(mydf_path,aes(x,y))+
  geom_path()# 路线图
```

绘图结果如图 2-41 所示，其中图 2-41a 为折线图，图 2-41b 为路线图。

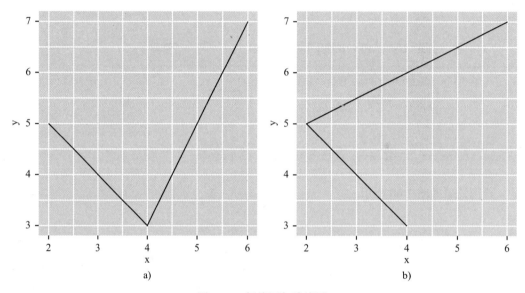

图 2-41　折线图与路线图

2.4.3　饼图

饼图是常用的统计图之一，主要用于展示变量的占比情况。ggplot2 中没有提供用于绘制饼图的几何对象函数，饼图一般是由条形图的极坐标变换而来，在变换坐标系时将 theta 的值设为 y 即可。具体示例如下：

```
# 饼图
mydf_pie <- data.frame(type=c("不合格","一般","良好","优秀"),num=c(25,72,88,16))
prop <- paste0(round(mydf_pie$num / sum(mydf_pie$num)* 100,1),"%")# 计算各类型占比

ggplot(mydf_pie,aes(x="",y=num,fill=type))+
  geom_bar(stat="identity",width=1)+
  geom_text(aes(x="",y=num,label=prop),
    position=position_stack(vjust=0.5)
  )+
  coord_polar(theta="y")+
  theme(
```

```
    axis.ticks=element_blank(),
    axis.title=element_blank(),
    axis.text=element_blank(),
    panel.background=element_blank(),
    panel.grid=element_blank()
  )
```

　　绘图结果如图 2-42 所示。

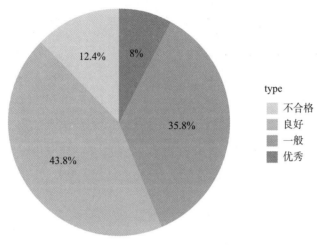

图 2-42　饼图示例

2.4.4　箱线图与小提琴图

　　箱线图是一种用于显示数据分散情况的统计图，能够显示出一组数据的最大值、最小值、中位数及上下四分位数。在 ggplot2 中，几何对象 geom_boxplot() 函数可用于绘制箱线图。具体示例如下：

```
# 箱线图
ggplot(mpg,aes(class,hwy,fill=class))+
  geom_boxplot(
    color="black",# 设置线的颜色
    outlier.fill="red",# 设置异常点的填充色
    outlier.color="blue",# 设置异常点的边框色
    outlier.shape=23 # 设置异常点的形状
  )+
  stat_summary(fun.y="mean",geom="point",shape=24)# 添加均值点
```

　　绘图结果如图 2-43 所示。

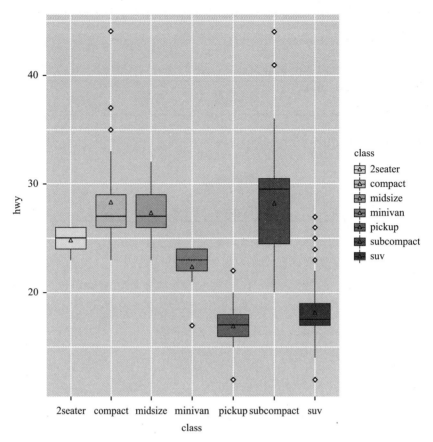

图 2-43 箱线图示例

通过箱线图我们可以得到许多信息，以型号为 compact 的汽车为例，下四分位点对应的值大约为 26，这意味着该型号的汽车中有 1/4 的汽车在高速公路上驾驶时的耗油量不超过 26，中位数约为 27，上四分位点对应的值约为 29，均值（三角形点）大约为 28。此外，型号为 compact 的汽车数据中存在 3 个异常点（菱形点）。

小提琴图在保留箱线图优点的基础上额外刻画了数据的核密度分布。在 ggplot2 中，几何对象 geom_violin() 函数可用于绘制小提琴图。具体示例如下：

```
# 小提琴图
ggplot(mpg,aes(class,hwy,fill=class))+
  geom_violin()+
  geom_boxplot(
    width=0.4,# 设置宽度
    color="black",# 设置线的颜色
    outlier.fill="red",# 设置异常点的填充色
    outlier.color="blue",# 设置异常点的边框色
    outlier.shape=23 # 设置异常点的形状
  )+
  stat_summary(fun.y="mean",geom="point",shape=24)# 添加均值点
```

绘图结果如图 2-44 所示。

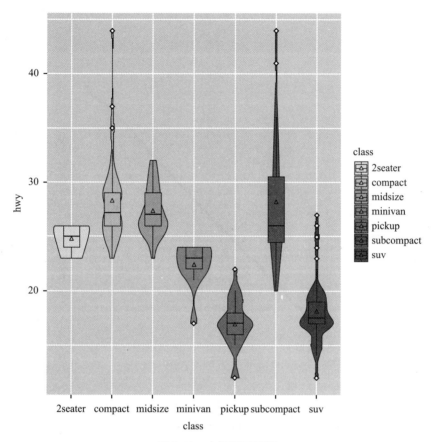

图 2-44　小提琴图示例

小提琴图两侧对称的曲线代表了汽车在高速公路上行驶的耗油量核密度曲线。

2.4.5　QQ 图

QQ 图全称为 Quantile-Quantile 图，主要作用为判断某一组给定的数据是否符合正态分布，其中 x 轴对应理论值，y 轴对应实际值。当图中的点可以拟合成一条直线时，说明这组数据符合正态分布。在 ggplot2 中，几何对象 geom_qq() 函数可用于绘制 QQ 图。具体示例如下：

```
# 随机生成符合正态分布的数据
mydf_qq <- data.frame(x=rnorm(n=2000,mean=1,sd=2))

# QQ图
ggplot(mydf_qq,aes(sample=x))+
  geom_qq()
```

绘图结果如图 2-45 所示。

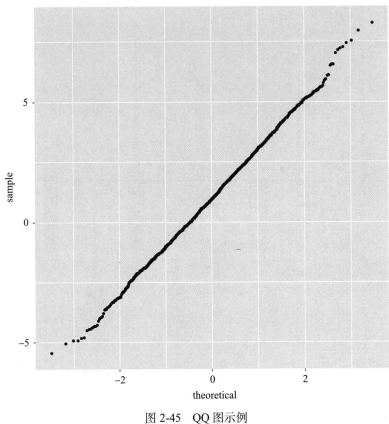

图 2-45　QQ 图示例

　　观察图 2-45 我们可以发现，QQ 图中的点显然可以拟合成一条直线，因此数据集 mydf_qq 中的数据符合正态分布。

◎ 本章小结

　　本章主要从 ggplot2 的图层语法、图层、图像细节调整以及常用工具图的绘制等多个方面对绘图工具包 ggplot2 进行理论介绍。首先介绍了 ggplot2 的图层语法。随后介绍了图层的概念及应用，图层是 ggplot2 的主要考察对象。图层主要由绘图对象、几何对象、统计变换、位置调整、标度、坐标系、分面以及主题组成。最后介绍了如何利用 ggplot2 绘制一些常用的工具图，包括条形图、直方图、折线图、路线图、饼图、箱线图、小提琴图以及 QQ 图。

◎ 课后习题

1. ggplot2 的图层语法中，图层由哪几部分构成？

2. ggplot2 中有几种分面类型，它们的主要区别是什么？

3. 现有数据集"学生获奖信息"如表 2-6 所示。

表 2-6 学生获奖信息

Name	AwardTimes	Grade	Name	AwardTimes	Grade
小飞	5	一年级	小亮	4	一年级
小明	2	二年级	小红	1	一年级
小军	3	二年级			

（1）绘制条形图，其中 x 变量为 Name，y 变量为 AwardTimes，条块填充颜色为 Name 的映射。

（2）在问题 1 的绘图结果的基础上自定义填充颜色为红、黄、蓝、绿、黑。

（3）基于问题 1 的绘图结果绘制饼图。

（4）在问题 1 的绘图结果的基础上添加分面，要求分面变量为 Grade，绘图结果按两行排列。

（5）在问题 1 的绘图结果的基础上添加图像标题为"学生获奖统计图"，修改 x 轴的名称为"学生姓名"，y 轴的名称为"获奖次数"。

（6）在问题 5 的绘图结果的基础上添加主题，要求图像标题居中，字体大小为 15，并删除图像的网格线。

第3章 ●—○—●—○—●

线性回归

■ 学习目标

- 了解线性回归的基本概念
- 掌握线性回归模型的构建与检验原理
- 熟练使用 R 语言构建线性回归模型
- 能够运用线性回归理论解决实际问题

■ 应用背景介绍

"回归"一词最初由英国著名统计学家弗朗西斯·高尔顿（Francis Galton，1822—1911）提出。高尔顿主要致力于生物遗传问题的研究，他在对父母与子女身高的研究中发现，子女的身高除了受父母高矮状况的遗传外，还会有靠近总人口平均身高的趋势。具体可以解释为：对于身高特别高的父辈，其子女在同龄人中的身高只能算是高个子，达不到特别高；同理，对于身高特别矮的父辈，其子女在同龄人中的身高也只能算是矮个子，并不会特别矮。总的来说，后辈的身高有着向人类平均身高回归的趋势，正是这种回归的趋势使得人类身高在一段时期内保持稳定，没有出现两极分化的现象。

如果将父辈的身高作为自变量，子女的身高作为因变量，以此建立二者之间的数学模型，就可以根据父辈的身高预测子女的身高。在高尔顿之后，又有众多学者扩展了回归分析的概念与方法，极大地丰富了该领域的方法理论及应用场景。目前回归分析方法已经被用于社会科学、生物学、物理学等众多学科，起着重要的描述、预测及控制作用。现代回归理论普遍认为：回归分析研究的是因变量与自变量之间的依赖关系，其目的在于通过自变量（在重复抽样中）的已知值或设定值，估计和预测因变量（总体）的均值。虽然回归分析研究变量对变量的依赖关系，但它并不一定意味着变量间存在因果关系。

本章将主要介绍线性回归概念、原理及 R 语言的实现等。根据自变量的数量可以简单将线性回归分为一元线性回归和多元线性回归，一元线性回归是多元线性回归的一种特殊形式，多元线性回归是更一般且应用更广的线性回归形式，因此，本章将不明确区分一元线性回归和多元线性回归，统称为线性回归。

3.1 线性回归模型的基本形式

在标准的线性回归模型中，因变量（或称为被解释变量，通常用 y 表示）是一个连续变量，如应用背景介绍中提到的身高。其基本形式如下：

$$y = f(x_1, x_2, \ldots, x_k) + \varepsilon = \alpha + \beta_1 x_1 + \beta_2 x_2 + \cdots + \beta_k x_k + \varepsilon \tag{3-1}$$

式中，$f(\cdot)$ 为线性函数；α 为回归常数；k 为自变量（或称为解释变量）的数量；β_i 是与自变量 $x_i (i=1,2,\cdots,k)$ 对应的回归系数；随机误差项 ε 服从均值为 0、方差为 σ^2 的正态分布，ε 反映了除自变量与因变量之间的线性关系之外的随机因素的影响。

因此，因变量的期望是自变量的线性函数：

$$E(y|X) = f(X) = \alpha + \beta_1 x_1 + \beta_2 x_2 + \cdots + \beta_k x_k \tag{3-2}$$

式（3-2）为理论回归方程。回归方程从数学角度表征了因变量与自变量之间的关系，决策者利用回归方程可以在一定程度上避免主观估计可能带来的估计偏差。

3.2 线性回归模型参数的估计

线性回归中回归系数的估计可以通过最小二乘法实现，最小二乘估计的过程是使观测值与模型预测值之间的平方差之和最小的过程，观测值与模型预测值之间的平方差之和记为

$$D(\alpha, \beta_1, \beta_2, \ldots, \beta_k) = \sum_{i=1}^{n} \left[y_i - (\alpha + \beta_1 x_{i1} + \beta_2 x_{i2} + \cdots + \beta_k x_{ik}) \right]^2 \tag{3-3}$$

式中，n 为样本总量；使式（3-3）取得最小值 $\hat{D}$ 的一组回归系数即为最小二乘估计（$\hat{\alpha}, \hat{\beta}_1, \hat{\beta}_2, \ldots, \hat{\beta}_k$）；$\hat{y}_i = \hat{\alpha} + \hat{\beta}_1 x_{i1} + \hat{\beta}_2 x_{i2} + \cdots + \hat{\beta}_k x_{ik}$ 为因变量的估计值或拟合值；因变量的观测值与估计值的差 $y_i - \hat{y}_i$ 为残差。

易知，随机误差项 ε 方差 σ^2 的无偏估计为

$$\hat{\sigma}^2 = \frac{\hat{D}}{n-k-1} \tag{3-4}$$

3.3 自变量为分类变量的处理

线性回归建模速度快，不需要很复杂的计算，在数据量大的情况下依然能够快速运行，

可以根据系数给出每个变量的解释，但不能很好地拟合非线性数据，所以在构建回归模型时需要先判断自变量的类型。

分类变量（也称为因子变量或定性变量）是将观察指标分类的变量。它们具有数量有限的不同值，称为水平。例如，性别是可以分为两个水平（男性和女性）的分类变量。回归分析中需要用数值变量，因此需要对回归模型中的分类变量进行相应的处理，以使结果可解释。通常需要将分类变量进行重新编码，使其成为一系列二进制的变量，这个新的编码被称为"哑变量"。R语言在进行回归分析时会自动创建哑变量，也可手动将分类变量重新编码，当分类变量具有大量水平时，将某些水平组合在一起可以减少哑变量数；某些分类变量的水平是有序的，它们可以被转换为数值（0，1，2，3…）并按连续性变量处理。例如，如果教授等级（"AsstProf"（助理教授）、"AssocProf"（副教授）和"Prof"（教授））具有特殊含义，则可以将它们转换为数值，从低到高排序（AsstProf = 0，AssocProf = 1，Prof = 2），以对应不同等级的教授。

3.4　线性回归模型的显著性检验

若直接使用线性回归模型进行预测，未必能获得较好的效果，因为具体的回归模型受样本的选择、自变量的选择等影响。使用不同的样本、不同的自变量可能会产生较大的差异，因此需要对回归模型进行显著性检验来确定回归模型是否显著。本节主要介绍关于回归方程显著性的 F 检验与回归系数显著性的 t 检验。在具体介绍显著性检验方法之前，先介绍几个显著性检验过程中会用到的重要参数：

总平方和，简记为 SST（sum of squares for total）：

$$\sum_{i=1}^{n}(y_i - \bar{y})^2 \tag{3-5}$$

回归平方和，简记为 SSR（sum of squares for regression）：

$$\sum_{i=1}^{n}(\hat{y}_i - \bar{y})^2 \tag{3-6}$$

残差平方和，简记为 SSE（sum of squares for error）：

$$\sum_{i=1}^{n}(y_i - \hat{y}_i)^2 \tag{3-7}$$

上述式中，y_i 为样本中因变量的观测值；$\hat{y}_i$ 为样本中因变量的估计值；$\bar{y}$ 为样本中因变量的均值。

1. F 检验

F 检验用于对回归方程整体的显著性进行检验，即判断自变量 $x_1, x_2, ..., x_k$ 从整体上对变量 y 是否有显著影响，为此提出原假设 $H_0 : \beta_1 = \beta_2 = \cdots = \beta_k = 0$，即自变量 $x_1, x_2, ..., x_k$ 从整体上对变量 y 没有显著影响，构造 F 检验统计量如下：

$$F = \frac{\text{SSR}/k}{\text{SSE}/(n-k-1)} \quad (3\text{-}8)$$

再根据需要的显著性水平 α（此 α 与回归方程中的回归常数无关），查 F 分布表，得到 $F_\alpha(k, n-k-1)$，当 $F > F_\alpha(k, n-k-1)$ 时，拒绝原假设，认为在显著性水平 α 下，y 与 $x_1, x_2, \ldots, x_k$ 之间有显著的线性关系，即回归方程是显著的，或者说接受"所有自变量对因变量产生线性影响"这一结论出错的概率不超过 α。亦可根据 P 值做检验，当 $P < \alpha$ 时，拒绝原假设。

2. t 检验

t 检验用于对回归系数的显著性进行检验，即判断各个自变量 $x_1, x_2, \ldots, x_k$ 分别对变量 y 是否有显著影响，为此提出原假设 $H_0 : \beta_i = 0$，$i = 0,1,2,\ldots,k$，即自变量 $x_1, x_2, \ldots, x_k$ 分别对变量 y 没有显著影响，需要注意的是 t 检验是对每个回归系数进行一次显著性检验，构造 t 检验统计量如下：

$$t_j = \frac{\hat{\beta}_i}{\sqrt{c_{jj} \times \dfrac{\sum_{i=1}^{n}(y_i - \hat{y}_i)^2}{n-k-1}}} \quad (3\text{-}9)$$

$$X = \begin{pmatrix} x_{11} & \cdots & x_{1k} \\ \vdots & \ddots & \vdots \\ x_{n1} & \cdots & x_{nk} \end{pmatrix} \quad (3\text{-}10)$$

式中，$\hat{\beta}_i$ 为回归系数的估计值；c_{jj} 为矩阵 $(X'X)^{-1}$ 对角线上的第 j 个元素（矩阵 X 为自变量矩阵）。

再根据需要的显著性水平 α（此 α 与回归方程中的回归常数无关），查 t 分布表，得到 $t_{\alpha/2}(n-k-1)$，当 $|t_j| \geq t_{\alpha/2}(n-k-1)$ 时，拒绝原假设，认为在显著性水平 α 下，y 与 $x_j(j=1, 2,\ldots,k)$ 之间有显著的线性关系。

F 检验统计量与 t 检验统计量的值可以直接使用 R 语言中的 summary() 函数得到。

3.5 线性回归中的多重共线性

多重共线性是指模型中的自变量之间存在较高的相关关系，如自变量 x_1, x_2 之间的关系为 $x_1 = 2x_2$。多重共线性的存在会影响模型的准确性及稳定性，方差膨胀因子（vif）可以用于检验自变量之间是否具有相关关系，该值反映了变量之间存在多重共线性的程度，其值在 0~10 表明自变量之间不存在多重共线性，10~100 表明变量之间存在较强的多重共线性，大于 100 时则表明自变量之间存在严重的多重共线性。R 语言中 "car" 包的 vif() 函数可以用于多重共线性检验，举例如下：

```
library(car)
vif(m_multicolline)
输出:
```

```
         X1              X2              X3              X4              X5
      38.5374         21.6828         14.7536         9.6824          5.3267
```

可以看出线性回归模型 m_multicolline 中自变量 X1、X2、X3 的 vif 值均大于 10，表明当前模型存在多重共线性，且引起多重共线性的原因可能是 X1、X2、X3。

一般处理多重共线性的方法为删除相关变量，R 包"leaps"中的 regsubsets() 函数可以通过全子集回归的方式检验所有可能的回归模型，帮助确定剔除哪些变量，输出各个自变量被选择的矩阵及各个自变量被选择后对应模型的样本决定系数 R^2（R-square）、校正决定系数 adjr2（adjusted R-square）及马洛斯 Cp 值（Mallows Cp）。一般来说，样本决定系数越大，表示模型拟合效果越好，但样本决定系数反映的是大概有多准，因为随着样本数量的增加，样本决定系数必然增加，无法真正定量说明准确程度，只能大概定量，而校正决定系数可以抵消样本数量对样本决定系数的影响。马洛斯 Cp 值也用于评估一个回归模型的优良性，使用马洛斯 Cp 值可以为模型精选出自变量子集，马洛斯 Cp 值越小模型准确性越高。通常，当马洛斯 Cp 值接近或小于自变量数量时，可停止筛选并采用该自变量子集为最佳组合，这样采用数量较少的自变量组合来简化模型的同时，也能保持模型的均方误差不变或减小，缓解过度拟合问题并提升模型的预测能力，举例如下：

```
library(leaps)
x <- data[,2:7]
y <- data[,1]
out <- summary(regsubsets(x,y,nbset=2,nvmax=ncol(x)))
tab <- cbind(out$which,out$rsq,out$adjr2,out$cp)
tab
输出:
  (Intercept) X1  X2  X3  X4  X5  X6
1       1      1   0   0   0   0   0    0.8579697   0.8540244   37.674750
2       1      1   1   0   0   0   0    0.8926952   0.8865635   22.150747
3       1      0   0   1   1   0   1    0.9145736   0.9070360   13.109930
4       1      0   0   1   1   1   1    0.9313442   0.9230223    6.646728
5       1      1   1   1   1   0   1    0.9337702   0.9234218    7.422476
6       1      1   1   1   1   1   1    0.9385706   0.9266810    7.000000
```

由全子集回归的结果可知，将 X3、X4、X5、X6 作为最终的自变量构建回归模型能够有较好的拟合效果。

亦可使用逐步回归方法解决多重共线性问题，逐步回归的基本思想是逐个引入自变量，每次引入对因变量影响最显著的自变量，并对方程中的老变量逐个进行检验，把变化不显著的变量逐个从方程中剔除，最终的回归方程既不漏掉对因变量影响显著的变量，又不包含对因变量影响不显著的变量。R 语言中的 step() 函数可以在已有模型的基础上实现逐步回归，其原理是将原模型中的变量逐个剔除，重新进行回归，依据赤池信息量准则（Akaike information criterion，AIC）确定最终的模型，赤池信息量准则是评估统计模型复杂度和衡量统计模型拟合效果的一种标准，可以帮助寻找能够最好地解释数据但包含最少自由参数的模型。赤池信息量越小，表明模型的拟合效果越好且出现过度拟合的可能性越小。选择最低赤池信息量对应的模型后重复进行变量剔除操作，当赤池信息量的值不再变小时，终止逐步回归，输出逐步回归结果，举例如下：

```
tstep<-step(m_stepreg)
summary(tstep)
输出：
Start: AIC=28.76
Y ~ x1+x2+x3+x4
        Df   Sum of Sq      RSS        AIC
- x3    1      0.1091      47.973     24.021
- x4    1      0.2470      48.111     25.011
- x2    1      2.9725      50.836     25.728
<none>                     47.864     28.764
- x1    1     25.9509      73.815     30.576

Step: AIC=24.02
Y ~ x1+x2+x4

        Df   Sum of Sq      RSS        AIC
<none>                     47.97      24.021
- x4    1       9.93       57.90      25.420
- x2    1      26.79       74.76      28.742
- x1    1     820.91      868.88      60.629
```

当用 x1、x2、x3、x4 作为回归方程的自变量时，AIC 的值为 28.764；去掉 x3，回归方程的 AIC 的值为 24.021；去掉 x4，回归方程的 AIC 的值为 25.011。由于去掉 x3 可以使 AIC 达到最小值，因此 R 语言会自动去掉 x3，选择 x1、x2、x4 作为回归系数的自变量。

3.6　线性回归模型的拟合优度

拟合优度用于描述回归方程对样本观测值的拟合程度，样本决定系数 R^2 用于表征这种程度，其取值大小表示全部偏差中有百分之多少的偏差可由 x 与 y 的回归关系来解释。R^2 的计算公式如下：

$$R^2 = \frac{SSR}{SST} = 1 - \frac{SSE}{SST} \tag{3-11}$$

样本决定系数的取值在 [0,1] 区间内，R^2 越接近 1，表明回归拟合的效果越好，R^2 越接近 0，表明回归拟合的效果越差，通常认为 R^2 大于等于 0.7 时，回归模型的拟合度较好。R^2 相比于 F 检验能更清楚直观地反映回归拟合的效果，但不能作为严格的显著性检验手段，因为 R^2 与回归方程中自变量的数目 k 及样本容量 n 有关，当样本容量 n 与自变量的个数 k 接近或自变量的个数 k 增加时，R^2 易接近 1，此时 R^2 的值隐藏着一些虚假成分，将决定系数进行调整后可避免上述情况，调整后的决定系数计算公式如下：

$$\overline{R}^2 = 1 - \frac{n-1}{n-k-1}\left(1-R^2\right) \tag{3-12}$$

需要注意的是：调整后的决定系数总是小于未调整的决定系数，且调整后的决定系数可能小于 0。

当然，在具体的回归模型建立中可能会出现过度拟合的情况，通常是因为创建了一个过于复杂的模型来解释样本数据之间的关系，比如使用了过于复杂的函数形式或使用了与因变量没有意义关系的自变量，例如在预测子女身高时将父辈的血型纳入自变量的范畴。

当模型过度拟合时，模型在所选样本上的表现将会优于在所有数据集上的表现，这样可能对后续借助模型进行的描述、预测、控制行为产生误导。为了避免模型过度拟合，同时在有限的数据集上检验模型的拟合性能，在进行回归模型构建时可以采用交叉验证的方法，该方法在进行回归模型构建之前，将数据集分为训练集和测试集，训练集用于构建回归模型，测试集用于验证模型的有效性。在使用测试集验证模型有效性后，可以得到如下指标来确定目前模型的拟合质量：

平均（预测）误差（mean error，ME）：

$$\text{ME} = \frac{1}{m}\sum_{i=1}^{m}\left(y_i - \hat{y}_i\right) \tag{3-13}$$

均方根误差（root mean square error，RMSE）：

$$\text{RMSE} = \sqrt{\frac{1}{m}\sum_{i=1}^{m}\left(y_i - \hat{y}_i\right)^2} \tag{3-14}$$

平均绝对百分比误差（mean absolute percent error，MAPE）：

$$\text{MAPE} = \frac{100}{m}\sum_{i=1}^{m}\frac{\left|y_i - \hat{y}_i\right|}{y_i} \tag{3-15}$$

其中，y_i 为测试集中被解释变量的观测值，$\hat{y}_i$ 为测试集中被解释变量的估计值，m 为测试集的容量。一个模型在测试集上计算出的 ME、RMSE、MAPE 越小，模型的拟合质量越高。

3.7 回归诊断

回归模型构建之后，需要确定模型是否符合回归分析的前提假设，包括样本中是否存在异常点，因变量和每个自变量都是线性关系，残差值应该是一个均值为 0 的正态分布（残差的正态性）等。本节将针对以上前提假设分别介绍相关诊断方法。

3.7.1 异常点识别

异常点的存在可能会影响回归的结果，可以利用库克距离判断某个样本点是否为异常点，某个点的库克距离越大，表示剔除该点数据后，回归方程参数的变化越大。

一般认为，如果库克距离超过 1，则表示该点为对回归模型影响比较大的高影响点。残差与杠杆图可以显示异常点（见图 3-1），该图的横轴表示点的杠杆值，纵轴表示点的标准化残差，红色实线为二者的趋势线，红色虚线表示库克距离的等高线。横坐标过大的点为

高杠杆点，纵坐标过大的点为离群点，红色虚线外的点为强影响点，这三类点均为异常点，一般异常点出现在图的右上角或右下角，如图 3-1 所示，点 49 的库克距离大于 1，且横纵坐标都较大，为异常点。需要注意的是，使用 R 语言自带的函数（par(mfrow = c(2, 2)，plot(model)）绘制模型对应的残差与杠杆图、QQ 图等时，默认会显示当前样本中最极端的前三个数据点，例如图 3-1 中的点 49、点 30、点 10。

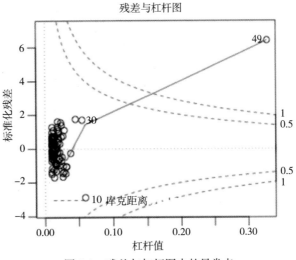

图 3-1　残差与杠杆图中的异常点

3.7.2　线性关系检验

因变量和每个自变量之间的线性关系可以使用"残差与拟合图"进行检验（见图 3-2），该图中横坐标为模型在点上的拟合值，纵坐标为对应的残差，红色线条表示二者关系的平滑曲线。这条平滑曲线是通过对残差进行局部平均或局部回归得到的，它有助于直观地观察残差是否随着拟合值的增加而呈现出某种趋势。若满足线性假设，残差应该在 $y = 0$ 附近均匀分布，二者应该不存在任何趋势性的关系，即红色线条应该与 $y = 0$ 基本重合，则可认为因变量与自变量之间都是线性关系。

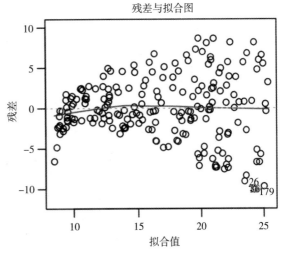

图 3-2　因变量和每个自变量都是线性关系的
残差与拟合

3.7.3　残差的正态性检验

残差的正态性检验可以通过 QQ 图（quantile-quantile plot）与核密度图实现。QQ 图是散点图，横坐标为对应分布的概率分位数，纵坐标为数据序列的分位数。核密度图的横坐标为学生化残差，纵坐标为密度。二者都可以用来鉴别样本数据是否近似于正态分布，若样本数据服从正态分布，则点在 QQ 图上趋近于落在 $y = x$ 直线上，核密度图曲线与标准正态分布曲线近似重合。图 3-3 为符合残差正态性假设的 QQ 图与核密度图。

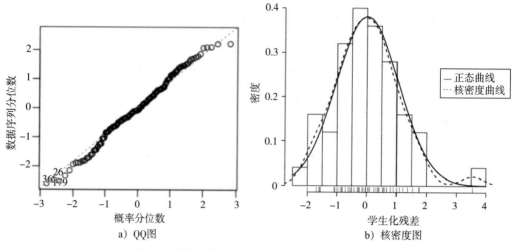

图 3-3　符合残差正态性假设的 QQ 图与核密度图

3.8　线性回归的 R 语言实现

在 R 语言中，线性回归使用到的主要是 lm() 函数，其基本形式如下：

```
lm(formula,data,subset,weights,na.action,
    method="qr",model=TRUE,x=FALSE,y=FALSE,qr=TRUE,
    singular.ok=TRUE,contrasts=NULL,offset,...)
```

其中：formula 为指定线性模型的函数公式，如 $y \sim x_1 + x_2$ 的形式；data 为需要建模的数据集；subset 为可选项，通过指定向量创建样本子集，用于建模；weights 为可选项，如果不能指定样本权重，则使用最小二乘法计算偏回归系数，否则使用加权最小二乘法计算偏回归系数；na.action 为处理样本中缺失值的参数，默认为删除样本集中的缺失值，可在 RStudio 主界面运行"help（lm）"命令获得关于函数参数更详细的解释。

本节以一个汽车燃油效率数据集"FuelEfficiency"为例进行线性回归的 R 语言示例，拟构建 GPM 与 WT、DIS、NC、HP、ACC、ET 之间的线性回归模型。该数据集共有 38 条数据，记录了不同品牌型号汽车的以下数据："每加仑英里[⊖]数（MPG, miles per gallon）""每百英里加仑数（GPM, gallons per 100 miles）""汽车的重量（WT, the weight of the car, 单位：千磅[⊜]）""发动机气缸的总容积（DIS, cubic displacement, 单位：立方英尺[⊜]）""气缸数（NC, number of cylinders）""马力（HP, horsepower）""加速度（ACC, acceleration, 速度从 0~60 英里/小时所需时间，单位：秒）""发动机类型（ET, engine type, 1 为直型, 0 为

　⊖　1 英里 = 1.609 3 千米

　⊜　1 磅 = 0.454 千克

　⊜　1 立方英尺 = 0.028 3 立方米

V 型，直型发动机的效率往往低于 V 型发动机，故可将该变量看作连续性变量）"。以下为回归模型的建立及检验过程：

数据读取：

```
FuelEff <- read.csv("./FuelEfficiency.csv")
FuelEff[1:5,]
输出:
    MPG  GPM    WT   DIS NC  HP ACC ET
1 16.9 5.917 4.360 350  8 155 14.9  1
2 15.5 6.452 4.054 351  8 142 14.3  1
3 19.2 5.208 3.605 267  8 125 15.0  1
4 18.5 5.405 3.940 360  8 150 13.0  1
5 30.0 3.333 2.155  98  4  68 16.5  0
```

画散点图，初步确定变量之间的相关性：

```
par(mfrow=c(3,2),mai=c(.6,.6,.3,.3))
plot(GPM~WT,data=FuelEff)
plot(GPM~DIS,data=FuelEff)
plot(GPM~NC,data=FuelEff)
plot(GPM~HP,data=FuelEff)
plot(GPM~ACC,data=FuelEff)
plot(GPM~ET,data=FuelEff)
```

结果如图 3-4 所示。

由各个变量与 GPM 的散点图可以看出，GPM 与 WT、DIS、HP 之间有着较为明显的线性关系。

使用 lm() 函数建立线性回归模型：

```
FuelEff <- FuelEff[-1]
m1=lm(GPM~.,data=FuelEff)
m1
输出:
call:
lm(formul a= GPM ~ .,data = fueleff)

coefficients:
(Intercept)        WT        DIS         NC         HP        ACC         ET
   -2.59936   0.78777   -0.00489    0.44416    0.02360    0.06881   -0.95963
```

得到的回归模型为

$$GPM = -2.60 + 0.79WT + 0.44NC + 0.02HP + 0.07ACC - 0.96ET$$

对模型进行 F 检验与 t 检验：R 语言中的 summary() 函数可以完成 F 统计量与 t 统计量的计算：

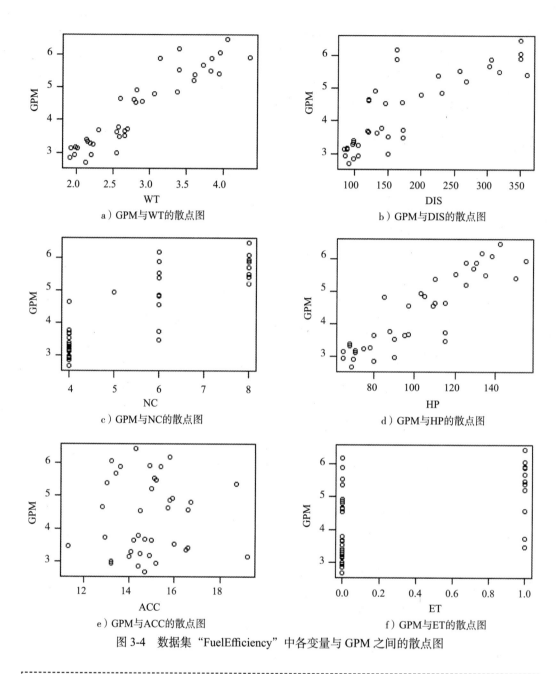

图 3-4　数据集"FuelEfficiency"中各变量与 GPM 之间的散点图

```
summary(m1)
输出:
call:
lm(formula = GPM ~ ., data = FuelEff)

Residuals:
    Min      1Q   Median       3Q      Max
-0.4996  -0.2547   0.0402   0.1956   0.6455
```

```
Coefficients:
              Estimate  Std.Error  t value  Pr(>|t|)
(Intercept)  -2.599357   0.663403   -3.918  0.000458  ***
WT            0.787768   0.451925    1.743  0.091222  .
DIS          -0.004890   0.002696   -1.814  0.079408  .
NC            0.444157   0.122683    3.620  0.001036  **
HP            0.023599   0.006742    3.500  0.001431  **
ACC           0.068814   0.044213    1.556  0.129757
ET           -0.959634   0.266785   -3.597  0.001104  **
---
Signif.codes: 0 '***' 0.001 '**' 0.01 '*' 0.05 '.' 0.1 ' ' 1

Residual standard error: 0.313 on 31 degrees of freedom
Multiple R-squared: 0.9386,  Adjusted R-squared: 0.9267
F-statistic: 78.94 on 6 and 31 DF,  P-value: <2.2e-16
```

#参考F统计量值(其中0.95为置信水平,6和31为自由度)
qf(0.95,6,31)
输出:
[1] 2.409432

#参考t统计量值
qt(0.975,31)
输出:
[1] 2.039513

结果中第三列数字为 t 统计量的值,在该样本上对应的 t 统计量理论参考值为 2.04,NC、HP、ET 的 $|t|$ 大于该样本下的理论值,即检验表明 GPM 与 NC、HP、ET 之间有着较为显著的相关关系,最后一行指出了 F 统计量的值,大于该样本下的理论参考值(2.41),表明回归模型总体上是显著的。可以发现, t 检验的结果与之前由散点图得出的初步结论并不完全一致。

判断各个自变量之间的相关关系:

```
cor(FuelEff)
输出:
             GPM          WT        DIS         NC         HP         ACC          ET
GPM  1.00000000  0.92626656  0.8229098  0.8411880  0.8876992  0.03307093  0.5206121
WT   0.92626656  1.00000000  0.9507647  0.9166777  0.9172204 -0.03357386  0.6673661
DIS  0.82290984  0.95076469  1.0000000  0.9402812  0.8717993 -0.14341745  0.7746636
NC   0.84118805  0.91667774  0.9402812  1.0000000  0.8638473 -0.12924363  0.8311721
HP   0.88769915  0.91722045  0.8717993  0.8638473  1.0000000 -0.25262113  0.7202350
ACC  0.03307093 -0.0335736  -0.1434174 -0.1292436 -0.2526211  1.00000000 -0.3102336
ET   0.52061208  0.66736606  0.7746636  0.8311721  0.7202350 -0.31023357  1.0000000
```

由以上结果可以发现,汽车的重量 WT 与发动机气缸的总容积 DIS、气缸数 NC、马力 HP 有着较强的相关关系,表明模型可能存在多重共线性的问题,以下是对模型多重共线性的检验:

```
library(car)
vif(m1)
输出:
        WT          DIS          NC          HP          ACC          ET
38.537274    21.682871    14.605690    12.003124    1.799420    5.677566
```

由以上结果可以看出，自变量 WT、DIS、NC、HP 对应的 VIF 值大于 10，现有模型存在多重共线性的问题。这里使用删除相关变量的方法解决多重共线性的问题，为了保证删除一些自变量后模型仍然具有较好的拟合效果，下面进行全子集回归：

```
library(leaps)
x <- FuelEff[,2:7]
y <- FuelEff[,1]
out <- summary(regsubsets(x,y,nbset=2,nvmax=ncol(x)))
tab <- cbind(out$which,out$rsq,out$adjr2,out$cp)
tab
输出:
    Intercept    WT  DIS  NC  HP  ACC  ET
1           1     1    0   0   0    0   0    0.8579697    0.8540244    37.674750
2           1     1    1   0   0    0   0    0.8926952    0.8865635    22.150747
3           1     0    0   1   1    0   1    0.9145736    0.9070360    13.109930
4           1     0    0   1   1    1   1    0.9313442    0.9230223     6.646728
5           1     1    1   1   1    0   1    0.9337702    0.9234218     7.422476
6           1     1    1   1   1    1   1    0.9385706    0.9266810     7.000000
```

基于以上结果，可以使用 NC、HP、ACC、ET 作为最终的自变量构建线性回归模型：

```
m2=lm(GPM ~ NC+HP+ACC+ET,data=FuelEff)
summary(m2)
输出:
call:
lm(formula = GPM ~ NC + HP + ACC + ET,data = FuelEff)

Residuals:
      Min        1Q     Median        3Q        Max
 -0.58035   -0.25111    0.06788    0.22224    0.57694

Coefficients:
              Estimate  Std.Error  t value   Pr(>|t|)
(Intercept)   -2.63694    0.61736   -4.271    0.000155  ***
NC             0.46280    0.08797    5.261    8.55e-06  ***
HP             0.03150    0.00415    7.592    9.80e-09  ***
ACC            0.10902    0.03840    2.839    0.007684  **
ET            -1.22284    0.22318   -5.979    4.48e-06  ***

---
Signif.codes: 0'***' 0.001'**' 0.01'*' 0.05'.' 0.1''1

Residual standard error: 0.3207 on 33 degrees of freedom
Multiple R-squared: 0.9313,   Adjusted R-squared: 0.923
F-statistic: 111.9 on 4 and 33 DF,  p-value: <2.2e-16
```

显然，新模型 m2 的 F 统计量与 t 统计量的值比最初建立的模型 m1 的更大，这表明新模型 m2 的总体显著性与回归系数显著性均较高，此时的回归方程为

$$GPM = -2.64 + 0.46NC + 0.03HP + 0.11ACC - 1.22ET$$

下面对新模型进行多重共线性检验，结果表明已经不存在明显的多重共线性：

```
vif(m2)
输出:
     NC        HP       ACC       ET
7.153397  4.331626  1.292748  3.784492
```

为了确定模型的回归效果是否显著，可进行交叉验证，常见的方法有单个剔除交叉验证、数据集拆分验证（将数据集的 80% 作为训练集，20% 作为测试集）、K 倍交叉验证、重复 K 倍交叉验证等，本节主要使用单个剔除交叉验证方法进行回归的验证，感兴趣的读者可以自行了解并练习其余的验证方法。

单个剔除交叉验证的步骤如下：

a. 剔除一个数据样本，并在其余数据集上建立模型；

b. 针对在步骤 a 中剔除的单个数据样本进行模型测试，并记录与预测相关的预测误差；

c. 对所有样本重复该过程；

d. 获取在步骤 b 中记录的所有这些测试误差估计的平均值，计算总体预测误差。

```
n <- length(FuelEff$GPM)
diff <- dim(n)
percdiff <- dim(n)
for (k in 1:n){
  train1 <- c(1:n)
  train <- train1[train1!=k]
  m3 <- lm(GPM~NC+HP+ACC+ET,data=FuelEff[train,])
  pred <- predict(m3,newdat=FuelEff[-train,])
  obs <- FuelEff$GPM[-train]
  diff[k] <- obs-pred
  percdiff[k] <- abs(diff[k])/obs
}
me <- mean(diff)
rmse <- sqrt(mean(diff**2))
mape <- 100*mean(percdiff)
me
rmse
mape
输出:
0.001056472
0.3487059
7.067888
```

使用 R 语言中 caret 包的 trainControl() 函数实现此过程：

```
library(caret)
train.control <- trainControl(method="LOOCV")
model <- train(GPM~NC+HP+ACC+ET,data=FuelEff,method="lm",
        trControl=train.control)
print(model)
输出:
Linear Regression

38 samples
 4 predictor

No pre-processing
Resampling: Leave-One-Out Cross-Validation
Summary of sample sizes: 37,37,37,37,37,37,...
Resampling results:

  RMSE        Rsquared    MAE
  0.3487059   0.9067678   0.3010026

Tuning parameter 'intercept' was held constant at a value of TRUE
```

经过交叉验证，得出的平均误差为 0.001，均方根误差（RMSE）为 0.35，平均绝对百分比误差为 7.07%，样本决定系数（R^2）为 0.91，平均绝对值误差（MAE）为 0.301，这些指标表明模型的拟合质量较好。

◎ 本章小结

本章主要从线性回归模型的构建与检验两个方面对线性回归模型进行介绍。首先介绍了线性回归模型的基本形式及线性回归模型的构建过程；接着介绍了线性回归模型的检验，包括模型的显著性检验、多重共线性、线性回归模型的拟合优度及回归诊断。最后，以一个例子展示了使用 R 语言进行线性回归模型构建与检验的过程。

◎ 课后习题

1. 现有葡萄酒品质的数据集"winequality-red"（该数据集下载网址为 https://www.kaggle.com/datasets/uciml/red-wine-quality-cortez-et-al-2009），包含了 12 个项目（1 - 固定酸度，2 - 挥发性酸度，3 - 柠檬酸，4 - 残余糖，5 - 氯化物，6 - 自由二氧化硫量，7 - 二氧化硫总量，8 - 密度，9 - pH 值，10 - 硫酸盐，11 - 酒精浓度，12 - 品质（0~10 分）），以 R 语言为分析工具，构建葡萄酒品质的预测模型。
2. 根据某所中学数学和葡萄牙语课程学生的家庭、生活、学习、成绩信息数据集"student-mat"及"student-por"（数据集的下载网址为 https://www.kaggle.com/code/mohaiminul101/student-grade-prediction-and-eda/data），以 R 语言为分析工具，分析学生成绩分布的特点，找出影响学生成绩的主要因素，构建学生成绩的预测模型。

第4章

逻辑回归

■ **学习目标**

- 了解逻辑回归模型的基本原理
- 熟练应用 R 语言构建逻辑回归模型并对结果进行分析
- 了解逻辑回归模型的优缺点和适用场景
- 能够运用逻辑回归模型解决实际问题

■ **应用背景介绍**

逻辑回归是解决二分类问题的一种经典机器学习方法。逻辑回归在线性回归的基础上加入 Sigmoid 函数，对标签为离散型变量的样本进行分类。现实生活中，职工的年龄与工资之间存在相关性，为了研究这一相关性，假设职工的年龄为自变量 x，工资为因变量 y，y 与 x 存在如下的线性关系：

$$y = wx + b \tag{4-1}$$

为了求解参数 w 和 b，需要多组关于自变量和因变量的观测值，并利用第 3 章中提到的线性回归模型求解。在线性回归模型中，没有对自变量的数据类型有过多限制，然而因变量只能是连续型变量。在日常应用中，因变量是类别型变量的情况十分普遍，比如明天是否会下雨，房价是否会下跌等。对这些分类问题，线性回归模型不再适用，需要使用逻辑回归模型。值得注意的是，逻辑回归模型虽然带有"回归"二字，但是其主要用于分类问题，且是将所有样本划分为两类的二分类问题。

4.1 逻辑回归原理

直观来讲，如果能将线性回归的输出从连续值转变到 0~1 区间上，便可达到逻辑回归目的，即当前样本为"是"或"否"的概率。如此，一个标签为连续值的问题便被转化为标签为离散值的分类问题。比如，根据职工的年龄来判断职工的职称类别（高级和低级），通过逻辑回归模型，对于输入的职工年龄，最终的输出为一个 0~1 的概率值，假定为 0.8，则表示当前职工类别是高级（或低级）职工的概率为 0.8。将连续值转变为 0~1 数值的过程由"逻辑函数"实现，这正是逻辑回归算法名称的由来，即线性回归和逻辑函数的组合。逻辑函数的数学表达如式（4-2）所示。

$$g(z) = \frac{1}{1 + e^{-z}} \tag{4-2}$$

该逻辑函数对应的函数图像如图 4-1 所示。由于函数图像看起来是一个"S"形状，因此，逻辑函数也被称为"S 函数"或者 Sigmoid 函数。

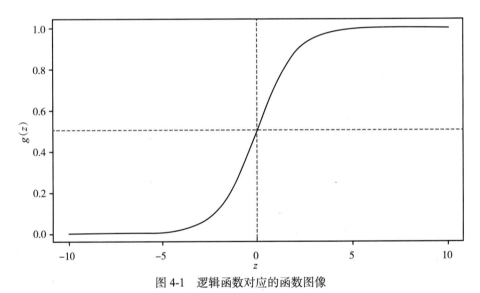

图 4-1　逻辑函数对应的函数图像

4.1.1 逻辑回归模型简介

逻辑回归模型由线性回归模型结合逻辑函数而来，对于其算法原理的阐述，本书将从线性回归和逻辑函数两部分入手。

对于数据集 D，x_i 表示样本特征，y_i 表示样本标签（连续值）。假设样本特征和样本标签之间存在线性关系，那么该问题的数学表示可以记作：

$$y = x_1\theta_1 + x_2\theta_2 + \cdots + x_n\theta_n + \theta_0 \tag{4-3}$$

式中，$\theta_1, \theta_2, \ldots, \theta_n$ 对应各个特征的权重，即各个特征对于样本标签回归预测的贡献度；

θ_0 是偏置项。

根据式（4-3），对于某一个样本的输入特征值，输出结果为针对当前样本标签的预测输出，这是一个回归问题。在加入逻辑函数后，便可以将其定义为一个分类问题，逻辑函数将线性回归的预测输出值映射到 0~1，逻辑函数的数学表达式如式（4-2）所示，函数图像如图 4-1 所示。图 4-1 显示：当 z 趋于 $-\infty$ 时，$g(z)$ 趋于 0，当 z 趋于 $+\infty$ 时，$g(z)$ 趋于 1。回想一下我们平时遇到的概率问题，比如，明天下雪的概率为 0.3，则不下雪的概率为 0.7。可以发现，通过逻辑函数能够方便地和概率建立联系，并进一步确定样本分类。

对于数据集 D，x_i 表示样本特征，y_i 表示样本标签（离散值）。假设样本特征和样本标签之间存在线性关系，那么该问题的逻辑回归模型是

$$h_\theta(x) = x_1\theta_1 + x_2\theta_2 + \cdots + x_n\theta_n + \theta_0 \tag{4-4}$$

$$y' = \frac{1}{1 + e^{-h_\theta(x)}} \tag{4-5}$$

即通过逻辑函数将线性回归的输出值 $h_\theta(x)$ 映射到 0~1。

4.1.2 逻辑回归函数

逻辑回归函数是将线性回归函数的输出作为 Sigmoid 函数的输入得到输出结果。如果对逻辑回归函数做以下变换：

$$g(z) = \frac{1}{1 + e^{-z}} \rightarrow g(z)\left(1 + e^{-z}\right) = 1 \rightarrow e^{-z} = \frac{1}{g(z)} - 1 \rightarrow z = \ln\frac{g(z)}{1 - g(z)} \tag{4-6}$$

式（4-6）中，如果将 $g(z)$ 看作某一事件发生的概率，那么 $1 - g(z)$ 表示该事件不发生的概率，两者的比值记为比率，z 为线性回归的结果。因此，式（4-6）所表示的意思为：线性回归的结果等于对数比率，这也是逻辑回归算法被称为对数比率算法的缘由。针对生活中的分类任务，比如垃圾邮件的区别，假设对于垃圾邮件标签为"是"的样本标签取值为 1，为"否"的样本标签取值为 0，那么利用逻辑回归对其进行建模，即将逻辑回归算法的输出值定义为某一邮件是垃圾邮件的后验概率为

$$P(y = 1 \mid x) = \frac{1}{1 + e^{-z}} = \frac{1}{1 + e^{-(x_1\theta_1 + x_2\theta_2 + \cdots + x_n\theta_n + \theta_0)}} \tag{4-7}$$

假如我们积累了大量关于垃圾邮件的历史数据，比如邮件的长度、邮件的主题等特征，将这些特征表示为变量 $x_1, \ldots, x_n$，那么便可以将这些历史数据作为逻辑回归模型的训练数据集，用以估计模型中的参数 $\theta_1, \theta_2, \cdots, \theta_n, \theta_0$，这些参数被确定后，逻辑回归模型将能够用于对新数据的预测。因此，确定模型参数是回归模型中要解决的问题，下面将使用极大似然估计方法来确定参数。

极大似然估计方法的数学定义如下：

假设对于某一数据集 D，总体分布记为 $f(x, \theta)$，$X_1, X_2, \ldots, X_n$ 为该数据集的一组样本，各个样本之间独立同分布，则有联合密度函数：

$$L(X_1, X_2, \ldots, X_n; \theta_1, \theta_2, \ldots, \theta_n) = \prod_{i=1}^{n} f(X_i, \theta_1, \theta_2, \ldots, \theta_n) \tag{4-8}$$

式（4-8）中，$X_1, X_2, \ldots, X_n$ 是已知的，根据已知的采样样本计算模型中的参数 $\theta_1, \theta_2, \ldots,$ θ_n，这便是似然估计。

似然估计将 L 看作关于 $\theta_i, i \in \{1, 2, \ldots, n\}$ 的函数，并对其进行求解和优化，最终计算出最优参数 $\theta_i, i \in \{1, 2, \ldots, n\}$。由于优化过程中以最大化 L 为目标，所以该过程就被称为最大似然估计。总结来讲，极大似然估计方法是用样本估计总体参数的一种方法，估计参数要满足样本出现概率最大化原则。

4.1.3 逻辑回归推导

为了便于阐述推导过程，对逻辑回归模型进行如下定义：

逻辑回归的输出值：

$$h_\theta(x) = g(x_1\theta_1 + x_2\theta_2 + \cdots + x_n\theta_n + \theta_0) = \frac{1}{1 + e^{-(x_1\theta_1 + x_2\theta_2 + \ldots + x_n\theta_n + \theta_0)}} \tag{4-9}$$

将 $x_1\theta_1 + x_2\theta_2 + \cdots + x_n\theta_n + \theta_0$ 表示为向量相乘的形式，则为 $\theta^T x$，其中 $\theta = (\theta_0, \theta_1, \ldots, \theta_n)$，$x = (1, x_1, x_2, \ldots, x_n)$，由式（4-6）可得：

$$\ln \frac{p(x=1)}{p(x=0)} = \theta^T x \tag{4-10}$$

定义完逻辑回归后，对模型进行求解，求解过程使用似然估计的思想，即利用样本信息来估计总体的参数。详细来讲，对和参数有关的一个目标函数进行优化，在机器学习中，我们一般称这样的函数为成本函数，是一种用来衡量模型对于样本的预测标签与真实标签之间差异的函数。

针对逻辑回归模型，样本标签只有 0 和 1，其中 1 表示正样本，0 表示负样本，当样本标签 $y=1$ 时，我们定义关于 θ 的成本函数为

$$J(\theta) = -\ln(h_\theta(x)) \tag{4-11}$$

当 $h_\theta(x)$ 越接近 1 时，$J(\theta)$ 越接近 0。其表示逻辑回归的输出越接近 1，即对于样本的预测为"正"的概率越大，越接近真实标签，对应的损失就越小。

同样的，当样本标签 $y=0$ 时，定义关于 θ 的成本函数为

$$J(\theta) = -\ln(1 - h_\theta(x)) \tag{4-12}$$

当 $h_\theta(x)$ 越接近 0 时，$J(\theta)$ 越接近 0。其表示逻辑回归的输出越接近 0，即对于样本的预测为"正"的概率越小（负样本），越接近真实标签，那么对应的损失就越小。

对于式（4-11）和式（4-12）进行统一化表示，用一个公式来对两种情形进行综合衡量，如式（4-13）所示。

$$J(\theta) = \frac{1}{m} \sum_{i=1}^{m} \left[y^{(i)} \ln\left(h_\theta\left(x^{(i)}\right)\right) + \left(1 - y^{(i)}\right) \ln\left(1 - h_\theta\left(x^{(i)}\right)\right) \right] \tag{4-13}$$

有了式（4-13）所示的成本函数，接下来需要优化此函数，即成本函数最小化，使得模型的预测标签与真实标签之间的差距越小，模型学习到的信息越细致。梯度下降法是对于所求目标函数中各个参数计算偏导（也称为各个参数的梯度值），并在原有参数的基础上以一定的学习率更新参数，不断进行上述迭代，直到所求函数值收敛为止。具体的流程可以归纳如下（以式（4-13）为例）：

①对所求函数中的各个参数计算偏导，如：对于 $\theta_i, i \in \{1,2,3\ldots,n\}$，其对应的偏导（梯度）为 $\nabla \theta_i, i \in \{1,2,3\ldots,n\}$。

②更新各个参数的值：

$$\theta_i = \theta_i - \alpha \nabla \theta_i, i \in \{1,2,3\ldots,n\} \tag{4-14}$$

③利用更新后的参数计算对应的成本函数值。

④重复步骤①②③，直至成本函数值收敛为止。

下面，我们利用梯度下降法来具体推导逻辑回归的更新过程。首先对式（4-13）进行求导：

由于 $(\ln x)' = \dfrac{1}{x}$，所以对于式（4-13）关于参数 θ_j 的求导结果如下：

$$\frac{\partial}{\partial \theta_j} J(\theta) = -\frac{1}{m} \sum_{i=1}^{m} \left(y^{(i)} \frac{1}{h_\theta\left(x^{(i)}\right)} \frac{\partial h_\theta\left(x^{(i)}\right)}{\partial \theta_j} - \left(1 - y^{(i)}\right) \frac{1}{1 - h_\theta\left(x^{(i)}\right)} \frac{\partial h_\theta\left(x^{(i)}\right)}{\partial \theta_j} \right)$$

$$= -\frac{1}{m} \sum_{i=1}^{m} \left(y^{(i)} \frac{1}{g\left(\theta^T x\right)} - \left(1 - y^{(i)}\right) \frac{1}{1 - g\left(\theta^T x\right)} \right) \frac{\partial g\left(\theta^T x\right)}{\partial \theta_j} \tag{4-15}$$

由 $g(x) = \dfrac{1}{1 + \mathrm{e}^{-x}}$，且对应的导函数 $g'(x) = g(x)\left(1 - g(x)\right)$ 可得：

$$\frac{\partial}{\partial \theta_j} J(\theta) = -\frac{1}{m} \sum_{i=1}^{m} \left(y^{(i)} \frac{1}{g\left(\theta^T x\right)} - \left(1 - y^{(i)}\right) \frac{1}{1 - g\left(\theta^T x\right)} \right) \cdot g\left(\theta^T x^{(i)}\right)\left(1 - g\left(\theta^T x^{(i)}\right)\right) x_j^{(i)}$$

$$= -\frac{1}{m} \sum_{i=1}^{m} \left(y^{(i)} - g\left(\theta^T x^{(i)}\right)\right) x_j^{(i)}$$

$$= \frac{1}{m} \sum_{i=1}^{m} \left(h_\theta\left(x^{(i)}\right) - y^{(i)} \right) x_j^{(i)} \tag{4-16}$$

根据式（4-16）结合梯度下降法，那么对于逻辑回归中的参数 $\theta_j (j = 1, 2, \cdots, n)$ 的更新可以由式（4-17）体现。

$$\theta_j = \theta_j - \alpha \frac{1}{m} \sum_{i=1}^{m} \left(h_\theta\left(x^{(i)}\right) - y^{(i)} \right) x_j^{(i)} \tag{4-17}$$

式中，$h_\theta(x) = g\left(\theta^T x\right) = \dfrac{1}{1 + \mathrm{e}^{-\theta^T x}}$，即 $h_\theta(x)$ 为逻辑回归模型的数学表示；α 表示逻辑回归模型中的学习率。

4.2 逻辑回归算法示例

假设一套房子的好坏受房子的面积和房子朝向影响，现在已知两套房子的面积和朝向以及房子好坏的信息，如表4-1所示。根据这些信息，利用逻辑回归模型实现房子好坏的分类。

表4-1 房屋信息

房屋面积	房屋朝向	房屋好坏	房屋面积	房屋朝向	房屋好坏
200	1	1	120	2	0

解：

$$\theta_j = \theta_j - \alpha \frac{1}{m} \sum_{i=1}^{m} \left(h_\theta \left(x^{(i)} \right) - y^{(i)} \right) x_j^{(i)}, \text{ 其中} h_\theta(x) = \frac{1}{1 + e^{-\theta^T x}}, \ \alpha \text{ 表示学习率}$$

为了便于阐述，将房屋面积特征记为 x_1，房屋朝向特征记为 x_2。为了凑出统一的表达式 $x_1\theta_1 + x_2\theta_2 + \cdots + x_n\theta_n + \theta_0$，我们添加一个辅助特征列的特征记为 x_0，对应的特征值全部为 1。统一后的新的房屋信息如表 4-2 所示。

表4-2 新构造的房屋信息

辅助特征列 x_0	房屋面积 x_1	房屋朝向 x_2	房屋好坏 y
1	200	1	1
1	120	2	0

则整个数据集对应的逻辑回归模型可以构造为

$$h_\theta(x) = \frac{1}{1 + e^{-(\theta_0 x_0 + \theta_1 x_1 + \theta_2 x_2)}}$$

初始化：

θ_0，θ_1，θ_2，$\alpha = 0,0,0,0.01$（随机初始）

更新参数，第一轮迭代：

$$\theta_0 = 0 - 0.01 \times \frac{1}{2} \left[\left(\frac{1}{1 + e^{-(1 \times 0 + 200 \times 0 + 1 \times 0)}} - 1 \right) \times 1 + \left(\frac{1}{1 + e^{-(1 \times 0 + 120 \times 0 + 2 \times 0)}} - 0 \right) \times 1 \right] = 0$$

$$\theta_1 = 0 - 0.01 \times \frac{1}{2} \left[\left(\frac{1}{1 + e^{-(1 \times 0 + 200 \times 0 + 1 \times 0)}} - 1 \right) \times 200 + \left(\frac{1}{1 + e^{-(1 \times 0 + 120 \times 0 + 2 \times 0)}} - 0 \right) \times 120 \right] = 0.2$$

$$\theta_2 = 0 - 0.01 \times \frac{1}{2} \left[\left(\frac{1}{1 + e^{-(1 \times 0 + 200 \times 0 + 1 \times 0)}} - 1 \right) \times 1 + \left(\frac{1}{1 + e^{-(1 \times 0 + 120 \times 0 + 2 \times 0)}} - 0 \right) \times 2 \right] = -0.002\,5$$

第二轮迭代：

$$\theta_0 = 0 - 0.01 \times \frac{1}{2} \left[\left(\frac{1}{1 + e^{-(1 \times 0 + 200 \times 0.2 + 1 \times (-0.002\,5))}} - 1 \right) \times 1 + \left(\frac{1}{1 + e^{-(1 \times 0 + 120 \times 0.2 + 2 \times (-0.002\,5))}} - 0 \right) \times 1 \right] = 0.005$$

$$\theta_1 = 0.2 - 0.01 \times \frac{1}{2}\left[\left(\frac{1}{1+e^{-(1\times0+200\times0.2+1\times(-0.002\,5))}}-1\right)\times200+\left(\frac{1}{1+e^{-(1\times0+120\times0.2+2\times(-0.002\,5))}}-0\right)\times120\right]=-0.4$$

$$\theta_2 = -0.002\,5 - 0.01 \times \frac{1}{2}\left[\left(\frac{1}{1+e^{-(1\times0+200\times0.2+1\times(-0.002\,5))}}-1\right)\times1+\left(\frac{1}{1+e^{-(1\times0+120\times0.2+2\times(-0.002\,5))}}-0\right)\times2\right]=-0.012\,5$$

第三次迭代……

…

第 n 次迭代。

假设第 m 次迭代后，参数 θ_0，θ_1，θ_2 的值趋于稳定，此时迭代将停止。所谓趋于稳定是指参数的变化小于某一阈值（设定值）。假设迭代停止对应的参数 θ_0，θ_1，θ_2 分别为 0.2，0.3，0.4，那么对应的逻辑回归模型为

$$h_\theta(x) = \frac{1}{1+e^{-(0.2+0.3x_1+0.4x_2)}}$$

4.3 模型理解

逻辑回归模型作为常用的分类模型，主要用于二分类任务。诸如垃圾邮件分类、肿瘤细胞的判别均可以由逻辑回归模型处理。逻辑回归模型的优缺点归纳如下。

1. 逻辑回归模型的优点

（1）逻辑回归的基础是线性回归，对于问题的抽象相对容易。

（2）逻辑回归使用广泛，有着许多开源的资料。比如，逻辑回归在 R、Python、Java 等众多编程语言方面均有相应的集成。

（3）从数学角度讲，逻辑回归模型的参数估计很简单，使用简单的梯度下降法便可以对模型的参数进行估计，并且可以保证找到最优参数。

（4）逻辑回归模型的参数估计可以通过可靠的统计理论进行置信区间的检验，这相比于一些神经网络模型具有更好的可信度和解释性。

（5）逻辑回归模型简单易懂，且易于拓展，从而适应于不同的场景和任务。

（6）逻辑回归模型不仅是一个分类模型，还提供概率。这与只能提供最终分类结果的模型相比，是一个很大的优势，通过概率可以更加清楚地知道某一样本被划分为某一类别的量化信息。

2. 逻辑回归模型的缺点

（1）逻辑回归模型在预测性能方面通常不是很好，因为可以学习的关系非常有限，并且通常简化了现实场景的复杂程度。

（2）逻辑回归模型的解释相比于线性回归模型更困难，逻辑回归模型可能会受到完全分离样本的影响。

4.4 R 语言编程

本节利用 R 语言实践逻辑回归建模的整个过程。对于一个新的问题，逻辑回归建模主要包括四个部分：数据导入、数据预处理、逻辑回归模型训练、逻辑回归模型验证。

4.4.1 数据导入

实例中使用 R 语言 C50 包中自带的数据集 churnTrain 和 churnTest 进行建模过程的演示。该数据集是关于电信行业客户流失的真实数据，数据集导入过程的相关代码如下：

```
install.packages("C50")

# 导入相关库
library(C50)

# 导入自带的数据集
data(churn)
data(mlc_churn)
# 训练数据集
train <- churnTrain
# 测试数据集
test <- churnTest
str(train)
```

数据集中共包含 20 个变量，其中"是否流失""州""国际长途计划""信箱语言计划"列作为因子型变量，其余变量均为数值型变量。区域编码（area_code）变量对于整个模型的构建过程没有实际意义，因此后续对该变量进行排除，实现数据的预处理。上述代码的结果，即数据集描述信息如图 4-2 所示。

其中，state 表示用户所属的州，international_plan 表示用户的国际长途计划，voice_mail_plan 表示用户的信箱语音计划，churn 表示用户是否流失。表 4-3 对数据集中的属性进行了详细的解释。

表 4-3　用户流失数据集的属性解释表

属性名称	属性解释	属性示例	数据类型
state	用户所属州	AK	字符串
account_length	用户对应的账号长度	128	整型
international_plan	用户对应的国际长途计划	yes/no（1/2）	布尔类型
voice_mail_plan	用户对应的信箱语音计划	yes/no（1/2）	布尔类型
number_vmail_messages	用户对应的邮件信息	25	整型
total_day_minutes	用户白天使用时长	265	整型

（续）

属性名称	属性解释	属性示例	数据类型
total_day_calls	用户白天呼叫数	110	整型
total_day_charge	用户白天转接数	45.1	浮点型
total_eve_minutes	用户傍晚使用时长	197.4	浮点型
total_eve_calls	用户傍晚呼叫数	99	整型
total_eve_charge	用户傍晚转接数	16.78	浮点型
total_night_minutes	用户夜晚使用时长	245	整型
total_night_calls	用户夜晚呼叫数	91	整型
total_night_charge	用户夜晚转接数	11.01	浮点型
total_intl_minutes	用户国际长途使用时长	10	整型
total_intl_calls	用户国际长途呼叫数	3	整型
total_intl_charge	用户国际长途转接数	2.7	浮点型
number_customer_service_calls	用户服务电话数	1	整型
churn	用户是否流失	yes/no（1/2）	布尔型

```
'data.frame':   3333 obs. of   20 variables:
 $ state: Factor w/ 51 levels "AK","AL","AR",..: 17 36 32 36 37 2 20 25 19 50 ...
 $ account_length: int 128 107 137 84 75 118 121 147 117 141 ...
 $ area_code: Factor w/ 3 levels "area_code_408", .. : 2 2 2 1 2 3 3 2 1 2 ...
 $ international_plan: Factor w/ 2 levels "no","yes": 1 1 1 2 2 2 1 2 1 2 ...
 $ voice_mail_plan: Factor w/ 2 levels "no","yes": 2 2 1 1 1 1 2 1 1 2 ...
 $ number_vmail_messages: int 25 26 0 0 0 0 24 0 0 37 ...
 $ total_day_minutes: num 265 162 243 299 167 ...
 $ total_day_calls: int 110 123 114 71 113 98 88 79 97 84 ...
 $ total_day_charge: num 45.1 27.5 41.4 50.9 28.3 ...
 $ total_eve_minutes: num 197.4 195.5 121.2 61.9 148.3 ...
 $ total_eve_calls: int 99 103 110 88 122 101 108 94 80 111 ...
 $ total_eve_charge: num 16.78 16.62 10.3 5.26 12.61 ...
 $ total_night_minutes: num 245 254 163 197 187 ...
 $ total_night_calls: int 91 103 104 89 121 118 118 96 90 97 ...
 $ total_night_charge: num 11.01 11.45 7.32 8.86 8.41 ...
 $ total_intl_minutes: num 10 13.7 12.2 6.6 10.1 6.3 7.5 7.1 8.7 11.2 ...
 $ total_intl_calls: int 3 3 5 7 3 7 6 7 6 4 5 ...
 $ total_intl_charge: num 2.7 3.7 3.29 1.78 2.73 1.7 2.03 1.92 2.35 3.02 ...
 $ number_customer_service_calls: int 1 1 0 2 3 0 3 0 1 0 ...
 $ churn: Factor w/ 2 levels "yes","no": 2 2 2 2 2 2 2 2 2 2 ...
```

图 4-2　数据集描述信息

4.4.2　数据预处理

数据预处理作为机器学习方法在模型训练中的重要一环，具有十分重要的作用。原始数据集中对于模型没有实际意义的列，在数据预处理阶段需要进行剔除，比如，用户流失数据集中的区域编码（area_code）对于整个模型的构建过程没有实际意义，因此对其进行删除，代码如下：

```
# 剔除区域编码(area_code)列
train <- train[,-3]
test <- test[,-3]
```

由于整个模型更关心的是用户流失的整个结果（churn = yes），所以对 churn 列的元素进行排序，代码如下：

```
train$churn <- factor(train$churn,levels=c("no","yes"),order=TRUE)
test$churn <- factor(test$churn,,levels=c("no","yes"),order=TRUE)
```

4.4.3　逻辑回归模型训练

准备好训练数据集和测试数据集后，接下来利用逻辑回归模型在训练数据集上进行训练，学习数据中蕴含的规则。模型训练代码如下：

```
model <- glm(churn~.,data=train,family="binomial")
summary(model)
```

逻辑回归模型构建的过程中，以除 churn 外的其他变量为自变量，以 churn 为因变量，即该逻辑回归模型旨在通过除 churn 外的 19 个特征，对 churn 进行分类。我们首先利用训练数据集对逻辑回归模型进行训练，训练结束后，利用 summary() 函数对逻辑回归模型的训练结果进行查看，训练结果如图 4-3 所示。

通过实验结果可以看出许多变量对于模型并不显著（"*" 越多表示显著性越高，没有 "*" 则表示不显著），因此我们考虑剔除这些不显著的变量，该过程采用逐步回归法进行。逐步回归法是指通过剔除无关特征和一些高度相关的特征，降低变量间多重共线性程度的过程。逐步回归法的具体代码实现如下：

```
# step函数用于变量选择
model2 <- step(object=model,trace=0)
summary(model2)
```

逐步回归法的结果如图 4-4 所示。

根据结果可知，所有变量的 P 值均小于 0.05，通过了显著性检验。为了保证模型整体的正确性和合理性，我们在确保模型的各变量通过显著性检验的同时还需确保整个模型是显著的，因此下面对模型进行卡方检验，代码如下：

```
# 卡方检验
anova(object=model2, test="Chisq")
```

```
stateOH               -6.726e-01   7.464e-01   -0.901 0.367508
stateOK               -8.660e-01   7.557e-01   -1.146 0.251811
stateOR               -7.684e-01   7.354e-01   -1.045 0.296126
statePA               -1.141e+00   7.791e-01   -1.464 0.143121
stateRI                1.099e-01   8.198e-01    0.134 0.893337
stateSC               -1.747e+00   7.371e-01   -2.370 0.017782 *
stateSD               -8.227e-01   7.607e-01   -1.081 0.279510
stateTN               -2.604e-01   8.207e-01   -0.317 0.751071
stateTX               -1.637e+00   7.079e-01   -2.313 0.020745 *
stateUT               -1.047e+00   7.435e-01   -1.408 0.159056
stateVA                4.425e-01   8.220e-01    0.538 0.590344
stateVT               -8.390e-02   7.799e-01   -0.108 0.914330
stateWA               -1.400e+00   7.237e-01   -1.934 0.053081 .
stateWI               -2.836e-01   7.798e-01   -0.364 0.716109
stateWV               -5.732e-01   7.329e-01   -0.782 0.434139
stateWY               -2.952e-01   7.541e-01   -0.391 0.695449
account_length        -9.646e-04   1.434e-03   -0.673 0.501212
area_codearea_code_415 7.876e-02  1.418e-01    0.555 0.578569
area_codearea_code_510 1.016e-01  1.632e-01    0.622 0.533622
international_planyes  -2.192e+00   1.534e-01  -14.294   < 2e-16 ***
voice_mail_planyes     2.131e+00   5.944e-01    3.585 0.000337 ***
number_vmail_messages -3.832e-02   1.865e-02   -2.055 0.039866 *
total_day_minutes      3.823e-01   3.380e+00    0.113 0.909942
total_day_calls       -4.045e-03   2.862e-03   -1.414 0.157477
total_day_charge      -2.326e+00   1.988e+01   -0.117 0.906870
total_eve_minutes     -8.927e-01   1.700e+00   -0.525 0.599510
total_eve_calls       -1.018e-03   2.890e-03   -0.352 0.724642
total_eve_charge       1.041e+01   2.000e+01    0.521 0.602695
total_night_minutes    2.228e-01   9.044e-01    0.246 0.805401
total_night_calls     -1.810e-04   2.928e-03   -0.062 0.950718
total_night_charge    -5.039e+00   2.010e+01   -0.251 0.802042
total_intl_minutes     4.149e-02   5.494e+00    0.755 0.450194
total_intl_calls       9.055e-02   2.575e-02    3.516 0.000438 ***
total_intl_charge     -1.567e+01   2.035e+01   -0.770 0.441115
number_customer_service_calls -5.365e-01 4.100e-02 -13.089  < 2e-16 ***
---
Signif. codes:  0 '***' 0.001 '**' 0.01 '*' 0.05 '.' 0.1 ' ' 1

(Dispersion parameter for binomial family taken to be 1)
    Null deviance: 2758.3  on 3332  degrees of freedom
Residual deviance: 2070.8  on 3263  degrees of freedom
```

图 4-3 训练结果

卡方检验的结果如图 4-5 所示。

```
Call:
glm(formula = churn ~ international_plan + voice_mail_plan +
    number_vmail_messages + total_day_charge + total_eve_minutes +
    total_night_charge + total_intl_calls + total_intl_charge +
    number_customer_service_calls, family = "binomial", data = train)

Deviance Residuals:
    Min      1Q   Median      3Q      Max
-3.2421  0.1969   0.3375  0.5133   2.1204

Coefficients:
                               Estimate Std. Error z value Pr(>|z|)
(Intercept)                    8.067161   0.515870  15.638  < 2e-16 ***
international_planyes         -2.040338   0.145243 -14.048  < 2e-16 ***
voice_mail_planyes            2.003234   0.572352   3.500 0.000465 ***
number_vmail_messages        -0.035262   0.017964  -1.963 0.049654 *
total_day_charge             -0.076589   0.006371 -12.022  < 2e-16 ***
total_eve_minutes            -0.007182   0.001142  -6.290 3.17e-10 ***
total_night_charge           -0.082547   0.024653  -3.348 0.000813 ***
total_intl_calls              0.092176   0.024988   3.689 0.000225 ***
total_intl_charge            -0.326138   0.075453  -4.322 1.54e-05 ***
number_customer_service_calls -0.512256  0.039141 -13.087  < 2e-16 ***
---
Signif. codes:  0 '***' 0.001 '**' 0.01 '*' 0.05 '.' 0.1 ' ' 1

(Dispersion parameter for binomial family taken to be 1)

    Null deviance: 2758.3  on 3332  degrees of freedom
Residual deviance: 2161.6  on 3323  degrees of freedom
AIC: 2181.6

Number of Fisher Scoring iterations: 6
```

图 4-4 逐步回归法的结果

Analysis of Deviance Table

Model: binomial, link: logit

Response: churn

Terms added sequentially (first to last)

	Df	Deviance	Resid. Df	Resid. Dev	Pr(>Chi)
NULL			3332	2758.3	
international_plan	1	170.400	3331	2587.9	< 2.2e-16 ***
voice_mail_plan	1	41.868	3330	2546.0	9.765e-11 ***
number_vmail_messages	1	3.638	3329	2542.4	0.0564756 .
total_day_charge	1	135.452	3328	2406.9	< 2.2e-16 ***
total_eve_minutes	1	30.874	3327	2376.1	2.753e-08 ***
total_night_charge	1	8.500	3326	2367.6	0.0035509 **
total_intl_calls	1	12.887	3325	2354.7	0.0003309 ***
total_intl_charge	1	16.210	3324	2338.5	5.668e-05 ***
number_customer_service_calls	1	176.839	3323	2161.6	< 2.2e-16 ***

Signif. codes: 0 '***' 0.001 '**' 0.01 '*' 0.05 '.' 0.1 ' ' 1

图 4-5 卡方检验的结果

根据卡方检验的结果可知，从第一个变量到最后一个变量逐渐加入模型的过程中，模型均能够通过显著性检验，说明了当前模型的适用性和各个特征选择的合理性。

4.4.4 逻辑回归模型验证

为了评估逻辑回归模型的性能，我们将训练好的模型在测试集上进行验证，验证结果如图 4-6 所示。

```
prob <- predict(object=model2,newdata=test,type="response")
pred <- ifelse(prob >= 0.5,"yes","no")
pred <- factor(pred,levels=c("no","yes"),order=TRUE)
f <- table(test$churn,pred)
f
```

通过实现结果，我们可以计算出逻辑回归模型在测试数据集上对应的准确率、精准率、召回率和 F1 指数。这四个指标是分类任务中的常用评估指标，具体的定义如下：

准确率：预测正确的结果占总样本的百分比，计算公式为 $\dfrac{TP+TN}{TP+TN+FP+FN}$。

	pred	
	no	yes
yes	182	42
no	1408	35

图 4-6　逻辑回归模型的验证结果

精准率：所有被预测为正的样本中实际为正的样本的概率，计算公式为 $\dfrac{TP}{TP+FP}$。

召回率：实际为正的样本中被预测为正样本的概率，计算公式为 $\dfrac{TP}{TP+FN}$。

F1 指数：精准率和召回率的调和平均数，计算公式为 $\dfrac{2PR}{P+R}$，其中 P 表示精准率，R 表示召回率。

计算公式中的 TP、FP、TN、FN 的解释如表 4-4 所示。

表 4-4　符号解释

符号表示	符号解释
TP	实际为正样本，且判断为正样本的样本数量
FP	实际为负样本，但判断为正样本的样本数量
TN	实际为负样本，且判断为负样本的样本数量
FN	实际为正样本，但判断为负样本的样本数量

表 4-5 展示了逻辑回归模型在测试集上的混淆矩阵结果。

表 4-5　逻辑回归模型在测试集上的混淆矩阵结果

	预测为负类	预测为正类
实际为负类	TN=1408	FP=182
实际为正类	FN=35	TP=42

根据表 4-5，我们可以得出以下几点结论：

（1）模型对非流失客户（no）的预测准确率为 1408/（1408+35）=97.6%，相对较为准确；

（2）模型对流失客户（yes）的预测准确率为 42/（182+42）=18.8%，相对来说不太理想；

（3）从整体角度出发，模型的预测准确率为（1408+42）/（1408+35+182+42）= 87.0%。

◎ 本章小结

本章主要从逻辑回归原理、逻辑回归建模等多个方面进行理论介绍。首先详细介绍了逻辑回归的原理，包括逻辑回归模型简介、逻辑回归函数、逻辑回归推导等；随后通过示例讲解逻辑回归算法的运行过程；接着总结了逻辑回归模型的优缺点；最后利用 R 语言实践逻辑回归建模的整个过程。

◎ 课后习题

1. 逻辑回归如何从线性回归演化而来？
2. 如何利用逻辑回归解决多分类任务？
3. 利用 R 语言中自带的其他数据集进行逻辑回归模型的构建。
4. 分类任务的评价指标有哪些，试利用 R 语言进行指标计算的实现。
5. 阐述逻辑回归模型的优缺点和适用场景。

第5章

决策树与回归树

■ 学习目标

- 了解决策树的基本概念
- 掌握 CART 算法原理
- 熟练掌握 R 语言中的决策树建模
- 能够运用决策树模型解决实际问题

■ 应用背景介绍

决策树作为一种常见的机器学习方法，在分类和预测任务上均体现出优秀的泛化能力。决策树以树模型为基础，针对特征对实例进行学习，完成分类或回归任务。一般来讲，决策树建模的过程可以看作一系列 if-then 集合组合的过程，也可以理解为特征空间在类别空间上的条件概率分布。决策树的树形结构是模拟人类在面临决策问题时的一种自然处理机制。例如，对"今天会下雨吗？"这一问题进行决策时，通常需要一系列的判断支持：首先需要判断"今天的湿度如何？"，如果是"潮湿"，则会再判断"今天的温度如何？"，最终，根据层层判断的结果做出最终决策。这是生活中一个典型的决策树例子，只不过决策树模型将上述问题利用树结构进行描述（见图 5-1）。

决策树模型具有可读性好、运行速度快、一经构建可反复使用等特点，在针对大规模训练数据的学习过程中具有明显优势。

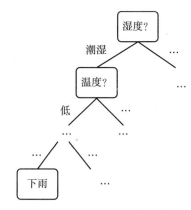

图 5-1　下雨问题的一棵决策树

5.1 CART 算法原理

分类与回归树（classification and regression tree，CART）模型作为应用最广泛的决策树学习方法，不仅可以适用于分类任务，在回归任务上也具有不错的性能。为了统一命名，本章中的分类与回归树统称为决策树。决策树模型的构建主要由特征选择、树的生成和剪枝三大部分组成。

常用的决策树算法有 ID3、C4.5、C5.0 和 CART 算法，本章主要介绍 CART 算法。CART 算法生成的决策树是一棵二叉树，无论是回归问题还是分类问题，无论特征是离散的还是连续的，无论属性取值有多个还是两个，内部节点只能根据属性值进行二分。决策树由节点和有向边组成，其中节点包括根节点、内部节点、叶节点。根节点包含整个样本集，每个叶节点都对应一个决策结果（不同的叶节点可能对应同一个决策结果），每一个内部节点都对应一次决策过程或者说是一次属性测试。从根节点到每个叶节点的路径对应一个判定测试序列。决策树建模遵循 CART 算法原理，通过 CART 算法便可以针对特定的问题构建决策树，利用所给问题对应的数据集进行学习，最终实现应用。CART 算法主要包括决策树生成和决策树剪枝过程。

5.1.1 决策树生成

决策树生成的基本思想是通过训练数据集递归构建一颗二叉树。决策树生成针对任务的不同，可以分为分类决策树生成和回归决策树生成。

1. 分类决策树生成

分类决策树是用于分类任务的树模型，其生成过程包括特征选择、树生成和树剪枝三大环节。对于分类任务，决策树的特征选择以基尼指数（Gini index）作为衡量指标，决策树构建过程中以最小化基尼指数为优化目标。基尼指数的定义如下：

对于给定的含有 K 个类别的数据集 $D = \{(x_1, y_1), (x_2, y_2), \ldots, (x_n, y_n)\}$，$|D|$ 表示数据集中样本的总数量，$|C_k|$ 表示第 k 个类别中样本的数量，则数据集 D 的基尼指数可以表示为

$$G(D) = 1 - \sum_{k=1}^{K} \left(\frac{|C_k|}{|D|} \right)^2 \tag{5-1}$$

当选定某一个特征对应的某一取值作为分裂点时，整个数据集 D 将会根据分裂点被划分。例如，当分裂点为特征 A 的取值等于 a 时，那么数据集 D 将被划分为 D_1 和 D_2，特征 A 取值等于 a 对应的样本组成数据集 D_1，特征 A 取值不等于 a 对应的样本组成数据集 D_2。

$$D_1 = \{(x_i,\ y_i) \mid A(x_i) = a\} \tag{5-2}$$

$$D_2 = \{(x_i,\ y_i) \mid A(x_i) \neq a\} \tag{5-3}$$

此时，数据集 D 的基尼指数将被更新为

$$G(D, A = a) = \frac{|D_1|}{|D|} G(D_1) + \frac{|D_2|}{|D|} G(D_2) \tag{5-4}$$

以特征 A 作为分裂特征，以特征 A 取值为 a 作为分裂点时，对应的基尼指数如式（5-4）所示。基尼指数 $G(D)$ 是对数据集 D 不确定性的量化，这与信息熵（information entropy）类似。$G(D, A = a)$ 则表示在以特征 A 作为分裂特征，以特征 A 取值等于 a 为分裂点时，数据集 D 对应的不确定性。基尼指数与数据集不确定性之间呈正相关性，基尼指数越大表示数据集的不确定性越高，反之亦然。

通过基尼指数，便可以实现对最优特征的选择，进而为决策树生成奠定基础。决策树生成的本质是一个迭代过程，即根据最优特征不断进行分裂构建子树，直到满足停止条件。一般决策树生成的停止条件包括：①生成树节点中的样本数量少于特定的阈值；②不再有可以分裂的特征；③基尼指数小于某一设定的阈值。以上3个条件满足其一即可停止决策树生成过程。

假定数据集 $D = \{(x_1, y_1), (x_2, y_2), ..., (x_n, y_n)\}$，那么通过该数据集，从决策树的根节点开始，递归地构建并生成决策树的过程如下：

（1）对于整个数据集 D，其对应决策树的根节点。为了选择对应当前数据集 D 的最优分裂特征和最优分裂点，需要计算每一个特征对应不同分裂点下的基尼指数。例如：对于某一离散特征 A，假设其取值可以有 a_1, a_2, a_3 三种可能，那么特征 A 的分裂点便有 $A = a_1$，$A = a_2, A = a_3$。每一个分裂点都可以将当前数据集 D 划分为相应的两个子集 D_1 和 D_2，对应的基尼指数可由式（5-1）和（5-4）计算得出。对应连续特征 B，则首先对特征 B 进行离散化（详见第5.3.3节），然后计算该特征分裂下的基尼指数。

（2）同样，对于其他的可能特征，由式（5-1）便可以计算出各自对应的基尼指数。根据基尼指数最小准则（基尼指数越小，混乱程度越小），选择最小基尼指数对应的特征和特征分裂点进行决策树的生成。例如：假设特征 $A = a_1$ 对应的基尼指数最小，那么原始数据集 D 便会被划分为两个子集。$D_1 = \{(x_i, y_i) \mid A(x_i) = a_1\}, D_2 = D - D_1$。$D_1$，$D_2$ 分别对应根节点的两个子节点中所包含的样本集合。

（3）对于新生成的节点 D_1，D_2，重复第一步和第二步的操作，生成 D_1，D_2 对应的子树，直至满足决策树生成的停止条件。

（4）返回一棵分类决策树。

2. 回归决策树生成

回归决策树是用于回归任务的树模型，其生成过程同样包括特征选择、树生成和树剪枝三大环节。对于回归任务，决策树特征选择以平方误差（square error）作为衡量指标，决策树构建过程中以优化平方误差最小为目标。平方误差的定义如下：

对于给定的数据集 $D = \{(x_1, y_1), (x_2, y_2), ..., (x_n, y_n)\}$，$x_i$ 表示样本特征，y_i 表示样本真实标签（连续型变量），决策树模型由 f 表示，$f(x_i)$ 表示决策树对于样本 x_i 的预测值，那么数据集 D 对应的平方误差可以表示为

$$E = \sum_{i=1}^{n} \left(y_i - f(x_i) \right)^2 \tag{5-5}$$

回归决策树相比于分类回归树而言，是关于连续型变量的预测。一棵回归决策树对应特征空间的划分以及在划分单元上的输出值，即给定一个输入，通过回归决策树便可以得到一个预测值。为了便于解释，假设回归决策树将特征空间划分为了 N 个独立子空间 $S_1, S_2, ..., S_N$，每个独立子空间上包含的样本数据互斥，即整个数据集被划分到这 N 个独立子空间。其中，如果每个独立子空间上对应的固定输出值为 $v_1, v_2, ..., v_N$，那么该回归决策树模型可以表示为

$$f(x) = \sum_{i=1}^{N} v_i I \tag{5-6}$$

式中，I 表示指示函数。

在确定特征空间的划分时，利用式（5-5）中的平方误差来对数据集进行训练，并以平方误差最小原则来确定每个独立子空间 $S_i (i \in \{1,2,3,...,N\})$ 上的最优输出。独立子空间 S_n 上的最优输出值 $\hat{v}_n$ 由该空间中所有的样本 x_i 对应的回归决策树输出 y_i 的平均值表示。

$$\hat{v}_n = \frac{1}{n} \sum \left(y_i \mid x_i \in S_n \right) \tag{5-7}$$

有了上述定义，回归决策树的生成便有了遵循规则。假设选择数据集中的第 j 个特征 $x^{(j)}$ 和其对应的特征值 a 分别作为分裂特征和分裂点，那么通过这一分类，便可以得到以下两个特征空间。

$$S_1(j,a) = \left\{ x \mid x^{(j)} \leqslant a \right\}, S_2(j,a) = \left\{ x \mid x^{(j)} > a \right\} \tag{5-8}$$

为了寻找最优分裂特征和最优分裂点，需要对回归决策树的目标函数进行最小化求解，使得决策树的输出与真实标签之间的平方误差最小，如式（5-9）所示。

$$\min_{j,a} \left[\min_{v_1} \sum_{x_i \in S_1(j,a)} (y_i - v_1)^2 + \min_{v_2} \sum_{x_i \in S_2(j,a)} (y_i - v_2)^2 \right] \tag{5-9}$$

式（5-9）中的 v_1, v_2 分别对应独立子空间 S_1, S_2 上的输出值。求解式（5-9）可以为第 j 个特征 $x^{(j)}$ 找到最优分裂点 a。式（5-8）中的两个特征空间各自对应的最优分裂点的计算公式如下：

$$\hat{v}_1 = \frac{1}{n} \sum \left(y_i \mid x_i \in S_1(j,a) \right), \hat{v}_2 = \frac{1}{n} \sum \left(y_i \mid x_i \in S_2(j,a) \right) \tag{5-10}$$

其中，$\hat{v}_1, \hat{v}_2$ 分别对应独立空间 S_1, S_2 上的平均输出值。通过对所有的输入变量进行遍历，便可以找到最优的分裂特征为第 j 个特征 $x^{(j)}$ 和最优分裂点为 a，两者构成分裂结果对 (j,a)。这样一来，原始的输入空间便被划分为两个独立的空间，对各个独立空间重复上述分裂操作，直至满足停止条件，便可以构建出针对数据集 D 的回归决策树。以上构建回归决策树的过程一般被称为最小二乘回归树算法。该算法的核心思想便是在训练数据集的向量空间中，递归地将每个空间划分为两个独立的子空间，并确定子空间中对应的输出值，最终构成一棵完整的回归决策树。具体描述如下：

（1）遍历所有的特征，根据式（5-9）求解各个特征的最优分裂结果对 (j^*, a^*)。

（2）根据分裂结果对的结果将原始特征空间进行空间划分，并计算出各自相应的输出值。

$$S_1(j,a) = \left\{ x \mid x^{(j)} \leq a \right\}, S_2(j,a) = \left\{ x \mid x^{(j)} > a \right\}$$

$$\hat{v}_k = \frac{1}{n} \sum \left(y_i \mid x_i \in S_k(j,a) \right), k=1,2$$

（3）对两个子空间Ⅰ和Ⅱ继续进行步骤1和步骤2的操作，直至满足决策树生成的停止条件为止。

5.1.2 决策树剪枝

决策树剪枝是将一棵由CART算法生成的决策树中的部分子树剪去，从而使得决策树能够适应于待分类的数据，达到更好的泛化能力。剪枝分为先剪枝和后剪枝：先剪枝是在决策树生成的过程中同时完成剪枝操作，后剪枝是在决策树完全生成之后，剪去部分子树。常用的后剪枝算法有代价复杂度算法（CCP）、错误率降低算法（REP）、悲观算法（PEP）、最小误差算法（MEP）等。CART算法生成的决策树采用的是代价复杂度算法进行剪枝，因此本章主要介绍代价复杂度算法。

决策树剪枝也是常见的用于防止模型训练过程中出现过拟合现象的一种方法，代价复杂度算法的剪枝过程一般由两个步骤组成：剪枝和验证。剪枝是从生成的决策树 DT_0 的最底端开始，直到根节点为止。每剪枝一次会形成一个新的子树，整个剪枝的过程因此会形成一个子树序列 $\{DT_0, DT_1, ..., DT_n\}$，其中 DT_n 表示只有根节点的树。验证是通过交叉验证的方法在验证数据集上对子树序列 $\{DT_0, DT_1, ..., DT_n\}$ 中的子树进行验证，以此选出最优的子树作为最终的决策树。

1. 剪枝

剪枝的过程中对于子树损失函数的计算如式（5-11）所示。

$$E_\alpha(DT) = E(DT) + \alpha |DT| \tag{5-11}$$

其中，$E_\alpha(DT)$ 表示超参数为 α 时对应的子树DT的整体预测损失（分类决策树为基尼指数，回归决策树为平方误差），$E(DT)$ 表示包含子树DT的决策树的训练错误率，$|DT|$ 表示子树DT所包含的叶子节点个数，α 是用于衡量子树DT模型复杂度的指标。

针对剪枝全过程，具体来讲，从整棵决策树的根节点 DT_0 开始剪枝，对 DT_0 中的任意一个内部节点 dt，根据式（5-11）可知，以内部节点 dt 为单节点的树所对应的损失为

$$E_\alpha(dt) = E(dt) + \alpha \times 1 \tag{5-12}$$

以内部节点 dt 为根节点的子树 DT_t 的损失为

$$E_\alpha(DT_t) = E(DT_t) + \alpha |DT_t| \tag{5-13}$$

根据式（5-12）和式（5-13）可知：当 α 足够小时，有 $E_\alpha(\text{DT}_t) < E_\alpha(\text{dt})$，随着 α 的逐渐增大，便可以找到某一 α，使得 $E_\alpha(\text{DT}_t) = E_\alpha(\text{dt})$。当 α 继续增大时，便有 $E_\alpha(\text{DT}_t) > E_\alpha(\text{dt})$。易知：当 $\alpha = \dfrac{E(\text{dt}) - E(\text{DT}_t)}{|\text{DT}_t| - 1}$ 时，$E_\alpha(\text{dt}) = E_\alpha(\text{DT}_t)$，即 DT_t 与 dt 具有相同的损失。而相比于 DT_t 而言，dt 的节点更少，因此对 DT_t 进行剪枝。

通过以上阐述可知，$\dfrac{E(\text{dt}) - E(\text{DT}_t)}{|\text{DT}_t| - 1}$ 本质上便是剪枝后整体损失函数减少的程度。因此，对整棵决策树的根节点 DT_0，通过式（5-14）计算每一个内部节点 dt 对应的损失函数减少程度。

$$g(t) = \frac{E(\text{dt}) - E(\text{DT}_t)}{|\text{DT}_t| - 1} \tag{5-14}$$

将 DT_0 中 $g(t)$ 值最小的子树剪去，得到一个新的子树 DT_1。对得到的新的子树 DT_1 继续进行剪枝操作，以此类推，直到无法生成新的子树为止。整个过程完成后，便可以得到子树序列 $\{\text{DT}_0, \text{DT}_1, ..., \text{DT}_n\}$。综合上述过程，决策树剪枝流程如下：

（1）从整棵决策树的根节点 DT_0 开始剪枝，通过式（5-14）计算每一个内部节点 dt 对应的损失函数减少程度。将 DT_0 中 $g(t)$ 值最小的子树剪去，得到一个新的子树 DT_1。

（2）针对新的子树 DT_1，重复步骤 1 中的操作，得到一个新的子树 DT_2。以此类推，直到无法再生成新的子树为止，这一过程便会得到子树序列 $\{\text{DT}_0, \text{DT}_1, ..., \text{DT}_n\}$。

（3）子树序列 $\{\text{DT}_0, \text{DT}_1, ..., \text{DT}_n\}$ 中的子树均是剪枝的结果，后续便需要通过交叉验证的方法从中选取最优子树作为剪枝后的最优结果。

2. 交叉验证选取最优子树

对于子树序列 $\{\text{DT}_0, \text{DT}_1, ..., \text{DT}_n\}$，为了针对某一特定问题找到最优的决策树，利用交叉验证的方法，在一个独立的验证数据集 X_{test} 上进行操作。以平方误差最小化或基尼指数最小化为目标，迭代子树序列中的每一个子树，最终找到满足条件的最优子树 DT_k。有了最优子树，便可以找到最优子树对应的最优参数 α_k，进而得到最优决策树 DT_α。具体来讲，针对子树序列中的每一个子树 DT_i，计算该子树在验证数据集 X_{test} 上对应的平方误差或基尼指数，从中选取最优子树 DT_k。具体流程如下：

（1）迭代子树序列 $\{\text{DT}_0, \text{DT}_1, ..., \text{DT}_n\}$ 中的每一棵子树，例如，对于子树 DT_n，计算其在验证数据集 X_{test} 上的基尼指数，记为 gini_n。

（2）比较所有的基尼指数 gini_0, gini_1, ⋯, gini_n，选择其中最小的基尼指数对应的子树为最优剪枝后的子树。

5.2 CART 算法示例

例 5-1 表 5-1 是一个包含 10 个样本的贷款情况的训练数据集。整个数据集包括 3 个特征列，一个标签列。第一个特征是房产状况，可能取值有"是"和"否"，"是"表示有房产，"否"表示没有房产。第二个特征是婚姻状况，可能取值有"已婚"和"未婚"。第三个特征是年收入，可能取值有"优""良"和"差"。类别列作为标签列，可能取值有"是"和"否"，"是"表示有贷款，"否"表示没有贷款。结合以上信息和表 5-1，利用 CART 算法生成决策树。

表 5-1　贷款情况的训练数据集

序号	房产状况	婚姻状况	年收入	类别
1	是	未婚	良	否
2	否	已婚	良	否
3	否	未婚	差	否
4	是	已婚	良	否
5	否	未婚	良	否
6	否	已婚	差	否
7	是	已婚	优	否
8	否	未婚	良	是
9	否	已婚	良	否
10	否	未婚	良	是

解：首先计算各个特征对应的基尼指数，依据基尼指数最小准则选择最优分裂特征和分裂点。为了便于阐述，分别以 A_1，A_2，A_3 表示房产状况、婚姻状况、年收入三个特征，并以 1 和 2 表示房产状况的值为"是"和"否"，以 1 和 2 表示婚姻状况的值为"未婚"和"已婚"，以 1、2、3 表示年收入为"优""良""差"。

首先计算各个特征对应的基尼指数。

对特征 A_1，A_2：

$$G(D, A_1 = 1) = \frac{3}{10}\left[1 - \left(\left(\frac{3}{3}\right)^2 + \left(\frac{0}{3}\right)^2\right)\right] + \frac{7}{10}\left[1 - \left(\left(\frac{2}{7}\right)^2 + \left(\frac{5}{7}\right)^2\right)\right] = 0.285\ 7$$

$$G(D, A_2 = 1) = \frac{5}{10}\left[1 - \left(\left(\frac{2}{5}\right)^2 + \left(\frac{3}{5}\right)^2\right)\right] + \frac{5}{10}\left[1 - \left(\left(\frac{5}{5}\right)^2 + \left(\frac{0}{5}\right)^2\right)\right] = 0.240\ 0$$

由于 A_1，A_2 只有一个分裂点，所以它们就是最优分裂点。

对于特征 A_3：

$$G(D, A_3 = 1) = \frac{1}{10}\left[1 - \left(\left(\frac{1}{1}\right)^2 + \left(\frac{0}{1}\right)^2\right)\right] + \frac{9}{10}\left[1 - \left(\left(\frac{2}{9}\right)^2 + \left(\frac{7}{9}\right)^2\right)\right] = 0.311\ 1$$

$$G(D, A_3 = 2) = \frac{7}{10}\left[1 - \left(\left(\frac{2}{7}\right)^2 + \left(\frac{5}{7}\right)^2\right)\right] + \frac{3}{10}\left[1 - \left(\left(\frac{0}{3}\right)^2 + \left(\frac{3}{3}\right)^2\right)\right] = 0.285\,7$$

$$G(D, A_3 = 3) = \frac{2}{10}\left[1 - \left(\left(\frac{2}{2}\right)^2 + \left(\frac{0}{2}\right)^2\right)\right] + \frac{8}{10}\left[1 - \left(\left(\frac{2}{8}\right)^2 + \left(\frac{6}{8}\right)^2\right)\right] = 0.300\,0$$

由于 $G(D, A_3 = 2) = 0.285\,7$ 最小，所以 $A_3 = 2$ 是 A_3 的最优分裂点。

在 A_1，A_2，A_3 几个特征中，由于 $G(D, A_2 = 1) = 0.240\,0$ 最小，所以选择特征 A_2 为最优特征，$A_2 = 1$ 是其最优分裂点。将 $A_2 = 1$ 作为分裂点，那么整个数据集将会被分为两部分，记为 D_1 和 D_2。D_1 中包含的样本序号为 1，3，5，8，10。D_2 中包含的样本序号为 2，4，6，7，9。D_1 和 D_2 中的样本信息分别如表 5-2、表 5-3 所示。

表 5-2　数据集 D_1 的样本信息

序号	房产状况	年收入	类别	序号	房产状况	年收入	类别
1	是	良	否	8	否	良	是
3	否	差	否	10	否	良	是
5	否	良	否				

表 5-3　数据集 D_2 的样本信息

序号	房产状况	年收入	类别	序号	房产状况	年收入	类别
2	否	良	否	7	是	优	否
4	是	良	否	9	否	良	否
6	否	差	否				

针对数据集 D_1，特征 A_1，A_3 的基尼指数：

$$G(D_1, A_1 = 1) = \frac{1}{5}\left[1 - \left(\left(\frac{1}{1}\right)^2 + \left(\frac{0}{1}\right)^2\right)\right] + \frac{4}{5}\left[1 - \left(\left(\frac{2}{4}\right)^2 + \left(\frac{2}{4}\right)^2\right)\right] = 0.2$$

$$G(D_1, A_3 = 2) = \frac{4}{5}\left[1 - \left(\left(\frac{2}{4}\right)^2 + \left(\frac{2}{4}\right)^2\right)\right] + \frac{1}{5}\left[1 - \left(\left(\frac{1}{1}\right)^2 + \left(\frac{0}{1}\right)^2\right)\right] = 0.2$$

由于特征 A_1，A_3 在数据集 D_1 上的分裂点均只有一个，所有这些点就是最优分裂点。且 $G(D_1, A_1 = 1) = G(D_1, A_3 = 2)$，所以最优分裂点既可以选作 $A_1 = 1$，也可以选作 $A_3 = 2$。

针对数据集 D_2，特征 A_1 的基尼指数：

$$G(D_2, A_1 = 1) = \frac{2}{5}\left[1 - \left(\left(\frac{2}{2}\right)^2 + \left(\frac{0}{2}\right)^2\right)\right] + \frac{3}{5}\left[1 - \left(\left(\frac{3}{3}\right)^2 + \left(\frac{0}{3}\right)^2\right)\right] = 0.0$$

由于特征 A_1 在数据集 D_2 上的分裂点只有一个，所有其就是最优分裂点。

针对数据集 D_2，特征 A_3 的基尼指数：

$$G(D_2, A_3 = 1) = \frac{1}{5}\left[1 - \left(\left(\frac{1}{1}\right)^2 + \left(\frac{0}{1}\right)^2\right)\right] + \frac{4}{5}\left[1 - \left(\left(\frac{4}{4}\right)^2 + \left(\frac{0}{4}\right)^2\right)\right] = 0.0$$

$$G(D_2, A_3 = 2) = \frac{3}{5}\left[1 - \left(\left(\frac{3}{3}\right)^2 + \left(\frac{0}{3}\right)^2\right)\right] + \frac{2}{5}\left[1 - \left(\left(\frac{2}{2}\right)^2 + \left(\frac{0}{2}\right)^2\right)\right] = 0.0$$

$$G(D_2, A_3 = 3) = \frac{1}{5}\left[1 - \left(\left(\frac{1}{1}\right)^2 + \left(\frac{0}{1}\right)^2\right)\right] + \frac{4}{5}\left[1 - \left(\left(\frac{4}{4}\right)^2 + \left(\frac{0}{4}\right)^2\right)\right] = 0.0$$

由于 $G(D_2, A_3 = 1) = G(D_2, A_3 = 2) = G(D_2, A_3 = 3)$，且取值皆为最小，所以 $A_3 = 1$，$A_3 = 2$，$A_3 = 3$ 都可以选作 A_3 的最优分裂点。

对于新的分裂点，继续使用以上方法便可最终得到一棵如图 5-2 所示的决策树。

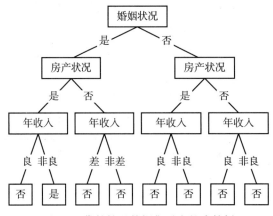

图 5-2 贷款情况数据集对应的决策树

例 5-2 已知训练数据如表 5-4 所示，根据平方误差损失最小准则构建一个二叉回归树。

表 5-4 训练数据集

x_i	1	2	3	4	5	6	7	8	9	10
y_i	5.5	5.7	5.8	6.4	6.7	7.0	8.6	8.7	8.9	9.0

解：由第 5.1.1 节中的理论知识可知，根据式（5-9）便可以寻找出最优分裂特征 j 和最优分裂点 a：

$$\min_{j,a}\left[\min_{v_1}\sum_{x_i \in S_1(j,a)}(y_i - v_1)^2 + \min_{v_2}\sum_{x_i \in S_2(j,a)}(y_i - v_2)^2\right]$$

其中：

$$\hat{v}_1 = \frac{1}{n}\sum\big(y_i\,|\,x_i \in S_1(j,a)\big), \hat{v}_2 = \frac{1}{n}\sum\big(y_i\,|\,x_i \in S_2(j,a)\big)$$

因此，当 $a=1$ 时，则有 $S_1=\{1\}$，$S_2=\{2,3,4,5,6,7,8,9,10\}$，那么对应这两个区域的输出值分别为

$$v_1 = 5.5$$

$$v_2 = \frac{1}{9}(5.7+5.8+6.4+6.7+7.0+8.6+8.7+8.9+9.0)=7.42$$

同理，当 $a=2$ 时，则有 $S_1=\{1,2\}, S_2=\{3,4,5,6,7,8,9,10\}$，那么对应这两个区域的输出值分别为

$$v_1 = \frac{1}{2}(5.5+5.7)=5.6$$

$$v_2 = \frac{1}{8}(5.8+6.4+6.7+7.0+8.6+8.7+8.9+9.0)=7.64$$

a 的其他取值同样遵循以上操作，相应的输出值如表 5-5 所示。

表 5-5 不同分裂特征下对应的 v_1，v_2 的输出值

a	1	2	3	4	5	6	7	8	9	10
v_1	5.50	5.60	5.67	5.85	6.02	6.18	6.53	6.80	7.03	7.23
v_2	7.42	7.64	7.90	8.15	8.44	8.80	8.87	8.95	9.00	0

将 v_1，v_2 的值代入式（5-9）中计算平方误差，对于 $a=1$，有：

$$
\begin{aligned}
m(1) =& \left[(5.5-5.50)^2\right]+\left[(5.7-7.42)^2+(5.8-7.42)^2+(6.4-7.42)^2+(6.7-7.42)^2\right.\\
&\left.+(7.0-7.42)^2+(8.6-7.42)^2+(8.7-7.42)^2+(8.9-7.42)^2+(9.0-7.42)^2\right]\\
=&\,15.04
\end{aligned}
$$

同样，对于 $a=2$，有：

$$
\begin{aligned}
m(2)=&\left[(5.5-5.60)^2+(5.7-5.60)^2\right]+\left[(5.8-7.64)^2+(6.4-7.64)^2+(6.7-7.64)^2\right.\\
&\left.+(7.0-7.64)^2+(8.6-7.64)^2+(8.7-7.64)^2+(8.9-7.64)^2+(9.0-7.64)^2\right]\\
=&\,11.72
\end{aligned}
$$

对于 $a=3$，有：

$$
\begin{aligned}
m(3)=&\left[(5.5-5.67)^2+(5.7-5.67)^2+(5.8-5.67)^2\right]\\
&+\left[(6.4-7.90)^2+(6.7-7.90)^2+(7.0-7.90)^2+(8.6-7.90)^2\right.\\
&\left.+(8.7-7.90)^2+(8.9-7.90)^2+(9.0-7.90)^2\right]\\
=&\,7.89
\end{aligned}
$$

对于 $a = 4$，有：

$$m(4) = \left[(5.5-5.85)^2 + (5.7-5.85)^2 + (5.8-5.85)^2 + (6.4-5.85)^2\right]$$
$$+ \left[(6.7-8.15)^2 + (7.0-8.15)^2 + (8.6-8.15)^2 + (8.7-8.15)^2 + (8.9-8.15)^2 + (9.0-8.15)^2\right]$$
$$= 5.66$$

对于 $a = 5$，有：

$$m(5) = \left[(5.5-6.02)^2 + (5.7-6.02)^2 + (5.8-6.02)^2 + (6.4-6.02)^2 + (6.7-6.02)^2\right]$$
$$+ \left[(7.0-8.44)^2 + (8.6-8.44)^2 + (8.7-8.44)^2 + (8.9-8.44)^2 + (9.0-8.44)^2\right]$$
$$= 3.72$$

对于 $a = 6$，有：

$$m(6) = \left[(5.5-6.18)^2 + (5.7-6.18)^2 + (5.8-6.18)^2 + (6.4-6.18)^2 + (6.7-6.18)^2 + (7.0-6.18)^2\right]$$
$$+ \left[(8.6-8.80)^2 + (8.7-8.80)^2 + (8.9-8.80)^2 + (9.0-8.80)^2\right]$$
$$= 1.93$$

对于 $a = 7$，有：

$$m(7) = \left[(5.5-6.53)^2 + (5.7-6.53)^2 + (5.8-6.53)^2 + (6.4-6.53)^2 + (6.7-6.53)^2\right.$$
$$\left. + (7.0-6.53)^2 + (8.6-6.53)^2\right] + \left[(8.7-8.87)^2 + (8.9-8.87)^2 + (9.0-8.87)^2\right]$$
$$= 6.88$$

对于 $a = 8$，有：

$$m(8) = \left[(5.5-6.80)^2 + (5.7-6.80)^2 + (5.8-6.80)^2 + (6.4-6.80)^2 + (6.7-6.80)^2\right.$$
$$\left. + (7.0-6.80)^2 + (8.6-6.80)^2 + (8.7-6.80)^2\right] + \left[(8.9-8.95)^2 + (9.0-8.95)^2\right]$$
$$= 10.96$$

对于 $a = 9$，有：

$$m(9) = \left[(5.5-7.03)^2 + (5.7-7.03)^2 + (5.8-7.03)^2 + (6.4-7.03)^2 + (6.7-7.03)^2\right.$$
$$\left. + (7.0-7.03)^2 + (8.6-7.03)^2 + (8.7-7.03)^2 + (8.9-7.03)^2\right] + \left[(9.0-9.00)^2\right]$$
$$= 14.88$$

对于 $a = 10$，有：

$$m(10) = \left[(5.5-7.23)^2 + (5.7-7.23)^2 + (5.8-7.23)^2 + (6.4-7.23)^2 + (6.7-7.23)^2\right.$$
$$\left. + (7.0-7.23)^2 + (8.6-7.23)^2 + (8.7-7.23)^2 + (8.9-7.23)^2 + (9.0-7.23)^2\right] + 0$$
$$= 18.36$$

通过以上过程，可得不同分裂特征下对应的平方误差值，如表5-6所示。

表5-6　不同分裂特征下对应的平方误差值

a	1	2	3	4	5	6	7	8	9	10
$m(a)$	15.04	11.72	7.89	5.66	3.72	1.93	6.88	10.96	14.88	18.36

显然，$a=6$时，$m(a)$最小。因此，第一个最优分裂特征为$j=x$，对应的最优分裂点为$a=6$。随后，我们用选定的(j,a)划分区域，并决定输出值。两个划分区域分别为：$S_1=\{1,2,3,4,5,6\}$，$S_2=\{7,8,9,10\}$，对应的输出值为

$$v_1=\frac{1}{6}(5.5+5.7+5.8+6.4+6.7+7.0)=6.18$$
$$v_2=\frac{1}{4}(8.6+8.7+8.9+9.0)=8.8$$

对两个子区域继续重复以上步骤，其中S_1对应的数据集如表5-7所示。

表5-7　S_1对应的数据集

x_i	1	2	3	4	5	6
y_i	5.5	5.7	5.8	6.4	6.7	7.0

取切分点分别为：[1，2，3，4，5，6]，则S_1下不同分裂特征对应的v_1，v_2的值如表5-8所示。

表5-8　S_1下不同分裂特征对应的v_1，v_2的值

a	1	2	3	4	5	6
v_1	5.50	5.60	5.67	5.85	6.02	6.18
v_2	6.32	6.48	6.70	6.85	7.00	0

将v_1，v_2的值代入式（5-9）中计算平方误差，相应的平方误差值如表5-9所示。

表5-9　S_1下不同分裂特征对应的平方误差值

a	1	2	3	4	5	6
$m(a)$	1.27	0.81	0.23	0.50	1.03	1.83

由表5-9可知，$a=3$时，$m(a)$最小。因此，S_1的最优分裂特征为$j=x$，对应的最优分裂点为$a=3$。同样的步骤对S_2进行，S_2对应的数据集如表5-10所示。

表5-10　S_2对应的数据集

x_i	7	8	9	10
y_i	8.6	8.7	8.9	9.0

取切分点分别为：[7，8，9，10]，对应的v_1，v_2的值如表5-11所示。

表 5-11　S_2 下不同分裂特征对应的 v_1，v_2 的值

a	7	8	9	10
v_1	8.60	8.65	8.73	8.80
v_2	8.87	8.95	9.00	0

将 v_1，v_2 的值代入式（5-9）中计算平方误差，相应的平方误差值如表 5-12 所示。

表 5-12　S_2 下不同分裂特征对应的平方误差值

a	7	8	9	10
$m(a)$	0.047	0.010	0.047	0.100

由表 5-12 可知，$a = 8$ 时，$m(a)$ 最小。因此，S_2 的最优分裂特征为 $j = x$，对应的最优分裂点为 $a = 8$。之后的递归过程同上，在此不再赘述。最后，得到如图 5-3 所示的完整二叉回归树。

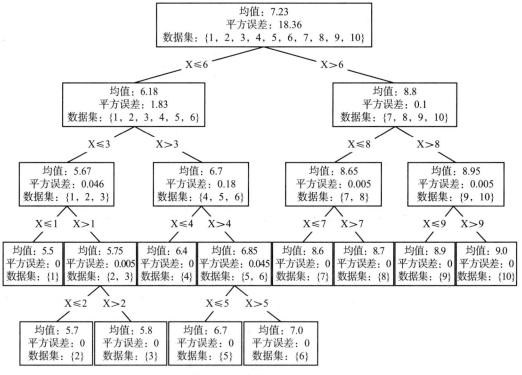

图 5-3　完整的二叉回归树

5.3　模型理解

决策树（decision tree）作为一种用于分类和回归的非参数监督学习方法，其目标是创建一个模型，通过学习从数据特征推断出的简单决策规则来预测目标变量的类别或值。决策

树以使用一组"if-then-else"决策规则来学习数据中的深层信息。一般而言，决策树深度越深，决策规则越复杂，模型适用的范围越广。

5.3.1 决策树模型的优缺点

为了加强读者对决策树适用条件及适用范围的深层理解，现将决策树的优缺点归纳如下。

1.决策树优点

（1）决策树模型的构建和预测过程能够以图形的方式显示，相比其他机器学习方法更易于理解和解释。

（2）决策树不需要大规模的训练数据，不需要进行数据标准化操作。

（3）能够处理数值型数据和分类型数据。其中，对于分类型数据的处理一般是采用独热编码将其转变为数值型数据，进而构建决策树模型。

（4）能够处理多输出问题。

（5）决策树是白盒模型中的一种，即如果在模型中可以观察到给定的情况，那么通过布尔逻辑能很容易解释模型的内在思路。相比之下，黑盒模型中（例如，人工神经网络）的模型结果可能难以解释。

（6）即使生成数据的真实模型在某种程度上违反了其假设，决策树也能表现良好，即决策树对于异常的数据点有更强的包容性。

2.决策树缺点

（1）决策树针对大规模问题可能创建过于复杂的树，却不能很好地概括数据集本身，最终导致过拟合现象的产生，使得决策树模型在训练数据集上表现出很好的性能，但在测试数据集上的泛化能力很差。修剪、设置叶节点所需的最小样本数或设置树的最大深度等机制均是解决这一问题的方案。

（2）决策树具有不稳定性。数据的微小变化可能会导致生成一个完全不同的决策树。

（3）决策树的预测模型既不是平滑的，也不是连续的。因此，决策树模型更多地用于分类，不适用于推断。

（4）实用的决策树学习算法是基于启发式算法的，如贪婪算法，在每个节点上做出局部最优决策。这种算法不能保证返回全局最优的决策树。这一点可以通过在数据集上训练多棵决策树进行缓解。

（5）决策树对于有些概念不容易表达，比如 XOR（异或）、奇偶性或多路复用器问题等，针对这类问题的建模，决策树并不擅长。

（6）对于某一数据集，如果某些类占主导地位，那么决策树模型会创建出有"偏见"的树。因此，建议在用决策树建模之前，首先平衡数据集。

5.3.2 决策树模型实践建议

对于初学者来讲，在决策树模型实践中往往会遇到一些问题，为了便于初学者更好地理解决策树模型，将其应用于实践当中，本节针对决策树模型实践的一些建议进行了归纳。具体细节如下：

（1）决策树在具有大量特征的数据集上往往会发生过拟合现象。因此，获得正确的样本与特征数量的比例是十分重要的，特征数量和样本数量的比例大小会影响决策树模型的构建，高维空间中较少的样本数也是导致决策树过拟合现象产生的一大原因。

（2）对于特征数量较多的数据集，应该考虑事先进行降维（PCA、ICA 或特征选择），这有利于决策树有更好的机会找到具有区分力的特征。

（3）通过限制决策树的最大深度可以控制树的大小以防止模型过拟合，这是防止模型过拟合的一种常用方法。

（4）在训练决策树模型前，应该平衡数据集，以防止决策树在训练过程中偏向于占优势的类。类的平衡可以通过从每个类中抽取相同数量的样本来实现，或者将每个类的样本权重之和归一到相同的值。

（5）如果样本是加权的，那么使用基于权重的预剪枝准则来优化决策树的结构会更容易，它可以确保叶节点至少包含样本权重总和的一部分。

（6）回归决策树中的回归参数 α 与决策树模型的复杂度相关，回归参数 α 越大，模型越复杂，反之亦然。回归参数 α 越大的决策树模型可以适应越复杂的问题，但是并不是所有的问题都需要复杂的决策树模型，需要针对具体问题进行具体分析。

5.3.3 连续属性离散化

决策树模型所面临的原始数据中，分类数据有二元属性、标称属性等几种不同类型的离散属性。作为二元属性的分类数据，其只有两个可能值，如"是"或"否"，在分裂时，可以产生两个分支。所以，对于二元属性而言，无须对其数据进行特别处理。但是，作为标称属性，其存在多个可能值，针对所使用的决策树算法的不同，标称属性的分裂存在两种方式：多路划分和二元划分。比如：ID3、C4.5 等算法均采取多路划分的方法，标称属性有多少种可能的取值，就设计多少个分支；CART 算法采用二元划分的方法，因此 CART 算法生成的决策树均为二叉树。在标称属性中有一类特别的属性为序数属性，其属性的取值是有先后顺序的。对于这类属性的离散化，往往要结合实际情况来考虑。

非监督离散化是指在离散化过程中不使用类信息的方法，其输入数据集仅含有待离散化属性的值。整个方法过程相对简单，主要有等宽离散化、等频离散化、聚类等方法。其中，等宽离散化将属性划分为宽度一致的若干个区间；等频离散化将属性划分为若干个区间，每个区间的数量相等；聚类方法是对各个属性的特征值进行聚类，形成几个簇的过程，将各个簇作为不同的离散特征，以此形式将连续属性离散化。总体而言，在决策树中，对于连续属性，假设有 n 个样本，那么首先按照取值从小到大进行排序。取每两个值的中值作为候选的划分点进行划分。对于 n 个样本，对应有 $n-1$ 个区间，即 $n-1$ 个候选划分点。尝试所有划分点之后，分别计算基尼指数或平方误差，选取基尼指数或平方误差最大的划分点即可。同样，对于属性有缺失值的情况，划分过程中计算属性基尼指数或平方误差的时候，只使用属性没有缺失值的样本进行基尼指数或平方误差的计算。表 5-13 总结了非监督离散化的常用方法。

表 5-13　非监督离散化常用方法

方法	方法描述
等宽离散化	将属性划分为宽度一致的若干个区间，各个区间对应一个离散特征
等频离散化	将属性划分为若干个区间，每个区间的数量相等，各区间对应一个离散特征
聚类	对每个属性进行聚类，形成几个簇，将各个簇作为不同的离散特征

5.4　R 语言编程

本节利用 R 语言将决策树建模的整个过程进行实践。对于一个新的问题，决策树建模主要包括四个部分：数据导入、数据预处理、决策树模型训练、决策树模型验证。

5.4.1　数据导入

首先导入读取数据的相关库，接着利用 fread 函数读取原始数据集 Purchase Prediction Dataset.csv（下载链接 https：//github.com/Apress/machine-learning-using-r/blob/master/Dataset/Chapter%206.zip）。该数据集共包含 12 个属性信息，具体的属性信息可以通过 str（Data_Purchase）进行查看。相关输出结果如下：

```
# 相关库导入
library(data.table)
library(splitstackshape)

# 读取数据集
Data_Purchase <- fread("./Purchase Prediction Dataset.csv",header = T,verbose = FALSE,showProgress = FALSE)

# 查看数据信息
str(Data_Purchase)
table(Data_Purchase$ProductChoice)
```

```
Classes 'data.table' and 'data.frame':500000 obs. of  12 variables:
 $ CUSTOMER_ID:int 1 2 3 4 5 6 7 8 9 10 ...
```

```
$ ProductChoice:int 2 3 2 3 2 3 2 2 2 3 ...
$ MembershipPoints:int 6 2 4 2 6 6 5 9 5 3 ...
$ ModeOfPayment:chr "MoneyWallet" "CreditCard" "MoneyWallet" "MoneyWallet" ...
$ ResidentCity:chr "Madurai" "Kolkata" "Vijayawada" "Meerut" ...
$ PurchaseTenure:int 4 4 10 6 3 3 13 1 9 8 ...
$ Channel:chr "Online" "Online" "Online" "Online" ...
$ IncomeClass:int 4 7 5 4 7 4 4 4 6 4 ...
$ CustomerPropensity: chr "Medium" "VeryHigh" "Unknown" "Low" ...
$ CustomerAge:int 55 75 34 26 38 71 72 27 33 29 ...
$ MartialStatus:int 0 0 0 0 1 0 0 0 0 1 ...
$ LastPurchaseDuration:int 4 15 15 6 6 10 5 4 15 6 ...
- attr(*,".internal.selfref")=<externalptr>

    1      2      3      4
106603 199286 143893 50218
```

其中，ProductChoice 表示用户选择的产品类型，MembershipPoints 表示用户的会员积分，ModeOfPayment 表示用户的支付方式，ResidentCity 表示用户的居住城市，PurchaseTenure 表示产品的购入期限，Channel 表示产品的购入渠道，IncomeClass 表示产品的收入类别，CustomerPropensity 表示顾客的倾向性，CustomerAge 表示顾客年龄，LastPurchaseDuration 表示距离上次购买产品的时间间隔。购物预测属性解释如表 5-14 所示。

表 5-14　购物预测属性解释

属性名称	属性解释	属性示例
ProductChoice	产品类型	1
MembershipPoints	会员积分	6
ModeOfPayment	支付方式	MoneyWallet
ResidentCity	居住城市	Madurai
PurchaseTenure	购入期限	4
Channel	购入渠道	Online
IncomeClass	收入类别	4
CustomerPropensity	顾客倾向性	Medium
CustomerAge	顾客年龄	55
LastPurchaseDuration	距离上次购买产品的时间间隔	4

5.4.2　数据预处理

数据预处理作为机器学习方法在模型训练中的重要一环，具有十分重要的作用。原始数据集中的缺失值、异常值等问题均会对模型的训练产生一定的负面影响。为了避免这些负面因素对模型的影响，便需要进行数据预处理操作，为模型的训练奠定基础。

```
# 获取相关数据集的相关列
Data_Purchase <- Data_Purchase[,.(CUSTOMER_ID,ProductChoice,MembershipPoints,Inco
  meClass,CustomerPropensity,LastPurchaseDuration)]

# 删除缺失值
Data_Purchase <- na.omit(Data_Purchase)
Data_Purchase$CUSTOMER_ID <- as.character(Data_Purchase$CUSTOMER_ID)

# 分层抽样
Data_Purchase_Model <- stratified(Data_Purchase,group=c("ProductChoice"),size=10000,
  replace=FALSE)

print("The Distribution of equal classes is as below")
table(Data_Purchase_Model$ProductChoice)
```

选定部分相关列作为用于决策树模型训练的属性，包括用户 ID、用户选择的产品类型、用户的会员积分、收入类别、顾客倾向性和距离上次购买产品的时间间隔。由于决策树不需要对数据集进行标准化处理，因此在这里省略了数据标准化操作，但在非树模型中，切勿遗漏数据标准化操作。由于决策树对于缺失值是敏感的，因此，删除了数据集中的缺失值，即对于具有缺失值的样本，删除整行信息。该数据集共包含了 50 万条样本数据，这在模型训练过程中是十分耗时耗力的，为了便于模型的训练，采用分层抽样的方法，从 50 万条样本数据中抽取 4 万数据用于决策树模型的训练。分层抽样以用户选择的产品类型列作为标准，从不同的产品类型中各自抽取 1 万条数据样本组成决策树数据集。分层抽取过程遵循了数据平衡性准则，即每一个产品类型所对应的样本数量一致，该过程避免了因某一类型样本数据过多导致模型的训练偏差。上述代码的结果如下：

```
[1] "The Distribution of equal classes is as below"

     1     2     3     4
 10000 10000 10000 10000
```

数据预处理完成后，便需要对该数据集进行划分，形成训练数据集和测试数据集两部分。其中，训练数据集用于训练决策树，测试数据集则用于评估决策树的泛化能力。

```
Data_Purchase_Model$ProductChoice <- as.factor(Data_Purchase_Model$ProductChoice)
Data_Purchase_Model$IncomeClass <- as.factor(Data_Purchase_Model$IncomeClass)
Data_Purchase_Model$CustomerPropensity <-
as.factor(Data_Purchase_Model$CustomerPropensity)

# 在训练数据(Set_1)上建立决策树，然后测试数据(Set_2)将被用于性能测试
set.seed(917)
train <- Data_Purchase_Model[sample(nrow(Data_Purchase_Model),size=nrow(Data_
Purchase_Model)* (0.7),replace=FALSE,prob=NULL),]
train <- as.data.frame(train)
```

```
test <- Data_Purchase_Model[!(Data_Purchase_Model$CUSTOMER_ID %in% train$CUSTOMER_
ID),]
print(train)
print(test)
```

　　一般来讲，训练集和测试集的划分没有严格的要求，训练集数据量比测试集数据量多即可。因此，我们将 70% 的数据用于决策树模型的训练，30% 的数据用于决策树模型的评估。上述代码的部分结果如图 5-4 所示，其中图 5-4a 为训练集的部分数据，图 5-4b 为测试集的部分数据：

	CUSTOMER_ID	ProductChoice	MembershipPoints	IncomeClass	CustomerPropensity	LastPurchaseDuration
1	182968	3	8	7	Medium	9
2	352670	3	2	5	Medium	3
3	81899	1	2	6	Unknown	3
4	117158	1	7	4	Unknown	0
5	472818	2	2	7	High	3
6	475900	2	2	7	Low	1
7	298978	2	4	6	Unknown	13
8	240589	4	7	7	VeryHigh	15
9	14312	2	4	4	Low	0
10	257839	3	3	4	High	15
11	358869	4	6	7	Medium	12
12	38662	3	3	4	Unknown	0

a）训练集

	CUSTOMER_ID	ProductChoice	MembershipPoints	IncomeClass	CustomerPropensity	LastPurchaseDuration
1:	4685	2	5	3	VeryHigh	15
2:	84010	2	7	7	Medium	8
3:	452959	2	2	5	Low	6
4:	340319	2	1	4	VeryHigh	12
5:	289217	2	7	4	VeryHigh	1

19836:	116111	4	1	6	Medium	4
19837:	313241	4	8	6	High	15
19838:	239429	4	1	6	Unknown	6
19839:	495867	4	3	5	High	15
19840:	353235	4	3	6	VeryHigh	8

b）测试集

图 5-4　训练集和测试集的部分数据

5.4.3　决策树模型训练

　　准备好训练数据集和测试数据集后，接下来便利用决策树模型在训练数据集上进行训练，学习数据中蕴含的规则。模型训练代码如下：

```
# 导入相关库
library(rpart)

# CART模型构建
CARTModel <- rpart(ProductChoice ~ IncomeClass+CustomerPropensity+LastPurchaseDur
  ation+MembershipPoints,data=train)

summary(CARTModel)
```

　　为了构建决策树并进行模型训练，首先需要导入相关库 rpart。决策树建模以 IncomeClass，

CustomerPropensity，LastPurchaseDuration，MembershipPoints 为自变量，以 ProductChoice 为因变量，即该决策树模型旨在通过 IncomeClass，CustomerPropensity，LastPurchaseDuration，MembershipPoints 这四个特征值，对 ProductChoice 进行预测。我们利用训练数据集对 CART 模型进行训练，训练结束后，调用 summary() 函数查看 CART 模型的训练结果，结果如下：

```
Call:
rpart(formula=ProductChoice ~ IncomeClass+CustomerPropensity+
  LastPurchaseDuration+MembershipPoints,data=train)
  n= 28000

Node number 1: 28000 observations,complexity param=0.08651825
  predicted class=3 expected loss=0.7475714 P(node)=1
    class counts: 7015  7020  7068  6897
   probabilities: 0.251 0.251 0.252 0.246
  left son=2 (19278 obs)right son=3 (8722 obs)
  Primary splits:
    CustomerPropensity    splits as RLLLR,improve=372.73440,(0 missing)
    MembershipPoints      < 1.5 to the right,improve=278.31900,(0 missing)
    LastPurchaseDuration  < 4.5 to the left,improve=189.24010,(0 missing)
    IncomeClass           splits as LLLLLRRRR,improve= 26.05557,(0 missing)
  Surrogate splits:
    LastPurchaseDuration  < 14.5 to the left,agree=0.694,adj=0.019,(0 split)

Node number 2: 19278 observations,complexity param=0.0314829
  predicted class=1 expected loss=0.6953522 P(node)=0.6885
    class counts: 5873 5201 4062 4142
   probabilities: 0.305 0.270 0.211 0.215
  left son=4 (16072 obs)right son=5 (3206 obs)
  Primary splits:
    MembershipPoints      < 1.5 to the right,improve=261.15400,(0 missing)
    LastPurchaseDuration  < 3.5 to the left,improve= 96.05630,(0 missing)
    CustomerPropensity    splits as -RRL-, improve= 76.61419,(0 missing)
    IncomeClass           splits as LLLLLRRRR,improve= 11.53160,(0 missing)

Node number 3: 8722 observations
  predicted class=3 expected loss=0.6553543 P(node)=0.3115
    class counts: 1142 1819 3006 2755
   probabilities: 0.131 0.209 0.345 0.316

Node number 4: 16072 observations
  predicted class=1 expected loss=0.6812469 P(node)=0.574
    class counts: 5123 4527 3689 2733
   probabilities: 0.319 0.282 0.230 0.170

Node number 5: 3206 observations
  predicted class=4 expected loss=0.5605115 P(node)=0.1145
    class counts:  750   674   373 1409
   probabilities: 0.234 0.210 0.116 0.439
```

从结果可知：整个训练数据集的样本数量为 2.8 万个。Node number 1 对应整棵决策树的根节点，其观测样本数量为 2.8 万个，同时，Node number 1 的最优分裂特征和分裂点以及每个分裂特征带来的增益大小均在结果中有所体现。其中，会员积分小于 1.5 对应的样本被划分为 Node number 1 的右子树，距离上次购买产品的时间间隔小于 4.5 对应的样本被划分为 Node number 1 的左子树。其他节点的结果分析与 Node number 1 类似。

5.4.4 决策树模型验证

为了评估决策树模型学习性能的好坏，我们将训练好的模型在测试集上进行验证。

```
# 导入相关包
library(gmodels)

purchase_pred_train <- predict (CARTModel,test, type="class")
CrossTable(test$ProductChoice,purchase_pred_train,
     prop.chisq=FALSE,prop.c=FALSE,prop.r=FALSE,
     dnn=c('actual default','predicted default'))
```

通过 gmodels 库便可以实现决策树模型的验证工作。predict() 函数的输入为原始的测试数据集特征，输出为对应的标签，即 ProductChoice 的预测值。调用 CrossTable() 函数对 ProductChoice 的预测值和真实值进行分析，得到整个决策树模型的评估结果。具体结果如下：

```
  Cell Contents
|-----------------------|
|                     N |
|       N / Table Total |
|-----------------------|


Total Observations in Table:  19840


               | predicted default
actual default |     1 |        3 |        4 | Row Total |
---------------|-------|----------|----------|-----------|
             1 |  2923 |     1399 |      642 |      4964 |
               | 0.147 |    0.071 |    0.032 |           |
---------------|-------|----------|----------|-----------|
             2 |  2357 |     1909 |      665 |      4931 |
               | 0.119 |    0.096 |    0.034 |           |
---------------|-------|----------|----------|-----------|
             3 |  1733 |     2702 |      506 |      4941 |
               | 0.087 |    0.136 |    0.026 |           |
---------------|-------|----------|----------|-----------|
             4 |  1291 |     2241 |     1472 |      5004 |
               | 0.065 |    0.113 |    0.074 |           |
---------------|-------|----------|----------|-----------|
  Column Total |  8304 |     8251 |     3285 |     19840 |
---------------|-------|----------|----------|-----------|
```

表中的 actual default 表示样本的真实标签（包含 1，2，3，4），predicted default 表示决策树模型的预测标签（包含 1，3，4），Row Total 列表示每一类真实标签对应的样本数量，Column Total 行表示每一类预测标签对应的样本数量。表格中间的数值是决策树预测结果的细节。如，2923 以及其下方的 0.147 分别表示真实标签为 1、预测标签也为 1 的样本总数，以及这些样本占总测试数据集的比例。因此，根据结果可知：实际 ProductChoice 为第 1 类的样本，决策树模型预测也为第 1 类的样本数量为 2 923，占总体 ProductChoice 为第 1 类的样本总量（4 964）的 58.9%，即决策树模型对于 ProductChoice 为第 1 类样本的预测准确率为 58.9%。同理，可以得知 ProductChoice 为第 2 类、第 3 类、第 4 类的预测准确率分别为 0、54.7% 和 29.4%。

至此，整个决策树的 R 语言实现过程结束。数据导入、数据预处理、决策树模型训练、决策树模型验证不仅是决策树建模的四个重要环节，也是所有机器学习方法建模的关键，需要重点掌握。

◎ 本章小结

本章主要从分类与回归树算法原理、算法示例、决策树模型理解三个方面进行理论介绍。首先详细介绍了 CART 算法原理，主要包括决策树生成与决策树剪枝两部分；随后通过示例讲解了 CART 算法的运行过程；为了加深读者对决策树模型的理解，本章接着介绍了决策树模型的优缺点以及决策树模型的实践建议；最后利用 R 语言将决策树建模的整个过程进行实践。

◎ 课后习题

1. 已知如表 5-15 所示的训练数据集，根据平方误差损失最小准则构建一个二叉回归树。

表 5-15 训练数据集

x_i	1	2	3	4	5	6	7	8	9
y_i	2.1	2.6	2.8	3.7	5.1	6.4	7.2	7.8	9.1

2. 现有如表 5-16 所示的训练数据集，根据基尼指数最小准则构建一个二叉分类树。

表 5-16 分类决策树的训练数据集

序号	房产状况	婚姻状况	年收入	类别
1	是	未婚	优	是
2	是	未婚	良	否
3	否	未婚	差	是

（续）

序号	房产状况	婚姻状况	年收入	类别
4	是	已婚	良	否
5	是	已婚	优	否
6	否	已婚	差	是
7	是	未婚	差	否
8	是	已婚	良	是
9	否	未婚	良	否
10	否	未婚	良	是

3. 决策树的生成主要包含哪几步？

4. 决策树的优缺点有哪些，适用于什么样的问题？

5. 相比于线性回归和逻辑回归模型，决策树模型有哪些优点？

6. 请解释分类决策树和回归决策树的异同点。

7. 如何处理决策树中出现的连续值缺失的问题？

第6章

随机森林

■ **学习目标**

- 了解随机森林的基本概念
- 掌握随机森林的方法原理
- 熟练掌握 R 语言中的随机森林建模
- 能够运用随机森林模型解决实际问题

■ **应用背景介绍**

随机森林作为一种经典的集成学习方法，在许多任务上均有领先于一般单一模型的性能。所谓集成学习方法就是模拟人类的合作行为，通过多个模型对同一任务进行具体的操作（比如分类或回归）。随机森林中的基础模型是决策树模型，通过各个决策树对任务进行综合评估最终得出结果。图 6-1 是随机森林的一般结构，结构中各个决策树模块"集成"随机森林。在集成学习方法中，各个决策树模块被称为"基学习器"，对应的学习算法称为"基学习算法"。如图 6-1 所示的决策树模型便是一种"基学习器"，各个"基学习器"通过组合形成了随机森林这一集成模型。

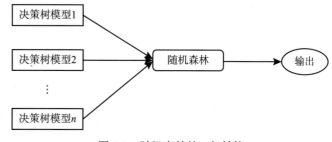

图 6-1　随机森林的一般结构

6.1 随机森林方法原理

由于随机森林是基于 bagging 的一种集成学习方法，因此在对随机森林方法介绍之前，首先探讨集成学习的相关内容。集成学习分为两个流派：boosting 和 bagging。boosting 的特点是各个"基学习器"之间存在依赖关系，而 bagging 中各个"基学习器"之间不存在依赖关系，可实现并行学习。下面先对 bagging 进行介绍，之后再对随机森林进行阐述。

6.1.1 bagging 介绍

作为并行式集成学习方法的典型，bagging 的特点便是采用随机采样的方法，让各个"基学习器"随机地学习整体样本中采样出来的一部分，进而综合给出最终的输出。例如，给定一个数据集 D，假设其包含 m 个样本，bagging 便是先随机从数据集 D 取出一个样本放入采样集 S 中，之后把取出的样本放回数据集 D 中，使得下次随机采样时仍有概率取出该样本，即有放回的抽样。上述操作即是一次随机抽样的过程，如果将上述操作进行 m 次，会采样得到一个含有 m 个样本的子数据集。照此类推，我们便可以采样出 n 个含有 m 个样本的子数据集。然后利用各个子数据集训练对应的"基学习器"，并对这些"基学习器"进行集成，最终获得集成模型。图 6-2 给出了 bagging 的基本思想。

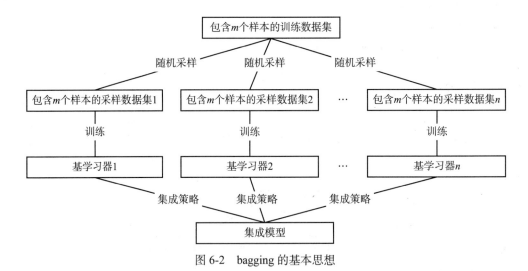

图 6-2　bagging 的基本思想

bagging 在针对不同的任务进行预测时，具有不同的标准。对于分类任务，bagging 采用投票法确定最终的预测结果，比如，10 个"基学习器"中有 6 个给出正类的结果，那么最终预测输出结果即是正类。而对于回归任务，则是使用简单平均法确定最终的预测结果，比如，10 个"基学习器"对应的各自输出为 p_1，p_2，…，p_{10}，那么最终预测输出结果是 $(p_1 + p_2 + ... + p_{10})/10$。通过以上阐述，bagging 的流程可以归纳如下：

假设给定数据集 $D = \left\{ (x_1, y_1), (x_2, y_2), ..., (x_m, y_m) \right\}$，"基学习器"为 ϵ，模型训练设

定的轮数为 N。

（1）对于采样出来的样本所组成的数据子集 S_1，利用"基学习器" ϵ 对这部分数据进行训练，得到训练结果：$h_1 = \epsilon(S_1)$。同样，对于其他采样得到的数据子集 $S_i (i = 2, 3, \ldots, n)$，通过各自的训练得到相应的结果 $h_i = \epsilon(S_i)$，整个 bagging 后的结果便是各个子数据集训练所得结果的综合，记作 H_1。

（2）重复上述操作，直至 N 轮迭代结束，得到 N 个 bagging 后的结果 $H_i (i = 1, 2, 3, \ldots, N)$。

（3）输出 bagging 的最优结果 $F(x) = \arg\max_y \sum_{i=1}^{N} \prod \left(H_i(x) = y \right)$

6.1.2　随机森林介绍

简单来讲，随机森林是一种扩展形式的 bagging，其核心思想仍是 bagging，不同点在于随机森林是以 CART 决策树作为"基学习器"的一种集成学习模型。相比于传统的 CART 决策树，随机森林在属性选择中加入了随机性。传统的 CART 决策树在众多属性（d 个属性）中，以某一标准选择出一个最优属性作为分裂属性；然而，在随机森林中，首先从"基学习器"（CART 决策树）中每个节点所包含的属性集合里随机选择 $k(k < d)$ 个属性，然后从 k 个属性中选择出一个最优属性作为分裂属性。参数 k 是一个人为控制的参数，用于控制随机森林中的随机程度。如果参数 k 取值为数据集中所包含属性的个数，那么随机森林中的"基学习器"的构建与传统 CART 决策树的构建过程相同。下面给出随机森林的算法流程：

输入：数据集 $D = \left\{ (x_1, y_1), (x_2, y_2), \ldots \pi(x_n, y_n) \right\}$，训练迭代次数为 N。

输出：最终随机森林模型的数学表示 $f(x)$。

算法流程：

（1）对于 $t = 1, 2, \ldots, N$：

①对训练数据集进行第 t 次随机采样，共采集 m 次，得到一个包含 m 个样本的数据集 D_t。

②用数据集 D_t 训练第 t 个决策树模型 $G_t(x)$，在训练决策树模型节点时，从节点上所有的样本特征中选择一部分样本特征，并从这些随机选择的部分样本特征中选择一个最优的特征来做决策树的左右子树划分。

（2）如果是分类算法预测，则 N 个"基学习器"投票数最多的类别为最终类别。如果是回归算法，则将 N 个"基学习器"的回归结果进行算术平均得到的值作为最终模型的输出。

6.2　模型理解

随机森林作为一种用于分类和回归的集成学习方法，其目标是通过多个 CART 决策树共同从数据特征推断出简单决策规则，从而达到预测目标变量类别或值的目的。一般而言，随机森林中的 CART 决策树的深度越深，决策规则越复杂，模型适用的范围越广。

6.2.1 随机森林模型的优缺点

1. 模型的优点

（1）随机森林的训练可以高度并行化，这对于大数据时代的大样本训练具有很大的优势，可以大大提升训练速度。

（2）由于随机森林可以随机选择决策树节点划分特征，这在样本特征维度很高的时候，仍然能高效地训练模型。

（3）随机森林在训练后，可以给出各个特征对于输出的重要性，从而可以针对不同的问题确定出重要特征和非重要特征。

（4）由于随机森林采用了随机采样，训练出的模型的方差较小，从而具有更强的泛化能力。

（5）随机森林原理简单，容易实现且计算开销小，这对于大数据集而言，具有十分明显的优势。

（6）随机森林模型对部分特征缺失不敏感，因此，允许原始数据集中存在一定的数据缺失，具有较强的鲁棒性。

2. 模型的缺点

（1）随机森林模型在某些噪声比较大的数据集上，容易陷入过拟合，使得模型在新的数据集上的预测或分类性能表现差。

（2）随机森林模型对于取值划分比较多的特征对应的数据集不易产生令人满意的模型拟合效果。

6.2.2 随机森林模型应用

随机森林在实际应用中具有很多良好的特性，且应用面也十分广泛，不仅可以用于分类回归，还可以用于特征转换、异常点检测等。下面对随机森林模型在异常点检测上的应用进行阐述。

随机森林用于异常点检测的方法被称为孤立森林（isolation forest）。顾名思义，孤立森林是通过在随机森林构建的过程中，使用类似于随机森林的方法将某些节点中所对应的样本点判定为异常，从而达到异常点检测的目的。关于孤立森林检测异常点，具体的思路如下：

对于包含 T 个决策树的训练数据集 D_{train}，孤立森林同样借助随机森林的思路，对训练数据集 D_{train} 进行随机采样，但是采样个数与随机森林有所不同。对于随机森林，随机采样所需要采样的样本数量要等于训练数据集 D_{train} 中的样本数量，即随机森林需要多次放回采样，直至采样得到的样本数量与原始训练集中样本数量相等时停止。然而，孤立森林采样所得到的样本数量要远远小于原始训练集中的样本数量。这是由于孤立森林的目标是异常点检测，这一过程仅需要部分样本便可以实现异常点区分。同时，孤立森林对于每一个决策树的建立，均采用随机选择的方法确定划分特征，并对划分特征随机选择一个划分阈值，这与随机森林存在区别。另外值得注意的一点是，孤立森林一般会选择一个比较小的最大决策树深度，这样便可以用少量样本进行异常点检测，从而减少整个算法运行所带来的消耗。孤立森林通过随机选择一个特征，然后在所选特征的最大值和最小值之间随机选择一个分割值来"隔离"观察结果。由于递归划分可以用树结构表示，因此隔离样本所需的分裂次数等于从根节点到终止节点的路径长度。随机分区的情况下，异常点会产生明显更短的路径。因此，当随机森林为特定样本产生了较短的路径长度时，该样本很可能是异常的。从数学角度分析，孤立森林对于异常点的判断，是将测试样本点拟合到 T 棵决策树上，并计算在每棵决策树上该样本的叶节点对应的深度 $h(x)$，有了 $h(x)$，便可以计算出平均高度 $\hat{h}(x)$。基于以上指标，便可以通过式（6-1）来确定某一样本点 x 属于异常点的概率。式（6-1）的具体形式如下。

$$p(x,m) = 2^{-\frac{\hat{h}(x)}{c(m)}} \tag{6-1}$$

式中，$p(x,m)$ 是一个介于 0~1 的实数，$p(x,m)$ 的值越接近 1 表示样本点 x 属于异常点的可能性越大，反之亦然；m 为样本个数；$c(m)$ 的数学表达式如式（6-2）所示。

$$c(m) = 2\ln(m-1) + 2\varepsilon - 2 \times \frac{m-1}{m} \tag{6-2}$$

其中 ε 是欧拉常数。

6.3 R 语言编程

本节利用 R 语言将随机森林建模的整个过程进行实践。对于一个新的问题，随机森林建模主要包括四个部分：数据导入、数据预处理、随机森林模型训练、随机森林模型验证。

6.3.1 数据导入

```
# 相关库导入
library(data.table)
library(C50)
library(splitstackshape)
library(rattle)
library(rpart.plot)
library(data.table)
library(knitr)
# 读取数据集
Data_Purchase <- fread("./Purchase Prediction Dataset.csv",header=T,verbose=FALSE,
    showProgress=FALSE)
```

```
str(Data_Purchase)

#查看数据信息
table(Data_Purchase$ProductChoice)
```

首先导入读取数据的相关库，并利用 fread() 函数读取原始数据集 Purchase Prediction Dataset.csv（下载链接：https://github.com/Apress/machine-learning-using-r/blob/master/Dataset/Chapter%206.zip）。该数据集共包含 12 个属性信息，具体的属性信息可以通过 str（Data_Purchase）进行查看。具体的属性信息如图 6-3 所示。

```
Classes 'data.table' and 'data.frame': 500000 obs. of   12 variables:
 $ CUSTOMER_ID: int 1 2 3 4 5 6 7 8 9 10 ...
 $ ProductChoice: int 2 3 2 3 2 3 2 2 2 3 ...
 $ MembershipPoints: int 6 2 4 2 6 6 5 9 5 3 ...
 $ ModeOfPayment: chr "MoneyWallet" "CreditCard" "MoneyWallet" "MoneyWallet" ...
 $ ResidentCity: chr "Madurai" "Kolkata" "Vijayawada" "Meerut" ...
 $ PurchaseTenure: int 4 4 10 6 3 3 13 1 9 8 ...
 $ Channel: chr "Online" "Online" "Online" "Online" ...
 $ IncomeClass: int 4 7 5 4 7 4 4 4 6 4 ...
 $ CustomerPropensity: chr "Medium" "VeryHigh" "Unknown" "Low" ...
 $ CustomerAge: int 55 75 34 26 38 71 72 27 33 29 ...
 $ MartialStatus: int 0 0 0 0 1 0 0 0 0 1 ...
 $ LastPurchaseDuration: int 4 15 15 6 6 10 5 4 15 6 ...
 - attr(*, ".internal.selfref")=<externalptr>

     1      2      3     4
106603 199286 143893 50218
```

图 6-3　数据集具体的属性信息

除了顾客序号和婚姻状况，数据集中的特征解释如表 6-1 所示。

表 6-1　数据集中的各个特征解释

属性名称	属性解释	属性示例
ProductChoice	产品类型	1
MembershipPoints	会员积分	6
ModeOfPayment	支付方式	MoneyWallet
ResidentCity	居住城市	Madurai
PurchaseTenure	购入期限	4
Channel	购入渠道	Online
IncomeClass	收入类别	4
CustomerPropensity	顾客倾向性	Medium
CustomerAge	顾客年龄	55
LastPurchaseDuration	距离上次购买产品的时间间隔	4

6.3.2 数据预处理

```
#获取相关数据集的相关列
Data_Purchase <- Data_Purchase[,.(CUSTOMER_ID,ProductChoice,MembershipPoints,Inco
    meClass,CustomerPropensity,LastPurchaseDuration)]

#删除缺失值
Data_Purchase <- na.omit(Data_Purchase)
Data_Purchase$CUSTOMER_ID <- as.character(Data_Purchase$CUSTOMER_ID)

#分层抽样
Data_Purchase_Model <- stratified(Data_Purchase,group=c("ProductChoice"),size=100
    00,replace=FALSE)

print("The Distribution of equal classes is as below")
table(Data_Purchase_Model$ProductChoice)
```

选定部分相关列作为用于随机森林模型训练的属性，包括用户 ID、用户选择的产品类型、用户的会员积分、收入类别、顾客倾向性和距离上次购买产品的时间间隔。随机森林对于缺失值是敏感的，因此我们对数据集中的缺失值采取了删除操作。

该数据集共包含 50 万条样本数据，模型训练的过程十分耗时。为了便于模型的训练，采用分层抽样的方法，从 50 万条样本数据中抽样 4 万条数据用于随机森林模型的训练。分层抽样以用户选择的产品类型列作为标准，在不同的产品类型中各自抽取 1 万条数据样本组成随机森林数据集。分层抽取过程中暗含了数据平衡性准则，即每一个产品类型所对应的样本数量一致，避免因某一类型样本数据过多导致模型的训练偏差。各类分布信息的输出结果如图 6-4 所示。

[1] "The Distribution of equal classes is as below"

1	2	3	4
10000	10000	10000	10000

图 6-4 各类分布信息的输出结果

预处理结束后，还需要对该数据集进行划分，形成训练数据集和测试数据集两部分。其中训练数据集用于对随机森林进行训练，而测试数据集则用于评估随机森林的泛化能力。

```
Data_Purchase_Model$ProductChoice <- as.factor(Data_Purchase_Model$ProductChoice)
Data_Purchase_Model$IncomeClass <- as.factor(Data_Purchase_Model$IncomeClass)
Data_Purchase_Model$CustomerPropensity <-
as.factor(Data_Purchase_Model$CustomerPropensity)

#在训练数据(Set_1)上建立随机森林，然后测试数据(Set_2)将被用于性能测试
set.seed(917)
train <- Data_Purchase_Model[sample(nrow(Data_Purchase_Model),
size=nrow(Data_Purchase_Model)*(0.7),replace=FALSE,prob=NULL), ]
train <- as.data.frame(train)

test <- Data_Purchase_Model[!(Data_Purchase_Model$
CUSTOMER_ID %in% train$CUSTOMER_ID),]
print(test)
```

一般来讲，训练集和测试集的划分没有严格的要求，训练集数据量比测试集数据量多即可。因此，我们将 70% 的数据用于随机森林模型的训练，30% 的数据用于随机森林模型的测试。模型训练结果如图 6-5 所示。

	CUSTOMER_ID	ProductChoice	MembershipPoints	IncomeClass
1:	460587	2	8	6
2:	401804	2	8	4
3:	251562	2	2	7
4:	59584	2	3	5
5:	430637	2	5	5

19836:	211384	4	2	4
19837:	72451	4	4	6
19838:	112568	4	1	6
19839:	479408	4	3	5
19840:	236131	4	1	6

	CustomerPropensity	LastPurchaseDuration
1:	Unknown	2
2:	Low	2
3:	VeryHigh	13
4:	Unknown	0
5:	VeryHigh	10

19836:	High	12
19837:	Medium	4
19838:	Low	12
19839:	Low	2
19840:	Medium	1

图 6-5　模型训练结果

6.3.3　随机森林模型训练

准备好训练数据集和测试数据集后，接下来便利用随机森林模型在训练数据集上进行训练，学习数据中蕴含的规则。模型训练代码如下：

```
# 导入相关库
library(gmodels)
library(ggplot2)
library(lattice)
library(caret)

control <- trainControl(method="repeatedcv",number=5,repeats=2)

# Random Forest
set.seed(100)

rfModel <- train(ProductChoice ~ CustomerPropensity+LastPurchaseDuration+Membersh
    ipPoints,data=train,method="rf",trControl=control)
```

为了构建随机森林并进行模型训练，首先需要导入 caret 库和 gmodels 库。随机森林建模以 CustomerPropensity，LastPurchaseDuration，MembershipPoints 为自变量，以 ProductChoice 为因变量，即该随机森林模型旨在通过 CustomerPropensity，LastPurchaseDuration，Membership Points 这三个特征值，对 ProductChoice 进行预测。其中，trainControl 方法中 method 参数表示选择的采样方法，repeats 表示模型迭代的次数，number 表示所用交叉验证的折数。trainControl（method = "repeatedcv"，number = 5，repeats = 2）表示采用 repeatedcv 采样法进行 2 次 5 折交叉验证。

6.3.4　随机森林模型验证

为了评估随机森林模型，需要对模型在训练数据集上的效果进行验证。

```
purchase_pred_test <- predict(rfModel,test)
CrossTable(test$ProductChoice,purchase_pred_test,
          prop.chisq=FALSE,prop.c=FALSE,prop.r=FALSE,
          dnn=c('actual default','predicted default'))
```

predict() 函数的输入为原始的测试数据集特征，输出为对应的标签，即 ProductChoice 的预测值，接着利用 CrossTable() 函数对 ProductChoice 的预测值和真实值进行分析，便可以得到整个随机森林模型的评估结果。模型评估结果如图 6-6 所示。

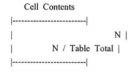

```
   Cell Contents
|-----------------------|
|                     N |
|         N / Table Total |
|-----------------------|


Total Observations in Table:  19840


             | predicted default
actual default |     1 |     2 |     3 |     4 | Row Total |
---------------|-------|-------|-------|-------|-----------|
             1 |  2625 |   577 |   904 |   858 |      4964 |
               | 0.132 | 0.029 | 0.046 | 0.043 |           |
---------------|-------|-------|-------|-------|-----------|
             2 |  2040 |   576 |  1250 |  1065 |      4931 |
               | 0.103 | 0.029 | 0.063 | 0.054 |           |
---------------|-------|-------|-------|-------|-----------|
             3 |  1472 |   471 |  1834 |  1164 |      4941 |
               | 0.074 | 0.024 | 0.092 | 0.059 |           |
---------------|-------|-------|-------|-------|-----------|
             4 |  1096 |   403 |  1400 |  2105 |      5004 |
               | 0.055 | 0.020 | 0.071 | 0.106 |           |
---------------|-------|-------|-------|-------|-----------|
  Column Total |  7233 |  2027 |  5388 |  5192 |     19840 |
```

图 6-6　模型评估结果

表中的 actual default 表示样本的真实标签（包含 1，2，3，4），predicted default 表示随机森林模型的预测标签（包含 1，2，3，4），Row Total 列表示每一类真实标签对应的样本数量，Column Total 行表示每一类预测标签对应的样本数量。表中间的数值是随机森林预测结果的细节。如，2 625 及其下方的 0.132 分别表示真实标签为 1、预测标签也为 1 的样本总数，以及这些样本占总测试数据集的比例。根据结果可知：实际 ProductChoice 为第 1 类的样本，随机森林模型预测也为第 1 类的样本数量为 2 625，占总的 ProductChoice 为第 1 类的样本数量（4 964）的 52.9%，即随机森林模型对于 ProductChoice 为第 1 类样本的预测准确率为 52.9%。同理，可以得知 ProductChoice 为第 2 类、第 3 类、第 4 类的预测准确率分别为 11.7%、37.1% 和 42.1%。

至此，整个随机森林的 R 语言实现过程结束。数据导入、数据预处理、模型训练、模型验证不仅是随机森林建模的四个重要环节，也是所有机器学习方法建模的关键，需要重点掌握。

◎ 本章小结

本章主要从随机森林算法原理、随机森林模型理解等方面进行理论介绍。首先详细介绍了随机森林方法原理，主要包括 bagging 和随机森林两部分；随后为了加深读者对随机森林模型的理解，介绍了随机森林模型的优缺点以及随机森林的模型应用；最后利用 R 语言将随机森林建模的整个过程进行实践。

◎ 课后习题

1. 试阐述随机森林方法原理。
2. 孤立森林借鉴于随机森林，但是与随机森林方法存在一定的差异，请试着阐述这些差异。
3. 随机森林有哪些优势和劣势？
4. 试利用开源数据集，在 R 语言下对随机森林模型进行实践。

第7章

贝叶斯分类器

■ 学习目标

- 学习贝叶斯定理
- 掌握朴素贝叶斯分类器原理
- 掌握贝叶斯信念网络的原理
- 熟练掌握 R 语言中的决策树建模
- 能够运用贝叶斯分类器解决实际问题

■ 应用背景介绍

在分类问题中，机器学习要实现的是利用训练样本集尽可能准确地估计出测试数据集类别。然而，在很多应用中，属性集和类变量之间的关系是不确定的，尽管测试记录的属性集和某些训练样例相同，也不能正确地预测它的类标号。这种情况产生的原因可能是存在噪声数据，或者出现了某些影响分类却没有包含在分析中的属性，此时可以基于概率模型构建分类器。贝叶斯分类器是建立在贝叶斯概率模型上，以贝叶斯定理为基础的一类分类算法的总称。具体而言，贝叶斯分类器是一种对属性集和类变量的概率关系建模的方法，在包含不确定性的环境中研究如何对分类任务做出最优决策，即在所有相关概率已知的情况下，基于概率和误判损失来选择最优的类别标记。

7.1 贝叶斯定理

用 X 表示属性集，Y 表示类变量，如果类变量和属性集之间的关系不确定，那么可以把 X 和 Y 看作随机变量，贝叶斯定理则是关于随机变量（或称为随机事件）X 和 Y 的条件

概率（或边缘概率）的一则定理。贝叶斯定理利用先验概率 $P(Y)$、类条件概率 $P(X|Y)$ 和证据概率 $P(X)$ 来表示后验概率 $P(Y|X)$。贝叶斯概率模型具体可表示为

$$P(Y|X) = \frac{P(X,Y)}{P(X)} = \frac{P(X|Y) \times P(Y)}{P(X)} \quad (7\text{-}1)$$

式中，先验概率 $P(Y)$ 表示每种类别分布的概率；类条件概率 $P(X|Y)$ 表示在某种类别的前提下，某事发生的概率；后验概率 $P(Y|X)$ 表示某事发生了，并且它属于某一类别的概率，后验概率越大，说明某事物属于这个类别的可能性越大。准确估计类变量和属性集的每一种可能组合的后验概率非常困难，因为即便属性集的数量不是很大，仍然需要很大的训练集进行数据支持。此时，利用贝叶斯概率模型（见式（7-1））能较快地计算出后验概率。

为了更好地解释该定理，考虑示例：预测一个贷款者是否会拖欠贷款。表 7-1 中的训练集有如下属性：有房、婚姻状况和年收入。拖欠贷款的贷款者属于类 Yes，还清贷款的贷款者属于类 No。假设给定一条待分类项 $X=$（有房 = 否，婚姻状况 = 已婚，年收入 ○=120），为了对 X 进行分类，需要利用训练数据中的有效信息计算后验概率 $P(\text{Yes}|X)$ 和 $P(\text{No}|X)$，如果 $P(\text{Yes}|X) > P(\text{No}|X)$，那么类别为 Yes，反之类别为 No。

表 7-1 预测贷款拖欠问题的训练集

ID	有房	婚姻状况	年收入	拖欠贷款
1	是	单身	125	No
2	否	已婚	100	No
3	否	单身	70	No
4	是	已婚	120	No
5	否	离婚	95	Yes
6	否	已婚	60	No
7	是	离婚	220	No
8	否	单身	85	Yes
9	否	已婚	75	No
10	否	单身	90	Yes

在比较不同值的后验概率时，分母 $P(X)$ 总是常数，因此可以忽略。通过计算训练集中属于每个类的训练记录所占的比例，可以很容易地估计先验概率 $P(Y)$。对于类条件概率 $P(X|Y)$ 的估计，本章介绍两种贝叶斯分类方法的实现：朴素贝叶斯分类器和贝叶斯信念网络，第 7.2 节和第 7.3 节分别描述了这两种方法。

○ 本章所提到的年收入单位为 1000 元，如年收入为 120 是指年收入为 12 万元。

7.2 朴素贝叶斯分类器

朴素贝叶斯方法是一组监督学习算法，是贝叶斯分类器中最简单且最常见的一种分类方法。朴素贝叶斯分类器在估计类条件概率时假设属性之间条件独立，设属性集 $X = \{x_1, x_2, \ldots, x_m\}$ 包含 m 个属性，类变量集合 $Y = \{y_1, y_2, \ldots, y_n\}$ 包含 n 个类别，当给定类标号 y，条件独立假设可表示为

$$P(X \mid Y = y_j) = \prod_{i=1}^{m} P(x_i \mid Y = y_j) \tag{7-2}$$

7.2.1 朴素贝叶斯分类器的工作流程

基于条件独立假设，不需要计算测试记录 X 的每一个组合的类条件概率，只需对给定的类标号 y_j，计算每一个属性 x_i 的条件概率。该方法在实践中更适用，因为它不需要很大的训练集就能获得较好的概率估计。

根据贝叶斯定理和条件独立概念，朴素贝叶斯分类器的工作流程如下：

步骤 1：设 $X = \{a_1, a_2, \ldots, a_m\}$ 为一个待分类项，X 包含 m 个属性，各属性之间相互独立；

步骤 2：设共有 n 个类别，类别集合表示为 $C = \{y_1, y_2, \ldots, y_n\}$；

步骤 3：计算待分类项 X 属于各个类别的概率值，即 $P(y_1 \mid X), P(y_2 \mid X), \ldots, P(y_n \mid X)$；

步骤 4：如果待分类项 X 属于 y_k 的概率最大，即 $P(y_k \mid X) = \max\{P(y_1 \mid X), P(y_2 \mid X), \ldots, P(y_n \mid X)\}$，那么 $X \in y_k$。

根据定义，朴素贝叶斯分类器的关键是计算上述流程中步骤 3 的条件概率，具体步骤如下：

步骤 1：确定训练样本集，这里是指一个已知分类的待分类项集合（可对应表 7-1 所示的训练集数据）；

步骤 2：根据训练样本集，确定各属性在各类别下的条件概率估计，可具体表示为

$$\begin{cases} P(a_1 \mid y_1), P(a_2 \mid y_1), \ldots, P(a_m \mid y_1) \\ P(a_1 \mid y_2), P(a_2 \mid y_2), \ldots, P(a_m \mid y_2) \\ \qquad\qquad\qquad \vdots \\ P(a_1 \mid y_n), P(a_2 \mid y_n), \ldots, P(a_m \mid y_n) \end{cases} \tag{7-3}$$

步骤 3：根据贝叶斯定理可知各个待分类项属于各类的概率值 $P(y_j \mid X) = P(X \mid y_j)P(y_j)/P(X)$。由于分母对于所有类别 y_j 为常数，因此只需要确定分子大小即可，同时由于各属性条件独立，分子可表示为

$$P(X \mid y_j)P(y_j) = P(a_1 \mid y_j)P(a_2 \mid y_j)\ldots P(a_m \mid y_j)P(y_j) = P(y_j)\prod_{i=1}^{m} P(a_i \mid y_j) \tag{7-4}$$

7.2.2 估计类别下属性划分的条件概率

本节描述离散属性和连续属性的条件概率 $P(X = x_i | Y)$ 的估计方法，并结合示例"预测一个贷款者是否会拖欠贷款"给出相关计算结果。

1. 估计离散属性的条件概率

当属性为离散值时，只需要统计训练集中各个属性的频率即可用来估计每个类别下各个属性的概率 $P(x_i | y_j)$。在表 7-1 给出的训练集中，离散属性"有房"和"婚姻状况"均可用频率估计相应的条件概率。例如，还清贷款的 7 个人中 3 个人有房，因此条件概率 $P(有房 = 是 | No) = 3/7$。同理，可计算出其他离散属性在各类别下的条件概率，相关条件概率如表 7-2 所示。

表 7-2　预测贷款拖欠问题中各类别下离散属性的条件概率

特征值	P（特征值｜No）	P（特征值｜Yes）
有房 = 是	3/7	0/3
有房 = 否	4/7	3/3
婚姻状况 = 单身	2/7	2/3
婚姻状况 = 离婚	1/7	1/3
婚姻状况 = 已婚	4/7	0/3

2. 估计连续属性的条件概率

对于连续属性，有两种方法估计该属性的类条件概率。

（1）把连续属性转换成序数属性。首先将连续属性离散化，然后设置合理的离散区间替换连续属性值。这种方法通过计算类别 y_j 的训练记录中落入 $x_i = a_i$ 对应区间的比例来估计条件概率 $P(x_i | Y = y_j)$。划分合理的离散区间对于估计条件概率的准确性有重要影响。如果离散区间的范围太大，则可能导致每一个区间中训练记录太少而不能对 $P(x_i | y_j)$ 做出准确的估计，相反，如果区间范围太小，有些区间就会含有来自不同类的记录，导致失去了正确的决策边界。

（2）可以假设连续变量服从某种概率分布，然后使用训练数据估计分布的参数。高斯分布（也称正态分布）通常被用来表示连续属性的类条件概率分布，具有均值 μ 和方差 σ^2 两个参数。对每个类 y_j，属性 x_i 的条件概率等于：

$$P(x_i = a_i | Y = y_j) = \frac{1}{\sqrt{2\pi\sigma_{ij}^2}} e^{-(a_i - \mu_{ij})^2 / 2\sigma_{ij}^2} \tag{7-5}$$

参数 μ_{ij} 可以用类 y_j 的所有训练样本中关于属性 x_i 的样本均值（$\bar{x}$）来估计，同理，σ_{ij}^2 可以用所有训练样本的样本方差（s^2）估计。在表 7-1 给出的训练集中，属性"年收入"为连续属性。该属性在各类别下的样本均值与方差结果如表 7-3 所示，其中，关于类 No 的样本均值和方差的计算过程如下：

$$\overline{x} = \frac{125 + 100 + 70 + \ldots + 75}{7} = 110$$

$$s^2 = \frac{(125-110)^2 + (100-110)^2 + \ldots + (75-110)^2}{7-1} = 2\,975$$

当给定测试记录中的年收入为 120 时，其在类别 No 下的类条件概率计算如下：

$$P(收入 = 120 \mid No) = \frac{1}{\sqrt{2\pi} \times \sqrt{2\,975}} e^{-(120-110)^2/(2 \times 2\,975)} = 0.007\,2$$

相关样本均值与方差如表 7-3 所示。

表 7-3　预测贷款拖欠问题中"年收入"属性在各类别下的样本均值与方差

类别	样本均值	样本方差
拖欠贷款 = No	110	2 975
拖欠贷款 = Yes	90	25

7.2.3　Laplace 校准

上述关于类条件概率的计算中存在一个潜在问题：如果计算结果中存在一个属性的类条件概率等于 0，则会导致整个类的后验概率等于 0。仅使用记录比例估计类条件概率的方法显得太脆弱，尤其是当训练数据很少而属性数目又很大时。为解决这个问题，可以利用 Laplace 校准的方法。Laplace 校准是给频率表中每个计数加上一个较小的数 λ，保证每个特征发生概率不为 0，对应的类别频数也做出修正，这样避免了出现概率为 0 的情况，保证了每个值都在 0 到 1 的范围内，又保证了最终和为 1 的概率性质。Laplace 校准公式如下：

$$P_\lambda(Y = c_k) = \frac{\sum\limits_{i=1}^{N} I(y_i = c_k) + \lambda}{N + k\lambda} \tag{7-6}$$

$$P_\lambda(X^{(j)} = a_{jl} \mid Y = c_k) = \frac{\sum\limits_{i=1}^{N} I(x_i^{(j)} = a_{jl}, \; y_i = c_k) + \lambda}{\sum\limits_{i=1}^{N} I(y_i = c_k) + S_j\lambda} \tag{7-7}$$

式中，I 表示训练集中满足条件的训练记录的频数；a_{jl} 代表第 j 个特征的第 l 种取值；S_j 代表第 j 个特征的种类个数；K 代表类别的种类个数。Laplace 校准公式中 λ 取值为 1。式（7-6）和式（7-7）分别为修正后的先验概率和条件概率。

根据表 7-1 给出的训练集和 Laplace 校准公式，可以计算出校准后的先验概率（见表 7-4）和条件概率（见表 7-5）。

表 7-4　Laplace 校准后的先验概率计算结果

类别	Yes	No
先验概率	$\dfrac{3+1}{10+2}=\dfrac{1}{3}$	$\dfrac{7+1}{10+2}=\dfrac{2}{3}$

表 7-5　Laplace 校准后的条件概率计算结果

特征值	P（特征值｜No）	P（特征值｜Yes）
有房 = 是	$\dfrac{3+1}{7+2}=\dfrac{4}{9}$	$\dfrac{0+1}{3+2}=\dfrac{1}{5}$
有房 = 否	$\dfrac{4+1}{7+2}=\dfrac{5}{9}$	$\dfrac{3+1}{3+2}=\dfrac{4}{5}$
婚姻状况 = 单身	$\dfrac{2+1}{7+3}=\dfrac{3}{10}$	$\dfrac{2+1}{3+3}=\dfrac{1}{2}$
婚姻状况 = 离婚	$\dfrac{1+1}{7+3}=\dfrac{1}{5}$	$\dfrac{1+1}{3+3}=\dfrac{1}{3}$
婚姻状况 = 已婚	$\dfrac{4+1}{7+3}=\dfrac{1}{2}$	$\dfrac{0+1}{3+3}=\dfrac{1}{6}$

7.2.4　朴素贝叶斯分类器的特征

朴素贝叶斯分类器作为有监督的学习算法，能够有效解决分类问题，是数据挖掘与分析应用中的常用算法之一。该算法的优点在于简单易懂，学习效率高，在某些领域的分类问题中能够与决策树和神经网络相媲美。由于该算法以自变量之间的独立性（条件特征独立）和连续变量的正态性（或其他概率分布）假设为前提，因而算法精度在某种程度上受到影响。在实际应用中，朴素贝叶斯分类器在文本分类、垃圾文本过滤、情感判别中应用非常广泛，主要是因为它在多分类中很简单，复杂度不高，同时在文本数据中，分布独立这个假设基本是成立的。朴素贝叶斯分类器的优缺点归纳如下。

1. 优点

（1）对预测样本进行预测时，过程简单且速度快；

（2）对于多分类问题同样很有效，复杂度不会表现出大幅度上升；

（3）在满足条件独立假设的情况下，朴素贝叶斯分类器效果较好，略胜于逻辑回归，并且所需要的样本量也更少。

（4）面对孤立的噪声点，朴素贝叶斯分类器是健壮的（robust），因为基于训练数据估计条件概率时，这些点会被平均；

（5）在建模和分类时，朴素贝叶斯分类器可以通过忽略样例，处理属性值遗漏问题；

（6）面对无关属性，朴素贝叶斯分类器是健壮的。如果 X 是无关属性，那么 $P(X_i|Y)$ 几乎变成了均匀分布。X 的类条件概率不会对总的后验概率的计算产生影响。

2. 缺点

（1）朴素贝叶斯分类器有条件独立的假设前提，而实际应用中属性之间很难完全独立，相关属性可能会降低朴素贝叶斯分类器的性能，使得算法的准确性和可信度下降；

（2）对于测试集中的一个类别变量特征，如果在训练集里没出现过，直接应用贝叶斯定理计算得到的概率是 0，预测功能失效。此时需要应用校准公式重新计算，例如使用 Laplace 校准公式解决这个问题。

7.3 贝叶斯信念网络

贝叶斯信念网络（Bayesian belief network，BBN）是对朴素贝叶斯分类器的改进，该方法不要求给定类的所有属性均条件独立，允许指定部分属性条件独立，允许在属性的子集间定义类条件。它提供一种因果关系的网络图形，这种网络也被称为信念网络、贝叶斯网络或概率网络，本节将其简称为贝叶斯网络。贝叶斯网络的数据结构可能是未知的，因此需要根据已知的数据启发式学习贝叶斯网络的结构。贝叶斯网络作为一种不确定性因果推理模型，在医疗诊断、信息检索、点击技术与工业工程等方面被广泛应用。

7.3.1 模型表示

贝叶斯网络是一种概率图模型，用网络拓扑结构表示一组随机变量之间的概率关系。贝叶斯网络的主要组成部分是有向无环图（directed acyclic graph，DAG）和概率表，有向无环图描述变量之间的依赖关系，概率表把各节点与它的直接父节点关联起来，描述属性的联合概率分布。

一个贝叶斯网络 B 由网络结构 G 和参数 θ 两部分构成，$B=\langle G,\theta\rangle$。$G$ 是一个有向无环图，图中的每个节点 x_i 对应一个属性，用随机变量 $\{x_1,x_2,\cdots,x_n\}$ 表述，箭头表示两个属性间的直接依赖关系。参数 θ 定量描述属性 x_i 的依赖关系，假设属性 x_i 在 G 中的父节点集合为 π_i，则属性 x_i 的条件概率表为 $\theta_{x_i|\pi_i}=P_B(x_i|\pi_i)$。

贝叶斯网络节点的概率表内容可分为以下三类：

（1）如果节点 X 没有父母节点，则表中只包含先验概率 $P(X)$。

（2）如果节点 X 只有一个父母节点 Y，则表中包含条件概率 $P(X|Y)$。

（3）如果节点 X 有多个父母节点 $\{Y_1,Y_2,\cdots,Y_k\}$，则表中包含先验概率 $P(X|Y_1,Y_2,\cdots,Y_k)$。

贝叶斯网络有一个重要性质，即对于网络中的一个节点，如果它的父母节点已知，则它条件独立于它的所有非后代节点。基于条件独立的性质，属性 $x_1,x_2,\cdots,x_n$ 的联合概率分布

定义为

$$P_B(x_1,x_2,...,x_n) = \prod_{i=1}^{n}P_B(x_i \mid \pi_i) = \prod_{i=1}^{n}\theta_{x_i\mid\pi_i} \qquad (7\text{-}8)$$

以图 7-1 的贝叶斯网络结构为例。从图中结构可看出属性 x_3 直接依赖于 x_1，x_4 直接依赖于 x_1 和 x_2，而 x_5 则直接依赖于 x_2。因此，给定 x_1 时 x_3 和 x_4 独立，x_4 和 x_5 在给定 x_2 时独立，进一步可知联合概率能够表示为

$$P(x_1,x_2,x_3,x_4,x_5) = P(x_1)P(x_2)P(x_3\mid x_1)P(x_4\mid x_1,x_2)P(x_5\mid x_2)$$

在贝叶斯网络中，三个变量之间的典型依赖关系有三种：同父结构、V 型结构、顺序结构。这三种依赖关系中，一个属性取值是否已知，能对另外两个属性的独立性产生影响。

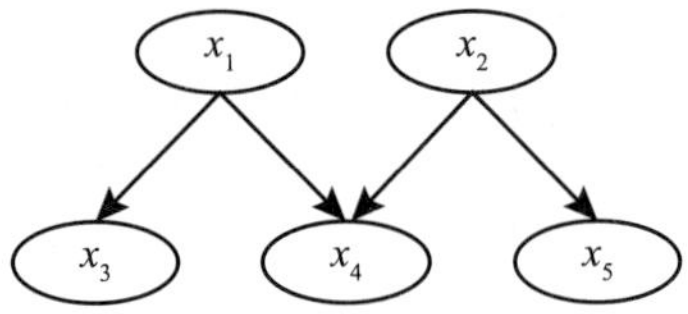

同父结构：给定节点 x_1，则 x_3 和 x_4 条件独立。

V 型结构：或称为冲撞结构。给定 x_4，则 x_1 和 x_2 必不独立；若 x_4 未知，则 x_1 和 x_2 相互独立；若 x_4 已知，则 x_1 和 x_2 不独立。

顺序结构：给定节点 x，则 y 和 z 条件独立。

图 7-2 分别展示了这三种典型的依赖关系。

图 7-1　一种贝叶斯网络结构

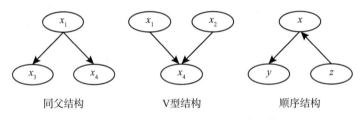

同父结构　　　　　V 型结构　　　　　顺序结构

图 7-2　贝叶斯网络中三个变量之间的典型依赖关系

7.3.2　构建 BBN 模型

若已知一个数据集的网络结构，即已知属性间的依赖关系，则基于特定数据集的贝叶斯网络的学习过程只需要对训练样本计数，并估计每个节点的条件概率表。但是在现实应用场景中，往往不知道网络结构或不能判断网络结构是否科学合理，因此贝叶斯学习过程的首要任务是找到合理的网络结构。贝叶斯网络的建模过程称为学习过程，其包括两个步骤：①创建网络结构；②估计每一个节点概率表中的概率值。网络拓扑结构既可以通过领域专家对专业知识进行主观编码获得，也可以利用算法基于训练数据集计算得到。当确定了合适的网络结构，可以计算出与各节点关联的概率表，则相关概率的估计与朴素贝叶斯分类器中所用的方法类似，在此不再赘述。以下介绍两种网络结构的生成算法：网络结构的系统生成算法和基于评分搜索的网络结构生成算法。

1. 网络结构的系统生成算法

贝叶斯网络结构的系统生成过程如下：

步骤1：分析每个属性，对属性进行排序，要求将原因属性放置在结果属性之前，即利用前后关系表示节点的子节点与父节点的关系，从而给出一个比较合理的属性排序顺序，$T = (x_1, x_2, \cdots, x_n)$。

步骤2：按照排序顺序依次在网络结构图中添加 x_i 节点，依据 T 选择 x_i 的父节点，使得 $P(x_i \mid \text{父节点}) = P(x_i \mid \pi(x_{T(i)}))$，其中 $\pi(x_{T(i)})$ 表示 x_i 节点之前的所有节点集合。

为进一步说明步骤2的含义，以三个节点 $\{x_1, x_2, x_3\}$ 构成的属性集为例。首先，在网络结构中添加节点 x_1，其 $\pi(x_{T(1)}) = \varnothing$，即没有父节点；其次，在网络结构中添加节点 x_2，其 $\pi(x_{T(2)}) = \{x_1\}$，观测 x_1 和 x_2 是否独立，若 $P(x_1, x_2) = P(x_1)P(x_2)$，则两个属性间独立，在网络结构中这两者之间不能有连线；接着，在网络结构中添加节点 x_3，其 $\pi(x_{T(3)}) = \{x_1, x_2\}$，观测 x_3 和 x_1，x_2 之间是否独立，若不满足 $P(x_1, x_2, x_3) = P(x_3)P(x_1, x_2)$，再观测 x_1，x_2 中是否存在 x_3 的父节点，若 $P(x_1, x_2, x_3) = P(x_3 \mid x_2)P(x_1, x_2)$，则 x_2 为 x_3 的父节点，在网络结构图中 x_2 和 x_3 之间添加连线，x_1 和 x_3 之间不能有连线。

算法：贝叶斯网络结构的系统生成算法

输入：一个合理的属性排序方案，设 $T = (x_1, x_2, \ldots, x_n)$ 表示属性的全序

1. for i=1 to n do
2.   令 $x_{T(i)}$ 表示 T 中第 i 个次序最高的属性
3.   令 $\pi(x_{T(i)}) = \{x_{T(1)}, x_{T(2)}, \cdots, x_{T(i-1)}\}$ 表示排在 $x_{T(i)}$ 前面的属性的集合
     使用先验知识 $P(x_i)$ 和 $P(x_j)$，其中 $x_j \in \pi(x_{T(i)})$，从 $\pi(x_{T(i)})$ 中去掉对 x_i 没有影响的属性，即确定 x_i 的父节点，满足 $P(x_i \mid \text{父节点}) = P(x_i \mid \pi(x_{T(i)}))$
4.   在 $x_{T(i)}$ 和 $\pi(x_{T(i)})$ 中剩余的属性之间画弧
5. End for

输出：贝叶斯网络结构

上面介绍的算法不允许从低序列节点指向高序列节点的弧存在，保证了生成的网络结构不包含环。值得注意的是，输入的属性排序方案是参考领域专家的主观判断生成的，如果采用了不同的排序方案，则可能得到不同的网络结构。从理论上讲，通过检查最多 $n!$ 种属性的排序能够确定最佳的拓扑结构，但是随之产生的时间成本和空间成本很大。为了缩减计算任务开销和简化贝叶斯网络结构的建立过程，可以预先将属性划分为原因属性和结果属性，然后从各原因属性向其对应的结果属性画弧。

以一个简单例子示意上述算法过程。已知一个属性集的排序顺序 $T = (M, J, A, B, E)$，其网络结构生成过程如下：

（1）计算 $P(J \mid M)$ 和 $P(J)$，由于 $P(J \mid M) \neq P(J)$，因此添加 M 指向 J 的弧。

（2）由于 $P(A \mid J, M) \neq P(A)$，且 $P(A \mid J, M) \neq P(A \mid J)$，因此添加 M 指向 A 和 J 指向

A 的两条弧。

（3）由于 $P(B|A,J,M) \neq P(B)$，且 $P(B|A,J,M) = P(B|A)$，因此仅添加 A 指向 B 的弧。

（4）由于 $P(E|B,A,J,M) = P(E|A,B)$，因此添加 A 指向 E 和 B 指向 E 的两条弧。

根据上述计算过程可以得到如图 7-3 所示的贝叶斯网络结构生成过程。

2. 基于评分搜索的网络结构生成算法

贝叶斯网络结构还可以通过定义一个评分函数来评估贝叶斯网络与训练数据的契合程度，然后基于这个评分函数寻找最优的网络结构。在基于评分搜索的方法中，首先选择一种评分函数对贝叶斯网络（BN）结构空间中的不同元素与训练数据的拟合程度进行度量，然后利用搜索算法确定评分最高的网络结构。BN 结构学习是指优化模型 $OM = (G, \Omega, F)$，其中：元素 G 代表候

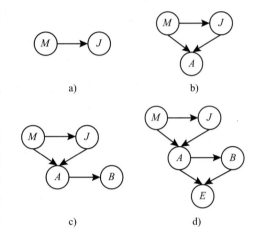

图 7-3　贝叶斯网络结构生成过程

选网络结构搜索空间，其定义样本数据集 D 中所有节点之间可能具有连接关系的网络结构集合；元素 Ω 表示网络节点之间需要满足的约束条件集合，其中最基本的约束是所有节点间的连接构成一个有向无环图；元素 F 表示评分函数，是指从搜索空间 G 到实数集 $\mathbf{R}$ 的一个映射，函数的极值点表示网络的最优结构。

评分方法一般分为基于贝叶斯统计的评分和基于信息理论的评分。

（1）基于贝叶斯统计的评分：假设前提是数据集 D 中的样本属性为独立同分布数据，基于贝叶斯统计的评分的基本思想是给定先验知识和样本数据的情况下，选择一个后验概率最大的网络结构，即 $G^* = \arg\max_G P(G|D)$。相关的具体评分函数包括 K2 评分函数、BD（Bayesian Dirichlet）评分函数和 BDeu（Bayesian Dirichlet eu）评分函数，主要差异表现在分布函数的不同。

（2）基于信息理论的评分：根据编码理论和信息论中最小描述长度（MDL）原理，基于信息理论的评分的主要思想源于对数据的存储。根据 MDL 原理，BN 结构学习是指要找到使网络的描述长度和样本的编码长度之和最小的图模型，这意味着 MDL 评分准则趋向于找到一个结构比较简单的网络，以实现网络精度和复杂度之间的平衡。相关的评分函数包括 MDL 评分函数、AIC 评分函数和 MIT 评分函数。

实际上，从所有可能的网络结构空间搜索最优贝叶斯网络结构是一个 NP 难问题[⊖]，难以快速求解。有两种常用的策略能在有限时间内求得近似解：第一种是贪心算法，例如从某个网络结构出发，每次调整一条边（增加、删除或调整方向），直到评分函数值不再降低为止；第二种是通过给网络结构添加约束来削减搜索空间，例如将网络结构限定为树形结构等。此外，设计合理的搜索算法能够快速求得合理的网络结构。搜索算法的目的是求出每

⊖　多项式复杂程度的非确定性问题。

个属性评分函数最大的父属性集合，相关算法包括 K2 算法、爬山算法、GES 算法和基于进化计算的方法。

7.3.3 BBN 案例分析

本节给出一个贝叶斯网络案例并进行分析。发现心脏病和心口痛病人的贝叶斯网络如图 7-4 所示。假设图中每个变量都是二值的。心脏病节点（HD）的父节点对应于影响该疾病的危险因素，包括锻炼（E）和饮食（D）等。心脏病节点的子节点对应于该病的症状，如胸痛（CP）和高血压（BP）等。如图 7-4 所示，心口痛（Hb）可能源于不健康的饮食，同时也可能导致胸痛。

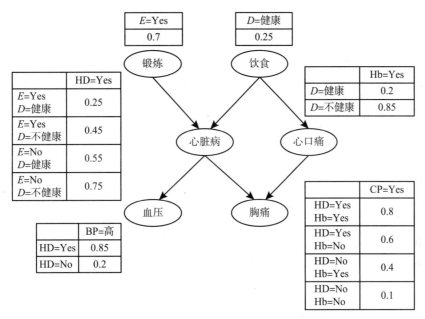

图 7-4 发现心脏病和心口痛病人的贝叶斯网络

根据图 7-4 的贝叶斯网络，分析在不同情况下诊断一个人患有心脏病或仅仅是心口痛的概率。

情况一： 在未知锻炼和饮食等任何先验信息的情况下，通过计算先验概率 $P(\text{HD}=\text{Yes})$ 和 $P(\text{HD}=\text{No})$ 判断一个人患有心脏病的概率，计算先验概率 $P(\text{Hb}=\text{Yes})$ 和 $P(\text{Hb}=\text{No})$ 判断一个人有心口痛症状的概率。设 $\alpha \in \{\text{Yes}, \text{No}\}$ 表示"锻炼"的两个值，$\beta \in \{$ 健康，不健康 $\}$ 表示"饮食"的两个值。根据第 7.3.1 节可知，变量 HD、E、D 之间为 V 型结构，因此在 HD 未知的情况下，E 和 D 变量相互独立。具体计算过程如下：

$$P(\text{HD}=\text{Yes}) = \sum_{\alpha}\sum_{\beta} P(\text{HD}=\text{Yes}\,|\,E=\alpha, D=\beta)P(E=\alpha, D=\beta)$$

$$= \sum_{\alpha}\sum_{\beta} P(\text{HD}=\text{Yes}\,|\,E=\alpha, D=\beta)P(E=\alpha)P(D=\beta)$$

$$= 0.25 \times 0.7 \times 0.25 + 0.45 \times 0.7 \times 0.75 + 0.55 \times 0.3 \times 0.25 + 0.75 \times 0.3 \times 0.75$$
$$= 0.49$$

$$P(\text{HD} = \text{No}) = 1 - P(\text{HD} = \text{Yes}) = 0.51$$

因此，一个人不得心脏病的概率略大一点。同理可计算出 $P(\text{Hb} = \text{Yes}) = 0.6875$ 和 $P(\text{Hb} = \text{No}) = 0.3125$，即一个人有心口痛症状的概率更大。

情况二： 在已知一个人有高血压的情况下，通过比较后验概率 $P(\text{HD} = \text{Yes}|\text{BP} = 高)$ 和 $P(\text{HD} = \text{No}|\text{BP} = 高)$ 来判断此人是否患有心脏病。具体推导过程如下：

首先，计算一个人有高血压的概率：

$$P(\text{BP} = 高) = P(\text{BP} = 高|\text{HD} = \text{Yes}) \times P(\text{HD} = \text{Yes}) + P(\text{BP} = 高|\text{HD} = \text{No}) \times P(\text{HD} = \text{No})$$
$$= 0.85 \times 0.49 + 0.2 \times 0.51 = 0.5185$$

然后，结合 BP 对应的概率表中的条件概率和"情况一"中的先验概率，可计算得到此人患心脏病的后验概率是

$$P(\text{HD} = \text{Yes}|\text{BP} = 高) = \frac{P(\text{BP} = 高|\text{HD} = \text{Yes})P(\text{HD} = \text{Yes})}{P(\text{BP} = 高)} = \frac{0.85 \times 0.49}{0.5185} = 0.8033$$

同理，可计算得到 $P(\text{HD} = \text{No}|\text{BP} = 高) = 1 - 0.8033 = 0.1967$。因此，一个人有高血压时，此人患有心脏病的概率较大。

情况三： 在已知一个人经常锻炼、饮食健康、患有高血压的情况下，通过计算后验概率 $P(\text{HD} = \text{Yes}|\text{BP} = 高, D = 健康, E = \text{Yes})$ 和 $P(\text{HD} = \text{No}|\text{BP} = 高, D = 健康, E = \text{Yes})$ 来判断此人是否患有心脏病。设 $\gamma \in \{\text{Yes}, \text{No}\}$ 表示 HD 的两个类别。具体推导过程如下：

$$P(\text{HD} = \text{Yes}|\text{BP} = 高, D = 健康, E = \text{Yes})$$
$$= \frac{P(\text{HD} = \text{Yes}, \text{BP} = 高, D = 健康, E = \text{Yes})}{P(\text{BP} = 高, D = 健康, E = \text{Yes})}$$
$$= \frac{P(\text{BP} = 高|\text{HD} = \text{Yes}, D = 健康, E = \text{Yes}) \times P(\text{HD} = \text{Yes}|D = 健康, E = \text{Yes})}{P(\text{BP} = 高|D = 健康, E = \text{Yes})}$$
$$= \frac{P(\text{BP} = 高|\text{HD} = \text{Yes}) \times P(\text{HD} = \text{Yes}|D = 健康, E = \text{Yes})}{\sum_\gamma P(\text{BP} = 高|\text{HD} = \gamma)P(\text{HD} = \gamma|D = 健康, E = \text{Yes})}$$
$$= \frac{0.85 \times 0.25}{0.85 \times 0.25 + 0.2 \times 0.75}$$
$$= 0.5862$$

$$P(\text{HD} = \text{No}|\text{BP} = 高, D = 健康, E = \text{Yes}) = 1 - 0.5862 = 0.4138$$

因此，上述计算结果暗示了健康的饮食和规律运动可以降低患心脏病的概率。

7.3.4 贝叶斯网络的特征

贝叶斯网络是贝叶斯分类中更高级且应用更为广泛的一种算法，其松弛了朴素贝叶斯

分类器中对属性的严格条件独立性要求，增强了模型的鲁棒性。以下总结了贝叶斯网络的一般特点。

（1）贝叶斯网络提供了一种用图形模型来捕获特定领域的先验知识的方法，并且网络可以用来对变量间的因果依赖关系进行编码。

（2）虽然贝叶斯网络在构造网络时计算任务开销大，但是在确定网络结构后，其很容易扩展（或简化）网络，以适应不断变化的需求信息。

（3）贝叶斯网络很适合处理不完整的数据。对于有属性遗漏的实例可以通过对该属性的所有可能取值的概率求和或求积分来加以处理。

（4）因为数据和先验知识以概率的方式结合起来了，所以贝叶斯网络能够有效处理模型的过分拟合问题。

（5）如果贝叶斯网络的网络结构和所有节点的概率表是已知的，那么可以利用公式直接计算。但是某些情况下数据结构是未知的，这时需要根据已知数据启发式学习贝叶斯网络的网络结构。

7.4 R 语言编程

本节利用 R 语言实现朴素贝叶斯分类器应用实例和贝叶斯网络应用实例。

7.4.1 朴素贝叶斯分类器应用实例

1. 数据导入

利用朴素贝叶斯分类器对鸢尾花（iris）数据集进行分类应用。该数据集包含 150 朵鸢尾花的信息，取自三种鸢尾花品种：Setosa、Versicolor、Virginica，每个品种各有 50 朵。该数据集为软件自带数据集，可直接进行数据导入，数据导入与数据预处理的 R 编程代码如下所示：

```
#导入鸢尾花数据集
data("iris")
#数据具体信息展示
head(iris, n=5)
#整数变量因子化
typeof(iris$Species)
输出:
[1]"integer"

factor(iris$Species)
levels(iris$Species)
输出:
[1]"setosa"  "versicolor"  "virginica"
```

```
#数据维度信息
dim(iris)
输出:
[1]150    5
```

导入数据集后通过查看数据前五行的具体信息，能够粗略了解该数据集的基本特征，基于属性的含义和数据形式，对数据进行预处理，如对于需要因子化的数据进行因子化，数据离散化。该数据集的 Species 属性表示"类别"，通过 typeof() 函数可了解到原始数据类型为整数型，因此需要进行因子化。此外，通过数据的维度信息了解到该数据集包含 150 行，5 个属性，其中"种类"这一属性有 3 个类别。iris 属性解释如表 7-6 所示。

表 7-6   iris 数据集属性解释

属性名称	属性解释	属性示例
Sepal.Length	萼片长度（厘米）	5.1
Sepal.Width	萼片宽度（厘米）	3.5
Petal.Length	花瓣长度（厘米）	1.4
Petal.Width	花瓣宽度（厘米）	0.2
Species	种类	setosa

2. 模型训练

调用朴素贝叶斯分类器可以通过 e1071 包实现。该包是一个核心包，里面实现了机器学习中的 SVM（支持向量机）算法、NB（朴素贝叶斯）算法、模糊聚类算法、装袋聚类算法等。

```
#安装核心包'e1071'，使用其中的朴素贝叶斯分类方法
install.packages('e1071')
library(e1071)
help(naiveBayes)
```

通过使用 R 语言中的 help，我们可以查看到朴素贝叶斯分类器的使用文档，如图 7-5 所示，其中，formula 表示"公式"，data 是训练集数据，laplace 参数用来做拉普拉斯平滑，na.action 参数是空缺值处理。

利用朴素贝叶斯分类器进行模型训练。首先，对处理后的数据集划分训练集和测试集，预先设置 70% 的数据作为训练数据。然后，调用朴素贝叶斯分类器，输出预测值结果。最后，利用列联表展示分类结果。

```
ntrain=nrow(iris)*0.7
train_ord <- sample(nrow(iris), ntrain, replace=FALSE)
```

```
train <- iris[train_ord, ]
test <- iris[-train_ord, ]
m <- naiveBayes(Species ~.,data=train)
pred <- predict(m, test)
#加载列联表的包
install.packages('gmodels')
library(gmodels)
CrossTable(test$Species, pred)
```

naiveBayes {e1071}   R Documentation

Naive Bayes Classifier

Description

Computes the conditional a-posterior probabilities of a categorical class variable given independent predictor variables using the Bayes rule.

Usage

```
## S3 method for class 'formula'
naiveBayes(formula, data, laplace = 0, ..., subset, na.action = na.pass)
## Default S3 method:
naiveBayes(x, y, laplace = 0, ...)


## S3 method for class 'naiveBayes'
predict(object, newdata,
  type = c("class", "raw"), threshold = 0.001, eps = 0, ...)
```

图 7-5 朴素贝叶斯分类器的 R 语言使用文档

3. 结果分析

列联表展示的分类结果如图 7-6 所示。列联表中格子里的 5 个值分别代表：划分到该类别的数量、卡方检验值、行比例、列比例、总比例。

从分类结果可以看出，测试集中的 15 个 setosa（第一个物种）全部分类正确，17 个 versicolor（第二个物种）有 16 个分类正确，有 1 个错误的分到了 virginica（第三个物种）中。13 个 virginica（第三个物种）有 12 个分类正确，1 个分类错误。由此可以看出，朴素贝叶斯分类器对该数据集的分类效果较好。

```
   Cell Contents
|-------------------------|
|                       N |
| Chi-square contribution |
|           N / Row Total |
|           N / Col Total |
|         N / Table Total |
|-------------------------|


Total Observations in Table:  45

             | pred
test$Species |    setosa | versicolor |  virginica | Row Total |
-------------|-----------|------------|------------|-----------|
      setosa |        15 |          0 |          0 |        15 |
             |    20.000 |      5.667 |      4.333 |           |
             |     1.000 |      0.000 |      0.000 |     0.333 |
             |     1.000 |      0.000 |      0.000 |           |
             |     0.333 |      0.000 |      0.000 |           |
-------------|-----------|------------|------------|-----------|
  versicolor |         0 |         16 |          1 |        17 |
             |     5.667 |     14.284 |      3.115 |           |
             |     0.000 |      0.941 |      0.059 |     0.378 |
             |     0.000 |      0.941 |      0.077 |           |
             |     0.000 |      0.356 |      0.022 |           |
-------------|-----------|------------|------------|-----------|
   virginica |         0 |          1 |         12 |        13 |
             |     4.333 |      3.115 |     18.099 |           |
             |     0.000 |      0.077 |      0.923 |     0.289 |
             |     0.000 |      0.059 |      0.923 |           |
             |     0.000 |      0.022 |      0.267 |           |
-------------|-----------|------------|------------|-----------|
Column Total |        15 |         17 |         13 |        45 |
             |     0.333 |      0.378 |      0.289 |           |
-------------|-----------|------------|------------|-----------|
```

图 7-6 iris 数据集的分类结果列联表

7.4.2 贝叶斯网络应用示例

1. 数据导入

利用贝叶斯网络分类器对成绩单（marks）数据集进行分类应用。该数据集包括 88 名学生的 5 门课程成绩，课程包括 MECH、VECT、ALG、ANL 和 STAT，利用贝叶斯网络分类器学习得到该数据集的贝叶斯网络结构和概率表，测试数据是指存在未知课程分数的数据记录，目标是对未知课程预测其分数区间。R 语言编程中可使用 bnlearn 包来学习贝叶斯网络的图形结构、参数学习和推理等。marks 数据集是 bnlearn 包中自带数据集，安装并加载 bnlearn 包之后可直接进行数据导入。相关代码如下所示，编程结果如图 7-7 所示。

```
#安装并加载绘图包Rgraphviz，用于绘制贝叶斯网络结构的相关图
if (!require("BiocManager",quietly=TRUE))install.packages("BiocManager")
BiocManager::install("Rgraphviz")
#安装并加载贝叶斯网络模型包bnlearn
install.packages("bnlearn")
library("bnlearn")
data(marks)
str(marks)
```

导入数据集后使用 str() 函数逐行显示列的数据，可以了解到 88 名学生各学科的成绩，成绩为连续数据，无须对数据进行预处理。

```
> str(marks)
'data.frame':   88 obs. of  5 variables:
$ MECH: num  77 63 75 55 63 53 51 59 62 64 ...
$ VECT: num  82 78 73 72 63 61 67 70 60 72 ...
$ ALG : num  67 80 71 63 65 72 65 68 58 60 ...
$ ANL : num  67 70 66 70 70 64 65 62 62 62 ...
$ STAT: num  81 81 81 68 63 73 68 56 70 45 ...
```

图 7-7　bnlearn 包导入与 marks 数据集导入的编程结果

2. 模型训练

贝叶斯网络分类器的学习过程主要包括两部分：结构学习和参数学习。结构学习是指基于给定的数据集学习其贝叶斯网络结构，即各属性节点之间的依赖关系，确定了网络结构之后继续学习网络参数，即表示各节点之间依赖强弱的条件概率。

结构学习算法包括基于约束的算法、基于评分的算法和混合算法。bnlearn 包中可使用的基于约束的算法有 gs 算法、iamb 算法、fast.iamb 算法、inter.iamb 算法，基于评分的算法仅有 hc 算法，hc 是指爬山算法（hill-climbing）。本节使用 hc 算法对数据集进行结构学习，编程代码如下所示。

```
#结构学习:使用基于评分的算法hc，得到有向图
marks.bn1 <- hc(marks)
marks.bn1
graphviz.plot(marks.bn1,layout="fdp")
score(marks.bn1,data=marks,type=" bic-g ")#连续数据的BIC评分使用bic-g
```

hc 算法的运行结果如图 7-8 所示，基于该算法得到贝叶斯网络的有向图，如图 7-9 所示。该算法为基于评分的算法，可利用 score 函数求得其 bic 得分为 −1 731.407。

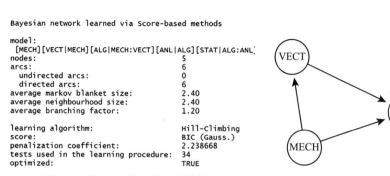

```
Bayesian network learned via Score-based methods

model:
  [MECH][VECT|MECH][ALG|MECH:VECT][ANL|ALG][STAT|ALG:ANL]
nodes:                                    5
arcs:                                     6
  undirected arcs:                        0
  directed arcs:                          6
average markov blanket size:              2.40
average neighbourhood size:               2.40
average branching factor:                 1.20

learning algorithm:                       Hill-Climbing
score:                                    BIC (Gauss.)
penalization coefficient:                 2.238668
tests used in the learning procedure:     34
optimized:                                TRUE
```

图 7-8　基于 hc 算法的运行结果　　　　　图 7-9　hc 算法运行得到有向图

bnlearn 包中的参数学习函数是 bn.fit，其参数 method 给出了两种具体的方法：“mle”极大似然估计和“bayes”贝叶斯后验估计。第 7.4.2 节对利用 hc 算法结构学习得到的 marks. bn1 进行参数学习，并以 ALG 属性为例计算参数的极大似然估计，参数采用回归系数的形式。由于数据集为连续型数据，需对属性进行离散化处理，第 7.4.2 节对各属性按照中位数将其分为两类数据，并将数据按照相应的区间归到对应的类别中。编程代码如下所示。

```
#参数学习
marks.fit <- bn.fit(marks.bn1,data=marks)
#以ALG为例，展示参数学习结果
marks.fit$ALG
#离散化
#采用interval方法，按照中位数分为两个区间(breaks=2)
marks.d <- discretize(marks,method="interval",breaks=2)
marks.d
```

ALG 参数的极大似然估计如图 7-10 所示。根据图 7-10 可知，ALG 与 MECH 和 VECT 有关，对应的线性关系中，残差的标准差约为 8。marks 数据集离散化后的结果如图 7-11 所示，学生在各课程中的成绩显示为区间成绩，可视为分类结果。

```
Parameters of node ALG (Gaussian distribution)

Conditional density: ALG | MECH + VECT
Coefficients:
(Intercept)        MECH         VECT
 25.3619809   0.1833755    0.3577122
Standard deviation of the residuals: 8.080725
```

```
     MECH       VECT       ALG        ANL        STAT
1  (38.5,77] (45.5,82] (47.5,80] (39.5,70] (45,81]
2  (38.5,77] (45.5,82] (47.5,80] (39.5,70] (45,81]
3  (38.5,77] (45.5,82] (47.5,80] (39.5,70] (45,81]
4  (38.5,77] (45.5,82] (47.5,80] (39.5,70] (45,81]
5  (38.5,77] (45.5,82] (47.5,80] (39.5,70] (45,81]
```

图 7-10　属性 ALG 参数的极大似然估计　　　图 7-11　marks 数据集离散化后的结果

3. 结果分析

由于离散化的网络参数构成了条件概率表，而离散化的数据也可以采用结构学习的方法，并由结构学习算法得到相应的网络结构，因此，将离散化后的数据采用 hc 算法进行结构学习，再进行参数学习后得到结果。编程代码如下所示。

```
#对离散化后的数据进行结构学习
marks.dhc <- hc(marks.d)
plot(marks.dhc,radius=160,arrow=40)
#参数学习结果
marks.fit2 <- bn.fit(marks.dhc,data=marks.d)
marks.fit2
```

离散化后的贝叶斯网络结构如图 7-12 所示，得到的贝叶斯网络为有向无环图。marks 数据集中各节点的概率表如图 7-13 所示，其展示了各节点之间的条件概率，共得到 5 个相关概率表。

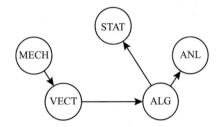

图 7-12　离散化后的贝叶斯网络结构

◎ 本章小结

本章主要从数理定理、分类器原理与工作流程、模型优劣势与应用场景三个方面介绍了两个贝叶斯分类器。首先介绍贝叶斯定理，主要为贝叶斯分类器中的条件概率计算奠定基础；然后详细讲解朴素贝叶斯分类器的工作原理与流程，并介绍了 Laplace 校准和该分类器的特征；接着介绍了贝叶斯网络的相关原理，主要描述了贝叶斯网络的模型表示与贝叶斯网络结构的构建过程，并基于案例分析了贝叶斯网络的应用过程；最后利用 R 语言将朴素贝叶斯分类器和贝叶斯网络建模的整个过程进行实践。

◎ 课后习题

1. 已知西瓜问题的数据集如表 7-7 所示，利用朴素贝叶斯分类器和 Laplace 校准预测表中编号 18 记录的西瓜是否好瓜。

```
Bayesian network parameters

  Parameters of node MECH (multinomial distribution)

Conditional probability table:
 [0,38.5] (38.5,77]
0.4204545 0.5795455

  Parameters of node VECT (multinomial distribution)

Conditional probability table:
             MECH
VECT     [0,38.5] (38.5,77]
 [9,45.5] 0.5405405 0.2156863
 (45.5,82] 0.4594595 0.7843137

  Parameters of node ALG (multinomial distribution)

Conditional probability table:
            VECT
ALG      [9,45.5] (45.5,82]
 [15,47.5] 0.5806452 0.2280702
 (47.5,80] 0.4193548 0.7719298

  Parameters of node ANL (multinomial distribution)

Conditional probability table:
           ALG
ANL     [15,47.5] (47.5,80]
 [9,39.5] 0.6451613 0.0877193
 (39.5,70] 0.3548387 0.9122807

  Parameters of node STAT (multinomial distribution)

Conditional probability table:
           ALG
STAT    [15,47.5] (47.5,80]
 [9,45] 0.90322581 0.54385965
 (45,81] 0.09677419 0.45614035
```

图 7-13　marks 数据集中各节点的概率表

表 7-7　西瓜问题数据集

编号	色泽	根蒂	敲声	纹理	脐部	触感	密度	含糖量	好瓜
1	青绿	蜷缩	浊响	清晰	凹陷	硬滑	0.697	0.460	是
2	乌黑	蜷缩	沉闷	清晰	凹陷	硬滑	0.774	0.376	是
3	乌黑	蜷缩	浊响	清晰	凹陷	硬滑	0.634	0.264	是
4	青绿	蜷缩	沉闷	清晰	凹陷	硬滑	0.608	0.318	是

（续）

编号	色泽	根蒂	敲声	纹理	脐部	触感	密度	含糖量	好瓜
5	浅白	蜷缩	浊响	清晰	凹陷	硬滑	0.556	0.215	是
6	青绿	稍蜷	浊响	清晰	稍凹	软粘	0.403	0.237	是
7	乌黑	稍蜷	浊响	稍糊	稍凹	软粘	0.481	0.149	是
8	乌黑	稍蜷	浊响	清晰	稍凹	硬滑	0.437	0.211	是
9	乌黑	稍蜷	沉闷	稍糊	稍凹	硬滑	0.666	0.091	是
10	青绿	硬挺	清脆	清晰	平坦	软粘	0.243	0.267	否
11	浅白	硬挺	清脆	模糊	平坦	硬滑	0.245	0.057	否
12	浅白	蜷缩	浊响	模糊	平坦	软粘	0.343	0.099	否
13	青绿	稍蜷	浊响	稍糊	凹陷	硬滑	0.639	0.161	否
14	浅白	稍蜷	沉闷	稍糊	凹陷	硬滑	0.657	0.198	否
15	乌黑	稍蜷	浊响	清晰	稍凹	软粘	0.360	0.370	否
16	浅白	蜷缩	浊响	模糊	平坦	硬滑	0.593	0.042	否
17	青绿	蜷缩	沉闷	稍糊	稍凹	硬滑	0.719	0.103	否
18	青绿	蜷缩	浊响	清晰	凹陷	硬滑	0.697	0.460	？

2. 利用贝叶斯网络分析图 7-14 的入室抢劫与地震发生的警报系统应用实例。计算联合概率 $P = (J = \text{Yes}, M = \text{Yes}, A = \text{Yes}, B = \text{No}, E = \text{No})$。

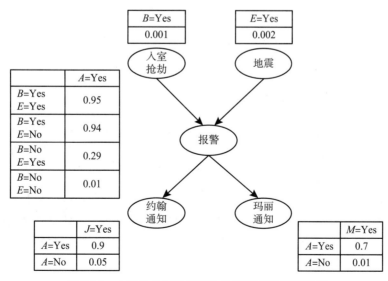

图 7-14 入室抢劫与地震发生的警报系统应用实例

层次聚类

■ 学习目标

- 了解层次聚类的基本概念
- 掌握凝聚法和分裂法的原理
- 熟练掌握 R 语言中层次聚类的过程
- 能够运用层次聚类解决实际问题

■ 应用背景介绍

聚类分析是一种典型的无监督学习，将未知类别的样本按照一定的规则划分成不同的类或簇，从而揭示样本之间内在的性质以及相互之间的联系。聚类是一种数据提炼与归纳技术，有助于分析数据集的组成、潜在分类与内部的关系，被广泛应用于医学、生物学、市场营销、心理学和数据挖掘等领域。医学研究人员通过对抑郁症患者数据进行聚类分析，从而识别不同类型的抑郁症，并提出针对性的治疗方案。市场营销人员通过聚类细分目标市场，研究消费者行为，寻找潜在目标人群。此外，聚类经常作为其他算法的预处理步骤，广泛应用于科学研究和数据挖掘领域。

层次聚类是最常用的聚类方法之一，通过计算不同类别数据点间的相似度来创建一棵有层次的嵌套聚类树。树中每个节点均为其子节点簇的并集，树根节点包含所有样本点的簇。此外，层次聚类也能够表示为嵌套簇图。层次聚类的树状图和嵌套簇图如图 8-1 所示。

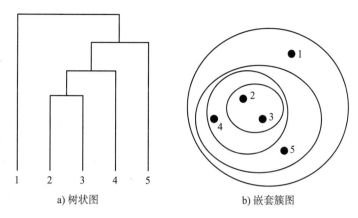

a) 树状图 b) 嵌套簇图

图 8-1 层次聚类的树状图和嵌套簇图

8.1 算法原理

自下而上的凝聚法（agglomerative）和自顶向下的分裂法（divisive）是两种层次聚类的基本方法。凝聚法先将每个样本点看成一个类，然后找出距离最小的两个类进行合并，不断重复直到所有样本都属于一类。分裂法则先将所有样本当作一类，然后找出距离最远的两个类进行分裂，不断重复直到每个样本均为一类。聚类分析包括数据准备、特征选择、特征提取、聚类分组和结果评估过程，良好的聚类算法应具有处理不同类型数据和噪声数据的能力，且具有较好的可伸缩性、易解释性和易用性，以及对样本顺序的不敏感性。

8.1.1 凝聚层次聚类

凝聚层次聚类是一种常见的聚类方法，从单个样本点作为类开始，不断合并最相似的两个类，直到所有类聚成一类为止。算法步骤如下所示。

步骤 1：定义每个观测值（样本点）为一类；

步骤 2：计算任意两类之间的距离，度量样本间的相似度；

步骤 3：合并距离最近（相似度最高）的两个类；

步骤 4：重复步骤 2 和步骤 3，直到所有类合并为一类。

对于凝聚层次聚类，指定样本点间、类之间的距离度量准则（相似性准则）是非常重要的环节，下面进行详细介绍。

1. 样本点间距离度量

衡量两个对象之间距离的方式有多种，对于数值类型数据，可以使用欧式距离（Euclidean distance）、曼哈顿距离（Manhattan distance）、切比雪夫距离（Chebyshev distance）和闵科夫斯基距离（Minkowski distance）等准则度量数据对象间的相似性。使用以上 4 种距离度量准则衡量两个观测值 $x_i = (x_{i1}, x_{i2}, \ldots, x_{in})$ 和 $x_j = (x_{j1}, x_{j2}, \ldots, x_{jn})$ 间的相似性时，对应的相似性度量函数如式（8-1）~式（8-4）所示。其中，i 和 j 分别表示第 i 个和第 j 个观测值，n 是变量个数。

$$D(x_i, x_j) = \sqrt{\sum_{r=1}^{n}(x_{ir} - x_{jr})^2} \tag{8-1}$$

$$D(x_i, x_j) = \sum_{r=1}^{n}|x_{ir} - x_{jr}| \tag{8-2}$$

$$D(x_i, x_j) = \max_{r=1,2,\cdots,n}|x_{ir} - x_{jr}| \tag{8-3}$$

$$D(x_i, x_j) = \left[\sum_{r=1}^{n}(x_{ir} - x_{jr})^p\right]^{1/p} \tag{8-4}$$

闵科夫斯基距离是一组距离的定义，对应 L_p 范式，p 为参数。曼哈顿距离、欧式距离和切比雪夫距离分别对应 $p=1$，$p=2$，$p=\infty$ 时的距离。一般使用欧式距离度量样本间的距离和相似性。

2. 类之间距离度量

层次聚类算法中的关键步骤是计算两个类之间的距离，在执行任何聚类之前，需要使用距离函数确定包含每个点之间距离的邻近矩阵。然后，更新矩阵呈现每个类之间的距离。常用的簇间距离的计算方法有很多，主要包括：最小距离（single link），最大距离（complete link），平均距离（average link），质心距离（centroid distance）和 Ward 最小方差法。

最小距离将两个类中距离最近的样本间的距离定义为两个聚类间的距离。最小距离如图 8-2 所示，聚类 m 和 n 之间的距离 $D(m,n) = \min(D(x_i, y_j))$，即图中虚线长度，其中 x_i 和 y_j 分别为聚类 m 和 n 中的样本点。

最大距离将两个类中距离最远的样本间的距离定义为两个聚类间的距离。最大距离如图 8-3 所示，聚类 m 和 n 之间的距离 $D(m,n) = \max(D(x_i, y_j))$，即图中虚线长度。$x_i$ 和 y_j 分别为聚类 m 和 n 中的样本点。

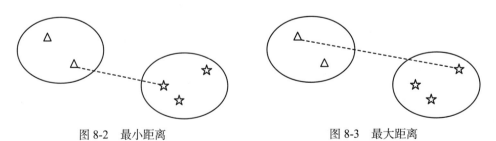

图 8-2　最小距离　　　　　　　　　图 8-3　最大距离

平均距离将一个聚类中每个点到另一个聚类中每个点之间的平均距离定义为两个聚类之间的距离。平均距离如图 8-4 所示，聚类 m 中每个点与另一个聚类中每个点之间虚线的平均长度 $D(m,n) = \dfrac{1}{mn}\sum_{i=1}^{m}\sum_{j=1}^{n}D((x_i, y_j))$，即为聚类 m 和 n 之间的距离。

质心距离将两个类质心之间的距离定义为两个聚类间的距离。质心距离如图8-5所示，$\bar{x}_m = \dfrac{1}{m}\sum_{i=1}^{m}x_i$，$\bar{x}_n = \dfrac{1}{n}\sum_{j=1}^{n}y_j$，则 $D(m,n) = D(\bar{x}_m, \bar{x}_n)$ 为聚类 m 和 n 之间的距离。

Ward 最小方差法使用两个类合并时产生的平方误差总和（SSE）的增量 $\Delta\mathrm{SSE} = \mathrm{SSE}(m\cup n) - \mathrm{SSE}(m) - \mathrm{SSE}(n)$ 度量类之间的距离。SSE 为每个样本点与所在类中心的距离之和，聚类 m 中平方误差总和 $\mathrm{SSE}(m) = \sum_{i=1}^{m}(x_i - \bar{x}_m)^2$。

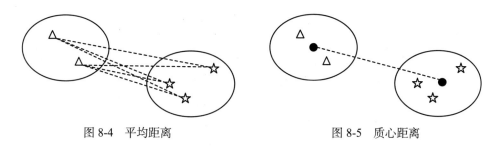

图 8-4　平均距离　　　　　　　　图 8-5　质心距离

8.1.2　分裂层次聚类

分裂层次聚类先将所有样本作为一类，然后找出类中距离最远的两个簇并进行分裂，不断重复直到每个样本为一类。算法步骤如下所示。

步骤1：定义所有观测值（样本点）为一类；

步骤2：计算任意两样本点之间的距离；

步骤3：找出同一类中距离最远的两个样本点 a 和点 b，分别作为两个簇的中心；

步骤4：若类中剩余的样本点距离类中心 a 更近，将其分配到以 a 为中心的类中，否则分配到以 b 为中心的类中；

步骤5：重复步骤3和步骤4，直到每个观测值为一类。

8.2　算法示例

例8-1 图8-6是包含5个二维点的样本数据，请使用最小距离度量类之间的相似度，对样本数据进行凝聚层次聚类。

5个点的坐标如表8-1所示。5个点的欧式距离矩阵如表8-2所示。

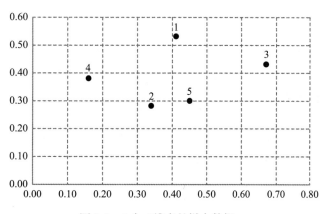

图 8-6　5个二维点的样本数据

表 8-1　5 个点的坐标

点	x 坐标	y 坐标	点	x 坐标	y 坐标
p1	0.41	0.53	p4	0.16	0.38
p2	0.34	0.28	p5	0.45	0.30
p3	0.67	0.43			

表 8-2　5 个点的欧式距离矩阵

	p1	p2	p3	p4	p5
p1	0.000	0.260	0.279	0.292	0.233
p2	0.260	0.000	0.362	0.206	0.112
p3	0.279	0.362	0.000	0.512	0.256
p4	0.292	0.206	0.512	0.000	0.301
p5	0.233	0.112	0.256	0.301	0.000

对于最小距离的凝聚层次聚类，两个簇的相似度由两个不同簇中任意两点之间的最短距离定义。根据算法流程，首先找出距离最近的两个簇 p2 和 p5，合并为 {p2, p5}。由最小距离原则更新距离矩阵：

$$D(p1,\{p2,p5\})=0.233，\quad D(p3,\{p2,p5\})=0.256，\quad D(p4,\{p2,p5\})=0.206$$

欧式距离更新矩阵（一）如表 8-3 所示。

表 8-3　欧式距离更新矩阵（一）

	p1	{p2, p5}	p3	p4
p1	0.000	0.233	0.279	0.292
{p2, p5}	0.233	0.000	0.256	0.206
p3	0.279	0.256	0.000	0.512
p4	0.292	0.206	0.512	0.000

继续找出距离最近的两个簇 {p2, p5} 和 p4，合并为 {p2, p4, p5}，并由最小距离原则更新距离矩阵：

$$D(p1,\{p2,p4,p5\})=0.233，\quad D(p3,\{p2,p4,p5\})=0.256$$

欧式距离更新矩阵（二）如表 8-4 所示。

表 8-4 欧式距离更新矩阵（二）

	$p1$	$\{p2, p4, p5\}$	$p3$
$p1$	0.000	0.233	0.279
$\{p2, p4, p5\}$	0.233	0.000	0.256
$p3$	0.279	0.256	0.000

接着继续找出距离最近的两个簇$\{p2, p4, p5\}$和$p1$，合并为$\{p1, p2, p4, p5\}$，更新距离矩阵：

$$D\left(p3, \{p1, p2, p4, p5\}\right) = 0.256$$

欧式距离更新矩阵（三）如表 8-5 所示。

表 8-5 欧式距离更新矩阵（三）

	$\{p1, p2, p4, p5\}$	$p3$
$\{p1, p2, p4, p5\}$	0.000	0.256
$p3$	0.256	0.000

最后合并剩下的两个簇，即获得最终结果，凝聚层次聚类结果如图 8-7 所示。树状图中两个簇合并处的高度反映两个簇的距离，例如$p2$和$p5$间距离为 0.112，即为树状图中两个簇合并时对应的高度。

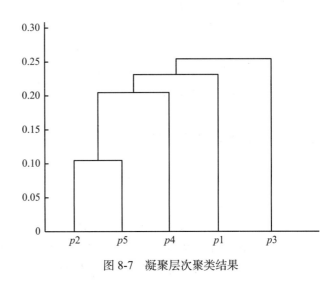

图 8-7 凝聚层次聚类结果

例 8-2 图 8-6 是包含 5 个二维点的样本数据。5 个点的坐标如表 8-1 所示。5 个点的欧式距离矩阵如表 8-2 所示。使用最小距离度量类之间的相似度，对样本数据进行分裂层次聚类。

对于最小距离的分裂层次聚类，两个簇的相似度由两个不同簇中任意两点之间的最短距离定义。根据算法流程，首先将所有样本点聚为一类$\{p1, p2, p3, p4, p5\}$，找出距离最远的两个点$p3$和$p4$分别作为两个子类的中心点，并根据表 8-2 中样本点间的距离，对类中剩余样本点进行分配。$p1$、$p5$距离中心点$p3$最近，将$p1$、$p5$与$p3$合并为$\{p1, p3, p5\}$。同理，将$p2$和$p4$合并为$\{p2, p4\}$。此时，将原本类分裂为$\{p1, p3, p5\}$和$\{p2, p4\}$。

接着，在簇$\{p1, p3, p5\}$中找出距离最远的样本点$p1$和$p3$，并将$p1$和$p3$分别作为两个簇的中心。根据样本间距离，将类中剩余样本点 $p5$ 与 $p1$ 合并为 $\{p1, p5\}$，簇 $\{p1, p3, p5\}$ 分裂为 $\{p1, p5\}$ 和 $\{p3\}$。同理，簇 $\{p2, p4\}$ 分裂为 $\{p2\}$ 和 $\{p4\}$。

继续将 $\{p1, p5\}$ 分裂为 $\{p1\}$ 和 $\{p5\}$，获得最终结果。此时所有样本点均属于一类。分裂层次聚类结果如图 8-8 所示。

采用最大距离、平均距离、质心距离和 Ward 最小方差法度量类之间的相似度时，算法流程与使用最小距离时同理，只是在更新距离矩阵时分别使用对应的计算逻辑。

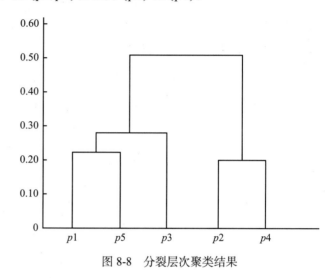

图 8-8　分裂层次聚类结果

8.3　模型理解

聚类是一种典型的无监督学习，将未知类别的样本按照一定的规则划分成不同的类或簇，使得同一个聚类中数据对象的相似性尽可能地大，不同聚类中数据对象的差异性也尽可能地大，即聚类后同一类的数据尽可能聚集到一起，不同类的数据尽量分离，从而揭示样本之间的潜在分类与内部的关系。通过对数据集在不同层次进行划分，形成树形的聚类结构。当需要嵌套聚类和有意义的层次结构时，层次聚类会比较适用。

8.3.1　层次聚类的优缺点

1. 层次聚类优点

（1）层次聚类中距离和相似度容易定义，算法相对简单。

（2）适用于任意形状和任意属性的数据集。

（3）层次聚类不需要预先指定聚类数，能够得到不同粒度上的多层次聚类结构。

（4）可以使用树形图对聚类结果进行可视化，易于解释和理解。

（5）对样本的输入顺序不敏感。

2. 层次聚类缺点

（1）算法时间复杂度较大。

（2）过程具有不可逆性，一旦合并或分裂执行，就不能修正。如果某个合并或分裂决策在后来被证明是不好的选择，该方法无法退回并更正。

（3）合并或分裂需要检查和估算大量的对象或簇，不具有很好的可伸缩性。

8.3.2 距离度量的选择

（1）最小距离和最大距离代表簇间距离度量的两个极端，它们对离群点或噪声数据过分敏感。

（2）平均距离和质心距离是最小距离和最大距离之间的折中方法，而且可以克服离群点敏感性问题。

（3）尽管质心距离计算简单，但平均距离既能处理数值数据又能处理分类数据，具有一定的优势。

8.4 R 语言编程

本节利用 R 语言对层次聚类过程进行实践。聚类分析主要包括数据导入、数据预处理、聚类分组和结果分析。

8.4.1 数据导入

本案例采用北美洲和欧洲以及其他地区的游戏发行量情况数据集，其中包含游戏发行商（例如任天堂、索尼等），以及不同类型游戏的销量和评分等级等详细信息。本案例的主要目的是分析 2000 年以来不同年份发售的游戏间的相似性及差异性。

首先使用 read.csv() 函数读取原始数据集 game.csv。该数据集共包含 16 个属性信息，可通过 str() 函数查看，结果如图 8-9 所示。

```
game_df <- read.csv("./game.csv",header=TRUE,sep=",")
str(game_df)
```

```
'data.frame':   16719 obs. of  16 variables:
 $ Name           : Factor w/ 11563 levels "B's-LOG Party鉳\xaa,PSP",..: 11058 9404 5572 11060 7402 9770 6692
11056 6695 2619 ...
 $ Platform       : Factor w/ 33 levels "2007","2010",..: 28 14 28 28 8 8 7 28 28 14 ...
 $ Year_of_Release: Factor w/ 41 levels "1980","1981",..: 27 6 29 30 17 10 27 27 30 5 ...
 $ Genre          : Factor w/ 15 levels "","Action","Adventure",..: 14 7 9 14 10 8 7 6 7 11 ...
 $ Publisher      : Factor w/ 583 levels "0","10TACLE Studios",..: 372 372 372 372 372 372 372 372 372 ...
 $ NA_Sales       : num  41.4 29.1 15.7 15.6 11.3 ...
 $ EU_Sales       : num  28.96 3.58 12.76 10.93 8.89 ...
 $ JP_Sales       : num  3.77 6.81 3.79 3.28 10.22 ...
 $ Other_Sales    : num  8.45 0.77 3.29 2.95 1 0.58 2.88 2.84 2.24 0.47 ...
 $ Global_Sales   : num  82.5 40.2 35.5 32.8 31.4 ...
 $ Critic_Score   : int  76 NA 82 80 NA NA 89 58 87 NA ...
 $ Critic_Count   : int  51 NA 73 73 NA NA 65 41 80 NA ...
 $ User_Score     : Factor w/ 97 levels "","0","0.2","0.3",..: 79 1 82 79 1 1 84 65 83 1 ...
 $ User_Count     : int  322 NA 709 192 NA NA 431 129 594 NA ...
 $ Developer      : Factor w/ 1697 levels "","10tacle Studios",..: 1035 1 1035 1035 1 1 1035 1035 1035 1 ...
 $ Rating         : Factor w/ 9 levels "","AO","E","E10+",..: 3 1 3 3 1 1 3 3 3 1 ...
```

图 8-9 数据集 game.csv

需要注意的是，4.0 版本以后的 R 语言取消了自动识别文字类型的变量为 factor 的功能，因此若读者使用的 R 语言为 4.0 以后的版本，需要在读取数据时设置 as.is 的值为 FALSE，具体如下：

```
game_df <- read.csv("./game.csv",header=TRUE,sep=",",as.is=FALSE)
str(game_df)
```

游戏数据属性解释如表 8-6 所示。

表 8-6 游戏数据属性解释表

属性名称	属性解释	属性示例
Name	游戏名称	New Super Mario Bros.
platform	所支持平台	DS
Year_of_Release	发行年份	2006
Genre	游戏类型	Platform
Publisher	游戏发行商	Nintendo
NA_Sales	北美销量	11.28
EU_Sales	欧洲销量	9.14
JP_Sales	日本销量	6.5
Other_Sales	其他地区销量	2.88
Global_Sales	全球总销量	29.8
Critic_Score	测评师评分	89
Critic_Count	评分测评师数量	65
User_Score	用户评分	8.5
User_Count	评分用户数量	431
Developer	游戏开发者	Nintendo
Rating	游戏分级	E

8.4.2 数据预处理

数据预处理是提高数据挖掘质量的关键步骤，原始数据中的缺失值、异常值均会对聚类分析产生负面影响。因此，原始数据通常需要经过处理才能用于分析。

案例对 2000 年以来不同年份发售的游戏间的相似性及差异性进行分析，首先将发布年份从字符串转换为数值，接着删除缺失值，并使用 subset() 函数过滤发布时间早于 2000 年的数据，对原始数据进行预处理，预处理后的数据集如图 8-10 所示。

```
game_df$Year_of_Release <-
suppressWarnings(as.numeric(as.character(game_df$Year_of_Release)))
game_df <- na.omit(game_df)
game_df <- subset(game_df,game_df$Year_of_Release >= 2000)
summary(game_df)
```

```
                                Name                  Platform          Year_of_Release           Genre
LEGO Star Wars II: The Original Trilogy :    8    PS2    :1140    Min.   :2000    Action      :1633
Madden NFL 07                           :    8    X360   : 861    1st Qu.:2004    Sports      : 949
Need for Speed: Most Wanted             :    8    PS3    : 775    Median :2007    Shooter     : 863
Harry Potter and the Order of the Phoenix:   7    PC     : 677    Mean   :2008    Role-Playing: 694
Madden NFL 08                           :    7    XB     : 566    3rd Qu.:2011    Racing      : 578
Need for Speed Carbon                   :    7    Wii    : 480    Max.   :2016    Platform    : 397
(Other)                                 :6767    (Other):2313                    (Other)     :1698
                Publisher           NA_Sales          EU_Sales          JP_Sales         Other_Sales        Global_Sales
Electronic Arts       : 942    Min.   : 0.0000   Min.   : 0.0000   Min.   : 0.00000   Min.   : 0.00000   Min.   : 0.0100
Ubisoft               : 496    1st Qu.: 0.0600   1st Qu.: 0.0200   1st Qu.: 0.00000   1st Qu.: 0.01000   1st Qu.: 0.1100
Activision            : 487    Median : 0.1500   Median : 0.0600   Median : 0.00000   Median : 0.02000   Median : 0.2900
THQ                   : 307    Mean   : 0.3859   Mean   : 0.2308   Mean   :0.05941    Mean   : 0.08179   Mean   : 0.7581
Sony Computer Entertainment: 299  3rd Qu.: 0.3800  3rd Qu.: 0.2000  3rd Qu.: 0.01000  3rd Qu.: 0.07000  3rd Qu.: 0.7400
Nintendo              : 293    Max.   :41.3600   Max.   :28.9600   Max.   : 6.50000   Max.   :10.57000   Max.   :82.5300
(Other)               :3988
    Critic_Score        Critic_Count        User_Score          User_Count             Developer          Rating
Min.   :13.00    Min.   :  3.00    7.8    : 293    Min.   :    4.0    EA Canada        : 148    T     :2338
1st Qu.:62.00    1st Qu.: 14.00    8      : 261    1st Qu.:   11.0    EA Sports        : 142    E     :2058
Median :72.00    Median : 25.00    8.2    : 256    Median :   27.0    Capcom           : 122    M     :1420
Mean   :70.11    Mean   : 29.02    7.5    : 236    Mean   :  172.7    Ubisoft          : 103    E10+  : 929
3rd Qu.:80.00    3rd Qu.: 40.00    7.9    : 235    3rd Qu.:   88.0    Konami           :  95    AO    :  65
Max.   :98.00    Max.   :113.00    8.5    : 232    Max.   :10665.0    Ubisoft Montreal :  87    AO    :   1
                                   (Other): 5299   (Other): 5299                       :6115    (Other):   1
```

图 8-10　预处理后的数据集 game_df

8.4.3　聚类分组

随机抽取 20 个 2000 年以来发行的游戏数据，并使用游戏销量和评分数据进行聚类，分析游戏间的相似性和差异性。

层次聚类方法可使用 hclust() 函数来实现，其基本格式为

```
hclust(d,method=...)
```

其中：d 是通过 dist() 函数产生的距离矩阵；method 表示类之间相似性的度量方法，包括 "single""complete""average""centroid" 和 "ward"。

R 语言中可以使用 dist() 函数来计算矩阵或数据框中所有行（观测值）之间的距离。其基本格式为

```
dist(x,method=...)
```

其中：x 表示输入数据；method 可取值为 "euclidean""maximum""manhattan""minkowski""canberra" 和 "binary"，且默认为欧式距离。

对 2000 年以来随机抽取的 20 个游戏数据样本进行层次聚类，选用的属性为数据集中的数值型属性，即第 6 列至第 14 列。聚类的结果如图 8-11 所示。

```
game <- game_df[,6:14]                    #抽取销量和评分数据
set.seed(1234)
game <- game[sample(nrow(game),20),]      #随机抽取20个数据
game <- matrix(unlist(game),nrow=20)      #转换成matrix
game.scale <- scale(game)                 #数据标准化
distance <- dist(game.scale)
fit.average <- hclust(distance,method="average")
plot(fit.average,hang=-1)
```

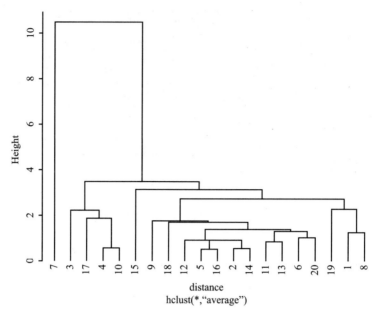

图 8-11　不同年份游戏发售数量的相似性及差异性的聚类结果

　　树状图从下往上读，展示了这些样本如何被合并为类。起初每个观测值自成一类，然后依次合并距离最近的两类，直到所有观测值被合并成一类，形成一棵有层次的嵌套聚类树。

8.4.4　结果分析

　　选择聚类数为 4，并对结果进行观察。使用 cutree() 函数将树状图分成四类，第一类有 14 个观测值 {9, 18, 12, 5, 16, 2, 14, 11, 13, 6, 20, 19, 1, 8}，第二类有 {3, 17, 4, 10} 共 4 个观测值，第三类和第四类分别有 {7} 和 {15} 一个观测值。

```
clusters <- cutree(fit.average,4)
table(clusters)
输出:
clusters
 1  2  3  4
14  4  1  1
```

　　利用 aggregate() 函数获取每类的中位数，包括原始数据和标准化数据两种度量形式，结果如图 8-12 所示。

```
aggregate(as.data.frame(game),by=list(cluster=clusters),FUN=median,na.rm=TRUE)
aggregate(as.data.frame(game.scale),by=list(cluster=clusters),
FUN=median,na.rm=TRUE)
```

```
     cluster    V1    V2    V3    V4    V5 V6   V7   V8     V9
1          1 0.110 0.085 0.00 0.02 0.215 75 24.0 75.0   34.5
2          2 0.215 0.035 0.00 0.02 0.230 41 19.5 46.5   16.5
3          3 2.850 2.890 0.35 1.08 7.170 85 38.0 74.0 1761.0
4          4 0.170 0.180 0.20 0.07 0.610 68 58.0 83.0  263.0
     cluster         V1         V2         V3          V4         V5          V6         V7        V8         V9
1          1 -0.4418791 -0.2837701 -0.4125485 -0.30148387 -0.3630405  0.34333086 -0.3410401 0.4287332 -0.3434278
2          2 -0.2749823 -0.3630355 -0.4125485 -0.30148387 -0.3533852 -1.74117792 -0.6033786 -1.5262902 -0.3873163
3          3  3.9133319  4.1630184  3.5983400  4.16806721  4.1138153  0.95642168  0.4751242 0.3601359  3.8662139
4          4 -0.3465095 -0.1331659  1.8793878 -0.09065599 -1.1087834 -0.08583271  1.6410731 0.9775117  0.2137128
```

图 8-12　原始数据和标准化数据中类的中位数的获取结果

最后使用 rect.hclust() 函数叠加四类，重新绘制树状图，结果如图 8-13 所示。

```
plot(fit.average,hang=-1)
rect.hclust(fit.average,k=4)
```

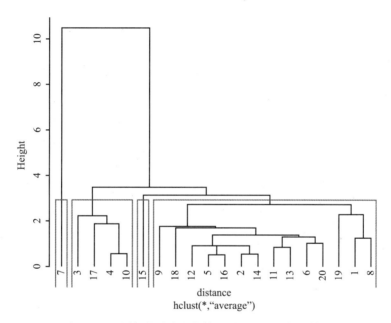

图 8-13　不同年份游戏发售数量平均距离聚类的结果

由图 8-13 可知，第一类共有 14 个观测值 {9, 18, 12, 5, 16, 2, 14, 11, 13, 6, 20, 19, 1, 8}，第二类有 {3, 17, 4, 10} 共 4 个观测值，第三类和第四类分别有 {7} 和 {15} 一个观测值。根据返回的各类原始数据中位数可知，第一类中各属性原始数据的中位数分别为（0.110, 0.085, 0.00, 0.02, 0.215, 75, 24.0, 75.0, 34.5），第二类中各属性中位数为（0.215, 0.035, 0.00, 0.02, 0.230, 41, 19.5, 46.5, 16.5），第三类中各属性的中位数为（2.850, 2.890, 0.35, 1.08, 7.170, 85, 38.0, 74.0, 1761.0），第四类中各属性的中位数为（0.170, 0.180, 0.20, 0.07, 0.610, 68, 58.0, 83.0, 263.0）。由聚类结果分析：第一类游戏比较小众，但较受用户欢迎。其在各地销量较低，但用户和测评师对游戏的评分都比较高。第二类游戏销量和评分都比较低，不被大多数用户喜爱。第三类游戏比较受欢迎，游戏销售量和评分都比较高。第四类游戏销量一般，但用户评分比较高，也是受小众用户喜欢的游戏。

◎ 本章小结

本章主要从算法原理、算法示例、模型理解三个方面对层次聚类进行理论介绍。首先详细介绍了层次聚类算法原理，包括凝聚层次聚类和分裂层次聚类；随后通过示例讲解两种算法的运行过程；为了加深读者对层次聚类的理解，本章接着介绍了层次聚类的优缺点以及距离度量的选择；最后利用 R 语言对层次聚类过程进行了实践。

◎ 课后习题

1. 已知样本点间的相似度如表 8-7 所示，使用此数据表进行最大距离和平均距离凝聚层次聚类，并绘制树状图展示结果。

表 8-7　样本点间的相似度

	$p1$	$p2$	$p3$	$p4$	$p5$	$p6$
$p1$	1.00	0.37	0.32	0.45	0.21	0.55
$p2$	0.37	1.00	0.64	0.47	0.98	0.73
$p3$	0.32	0.64	1.00	0.43	0.84	0.35
$p4$	0.45	0.47	0.43	1.00	0.76	0.48
$p5$	0.21	0.98	0.84	0.76	1.00	0.83
$p6$	0.55	0.73	0.35	0.48	0.83	1.00

2. 凝聚层次聚类和分裂层次聚类有什么区别？
3. 凝聚层次聚类和分裂层次聚类对应的算法流程包含哪几步？
4. 层次聚类有哪些优缺点？

第9章

K均值聚类

■ 学习目标

- 了解 K 均值聚类的基本概念
- 掌握 K 均值聚类算法的原理
- 熟练掌握 R 语言中 K 均值聚类的过程
- 能够运用 K 均值聚类算法解决实际问题

■ 应用背景介绍

K 均值聚类是经典的划分聚类算法，是一种迭代的聚类分析算法，在迭代过程中不断移动聚类中心，直到聚类准则函数收敛为止，迭代过程如图 9-1 所示。首先随机选择 2 个聚类中心，并将各样本点划分到距离最近的聚类中心所在的类中，然后根据各类中样本点的均值更新聚类中心。不断迭代上述过程，直到聚类中心不再发生变化或达到最大迭代次数则终止算法。

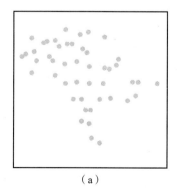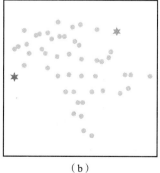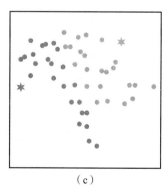

（a）　　　　　　　　　（b）　　　　　　　　　（c）

图 9-1　K 均值聚类的迭代过程

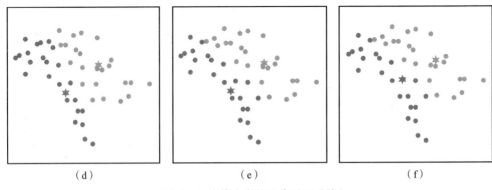

图 9-1 K 均值聚类的迭代过程（续）

9.1 算法原理

K 均值聚类算法是一种迭代型算法，整个聚类过程实质上是不断寻找簇中心的过程。算法从初始质心出发，以最小化簇内样本离差和为目标，迭代更新簇中心，直到算法收敛为止。

9.1.1 算法步骤

在 K 均值聚类算法中，首先随机从数据集中选取 K 个数据对象作为初始质心（聚类中心），并依次将每个数据对象划分到距离其最近的质心所在的类中。然后根据类中数据对象的均值，对聚类中心进行更新，并迭代上述过程。具体步骤如下：

步骤 1：随机选择 K 个点作为质心；

步骤 2：将每个数据对象划分到距离最近的质心所在的类中；

步骤 3：计算每个类中数据对象的均值作为新的质心；

步骤 4：重复步骤 2 和步骤 3，直到质心不再发生变化或达到最大迭代次数。

9.1.2 最优 K 值选择

K 值的选择一般是按照实际需求决定，主流的确定 K 值的方法有手肘法和轮廓系数法。在不同 K 值下对聚类结果的质量进行评价，并选出合适的 K 值。

1. 手肘法

手肘法的核心指标是误差平方和 SSE（sum of the squared errors），

$$\mathrm{SSE}=\sum_{i=1}^{K}\sum_{c\in C_i}\left(c-m_i\right)^2 \tag{9-1}$$

式中，C_i 是第 i 个类；c 是 C_i 中的样本点；m_i 是 C_i 的质心（C_i 中所有样本的均值）；SSE 是

所有样本的聚类误差，代表聚类效果的好坏。

手肘法的核心思想是，随着聚类个数的增大，样本划分得更加精细。每个类的聚合程度逐渐增加，SSE 值逐渐变小。当 K 值小于最佳聚类数时，增加 K 值会大幅增加每个类的聚合程度，从而使 SSE 较大幅度降低。K 值达到最佳聚类数后再增加 K 值，所得到的聚合程度会变小，SSE 下降幅度大幅降低且随着 K 值继续增加而趋于平缓。最终 SSE 和 K 值的关系图呈手肘形状，肘部对应的 K 值就是数据集的真实聚类数。

从图 9-2 中我们可以看出，肘部对应的 K 值为 4。因此，对于该数据集而言，最佳聚类数应选为 4。值得一提的是，当目测法难以清晰识别肘部位置时，我们可以通过观测斜率、斜率变化量等指标进行定量判断。

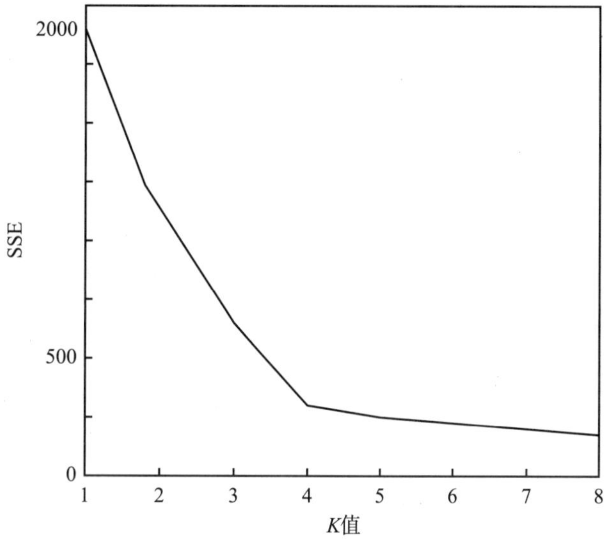

图 9-2 手肘法示例

2. 轮廓系数法

轮廓系数法的核心指标是轮廓系数（silhouette coefficient），某一样本点 x_i 的轮廓系数定义为

$$S = (b-a)/\max(b, a) \qquad (9\text{-}2)$$

式中，a 是 x_i 与同一类中其他样本的平均距离，称为凝聚度；b 是 x_i 与最近簇中所有样本的平均距离，称为分离度。

最近簇的定义为

$$C_j = \arg\min_{C_k} \frac{1}{n} \sum_{c \in C_k} (c - x_i)^2 \qquad (9\text{-}3)$$

式中，c 是类 C_k 中的样本；n 是类 C_k 中样本的数量。

简单而言，就是用 x_i 到某个类所有样本的平均距离衡量该点到该类的距离，选择距离样本点 x_i 最近的一个类作为最近簇。

求出所有样本的轮廓系数后取平均值即为平均轮廓系数，其取值范围为 $[-1,1]$。类中样本距离越近，类之间样本距离越远，则平均轮廓系数越大，聚类效果越好。轮廓系数接近 -1，说明样本 x_i 更应该划分到另外的类中。若轮廓系数接近为 0，则说明样本 x_i 在两个类的边界上。平均轮廓系数最大的 K 值便为最佳聚类数，但有时轮廓系数需要根据 SSE 辅助选择。

9.1.3 距离度量

K 均值聚类算法是基于距离的聚类算法，使用距离作为相似性评价指标。两个数据对象的距离越近，其相似度就越大。将样本点划分到距离类中心点最近的类中需要距离度量方法，常用的有欧式距离、曼哈顿距离和余弦相似度 3 种距离度量方式。在欧式空间中采用欧式距离度量，有时也使用曼哈顿距离作为度量；在文档数据中使用余弦相似性度量距离，不同情况使用不同的度量公式。

1. 欧式距离

$x_i = (x_{i1},\ x_{i2},\ \cdots,\ x_{in})$ 和 $x_j = (x_{j1},\ x_{j2},\ \cdots,\ x_{jn})$ 间的欧式距离为

$$D(x_i,\ x_j) = \sqrt{\sum_{r=1}^{n}(x_{ir} - x_{jr})^2} \tag{9-4}$$

2. 曼哈顿距离

$x_i = (x_{i1},\ x_{i2},\ \cdots,\ x_{in})$ 和 $x_j = (x_{j1},\ x_{j2},\ \cdots,\ x_{jn})$ 间的曼哈顿距离为

$$D(x_i,\ x_j) = \sum_{r=1}^{n}|x_{ir} - x_{jr}| \tag{9-5}$$

3. 余弦相似度

$$\cos\theta = \frac{A \cdot B}{\|A\| \cdot \|B\|} \tag{9-6}$$

式中，A 和 B 分别表示向量 $x_i = (x_{i1},\ x_{i2},\ \cdots,\ x_{in})$ 和 $x_j = (x_{j1},\ x_{j2},\ \cdots,\ x_{jn})$；分子为 A 和 B 的点乘，分母为二者各自的 L2 范式相乘，即将所有维度值的平方相加后开方。

余弦相似度的取值为 $[-1,1]$，值越趋近于 1，代表两个向量的方向越接近；值越趋近于 –1，两个向量的方向越相反；值接近于 0，表示两个向量近乎于正交。

9.1.4　K 均值聚类算法延伸

1. K-Means++

K 均值聚类算法中，初始质心位置的选择对聚类结果和算法运行时间都有很大的影响。完全随机地选择初始质心，可能会导致算法收敛很慢。K-Means++ 算法对 K 均值聚类算法随机初始化质心的过程进行优化，使初始质心的选择更合理。

2. elkan K-Means

K 均值聚类算法在每轮迭代时，都要计算所有样本点到所有质心的距离，比较耗时。elkan K-Means 算法利用两边之和大于第三边，以及两边之差小于第三边的三角形性质，来减少距离的计算，相较于传统的 K 均值聚类算法的迭代速度有很大的提高。

3. Mini Batch K-Means

K 均值聚类算法要计算所有样本点到所有质心的距离，如果样本量非常大，用传统的 K 均值聚类算法和 elkan K-Means 算法优化都非常耗时，此时 Mini Batch K-Means 应运而生。

Mini Batch 使用样本集中的部分样本来做传统的 *K* 均值，这样可以避免样本量太大时的计算难题，算法收敛速度大大加快，但聚类的精确度也会有所降低。为了增加算法的准确性，一般会运行多次 Mini Batch *K*-Means 算法，并选择其中最优的聚类簇。

9.2 算法示例

表 9-1 展示了一组用户的年龄数据，将 *K* 值定义为 2 对用户进行聚类，并随机选择 16 和 23 作为两个类别的初始质心。

表 9-1 一组用户的年龄数据

Age	[14, 15, 16, 18, 18, 20, 21, 21, 23, 28, 34, 40, 43, 49, 60, 61]
CenterId1	16
CenterId2	23

则 *K* 均值聚类过程如下所示。

1. 计算距离并划分数据

计算所有用户年龄数据与初始质心之间的距离，并进行第一次分类。使用欧式距离度量相似性，距离越小则相似度越高。

第一次迭代：

所有用户年龄数据与初始质心 CenterId1 间的距离 Distance（16）计算过程如下：

$$\sqrt{(14-16)^2}=2; \sqrt{(15-16)^2}=1; \sqrt{(16-16)^2}=0; \sqrt{(18-16)^2}=2;$$

$$\sqrt{(18-16)^2}=2; \sqrt{(20-16)^2}=4; \sqrt{(21-16)^2}=5; \sqrt{(21-16)^2}=5;$$

$$\sqrt{(23-16)^2}=7; \sqrt{(28-16)^2}=12; \sqrt{(34-16)^2}=18; \sqrt{(40-16)^2}=24;$$

$$\sqrt{(43-16)^2}=27; \sqrt{(49-16)^2}=33; \sqrt{(60-16)^2}=44; \sqrt{(61-16)^2}=45。$$

所有用户年龄数据与初始质心 CenterId2 间的距离 Distance（23）计算过程如下：

$$\sqrt{(14-23)^2}=9; \sqrt{(15-23)^2}=8; \sqrt{(16-23)^2}=7; \sqrt{(18-23)^2}=5;$$

$$\sqrt{(18-23)^2}=5; \sqrt{(20-23)^2}=3; \sqrt{(21-23)^2}=2; \sqrt{(21-23)^2}=2;$$

$$\sqrt{(23-23)^2}=0; \sqrt{(28-23)^2}=5; \sqrt{(34-23)^2}=11; \sqrt{(40-23)^2}=17;$$

$$\sqrt{(43-23)^2}=20; \sqrt{(49-23)^2}=26; \sqrt{(60-23)^2}=37; \sqrt{(61-23)^2}=38。$$

根据各样本数据与初始质心 CenterId1 和 CenterId2 的距离，将各样本点划分到距离最近的质心所在的类中，则得到 Group1（16）= [14, 15, 16, 18, 18], Group2（23）= [20, 21,

21, 23, 28, 34, 40, 43, 49, 60, 61]。

更新各个聚类的质心，得到 Mean1（16）=（14+15+16+18+18）/5=16.2；

Mean2（23）=（20+21+21+23+28+34+40+43+49+60+61）/11=36.36。第一次迭代结果如表 9-2 所示。

表 9-2　第一次迭代结果

Age	[14, 15, 16, 18, 18, 20, 21, 21, 23, 28, 34, 40, 43, 49, 60, 61]
Distance（16）	[2, 1, 0, 2, 2, 4, 5, 5, 7, 12, 18, 24, 27, 33, 44, 45]
Distance（23）	[9, 8, 7, 5, 5, 3, 2, 2, 0, 5, 11, 17, 20, 26, 37, 38]
Group1（16）	[14, 15, 16, 18, 18]
Group2（23）	[20, 21, 21, 23, 28, 34, 40, 43, 49, 60, 61]
Mean1（16）	16.2
Mean2（23）	36.36

2. 使用均值作为新的质心

将两个分组中样本数据的均值作为新的质心，并重复之前步骤，迭代计算每个数据点到新质心的距离，将样本数据划分到与其距离最近的类中。第二次迭代结果如表 9-3 所示。第三次迭代结果如表 9-4 所示。第四次迭代结果如表 9-5 所示。

表 9-3　第二次迭代结果

Age	[14, 15, 16, 18, 18, 20, 21, 21, 23, 28, 34, 40, 43, 49, 60, 61]
Distance（16.2）	[2.2, 1.2, 0.2, 1.8, 1.8, 3.8, 4.8, 4.8, 6.8, 11.8, 17.8, 23.8, 26.8, 32.8, 43.8, 44.8]
Distance（36.36）	[22.36, 21.36, 20.36, 18.36, 18.36, 16.36, 15.36, 15.36, 13.36, 8.36, 2.36, 3.64, 6.64, 12.64, 23.64, 24.64]
Group1（16.2）	[14, 15, 16, 18, 18, 20, 21, 21, 23]
Group2（36.36）	[28, 34, 40, 43, 49, 60, 61]
Mean1（16.2）	18.4
Mean2（36.36）	45

表 9-4　第三次迭代结果

Age	[14, 15, 16, 18, 18, 20, 21, 21, 23, 28, 34, 40, 43, 49, 60, 61]
Distance（18.4）	[4.4, 3.4, 2.4, 0.4, 0.4, 1.6, 2.6, 2.6, 4.6, 9.6, 15.6, 21.6, 24.6, 30.6, 41.6, 42.6]

（续）

Distance（45）	[31, 30, 29, 27, 27, 25, 24, 24, 22, 17, 11, 5, 2, 4, 15, 16]
Group1（18.4）	[14, 15, 16, 18, 18, 20, 21, 21, 23, 28]
Group2（45）	[34, 40, 43, 49, 60, 61]
Mean1（18.4）	19.4
Mean2（45）	47.83

表 9-5　第四次迭代结果

Age	[14, 15, 16, 18, 18, 20, 21, 21, 23, 28, 34, 40, 43, 49, 60, 61]
Distance（19.4）	[5.4, 4.4, 3.4, 1.4, 1.4, 0.6, 1.6, 1.6, 3.6, 8.6, 14.6, 20.6, 23.6, 29.6, 40.6, 41.6]
Distance（47.83）	[33.83, 32.83, 31.83, 29.83, 29.83, 27.83, 26.83, 26.83, 24.83, 19.83, 13.83, 7.83, 4.83, 1.17, 12.17, 13.17]
Group1（19.4）	[14, 15, 16, 18, 18, 20, 21, 21, 23, 28]
Group2（47.83）	[34, 40, 43, 49, 60, 61]
Mean1（19.4）	19.4
Mean2（47.83）	47.83

3. 算法终止条件

此时新求得的质心与原质心相同，满足终止条件，算法结束。则最终求得两类年龄数据为

Group1（19.4）= [14, 15, 16, 18, 18, 20, 21, 21, 23, 28]

Group2（47.83）= [34, 40, 43, 49, 60, 61]

9.3　模型理解

聚类分析基于物以类聚的思想，将数据划分为不同的类。高质量的聚类应使得同一类中的数据对象彼此相似，不同类中的数据对象之间尽可能彼此相异。目前聚类分析已广泛应用于市场营销、心理学、数据分析等领域。K均值聚类算法是典型的基于划分的聚类算法，其原理比较简单，具有良好的伸缩性，能够适用于大规模数据，但也有一些缺点需要注意。K均值聚类算法的优缺点总结如下：

1. K 均值聚类算法的优点

（1）聚类效果较优。

（2）原理比较简单，比较容易实现，收敛速度快。

（3）算法可解释性比较强。

2. K 均值聚类算法的缺点

（1）K 值为输入参数，K 值选取不当可能会导致较差的聚类结构。

（2）采用迭代方法，得到的结果只是局部最优，在大规模数据上收敛较慢。

（3）如果各隐含类别的数据不均衡，会导致聚类效果不佳。

（4）不适合发现非凸面形状的簇，或者大小差别很大的簇。

（5）对噪声点和异常点比较敏感。

（6）初始聚类中心的选择很大程度上会影响聚类效果。

9.4 R 语言编程

本节利用 R 语言对 K 均值聚类过程进行实践。聚类分析主要包括数据导入、数据预处理、确定最佳 K 值、聚类及可视化。

9.4.1 数据导入

R 语言内置的数据集 iris，描述了 150 种鸢尾花植物的四种物理测度及其种类数据。本案例使用数据集 iris，忽略种类变量 Species，对 150 种鸢尾花植物样本进行 K 均值聚类分析。数据集 iris 的数据情况如图 9-3 所示。

```
  Sepal.Length Sepal.width Petal.Length Petal.width Species
1          5.1         3.5          1.4         0.2  setosa
2          4.9         3.0          1.4         0.2  setosa
3          4.7         3.2          1.3         0.2  setosa
4          4.6         3.1          1.5         0.2  setosa
5          5.0         3.6          1.4         0.2  setosa
6          5.4         3.9          1.7         0.4  setosa
```

图 9-3 数据集 iris 的数据情况

```
#R编程示例-iris数据集
head(iris)
```

数据集 iris 中的属性解释如表 9-6 所示。

表 9-6 iris 数据属性解释

属性名称	属性解释	属性示例
Sepal.Length	花瓣长度	5.1
Sepal.Width	花瓣宽度	3.5
Petal.Length	花萼长度	1.4
Petal.Width	花萼宽度	0.2
Species	所属物种	setosa

9.4.2　数据预处理

选择花瓣长度、花瓣宽度、花萼长度和花萼宽度四种属性值，用于聚类分析，并进行标准化处理。标准化处理后的数据集 iris 如图 9-4 所示。

```
df <- scale(iris[1:4])
head(df)
```

```
     Sepal.Length Sepal.width Petal.Length Petal.width
[1,]   -0.8976739  1.01560199    -1.335752    -1.311052
[2,]   -1.1392005 -0.13153881    -1.335752    -1.311052
[3,]   -1.3807271  0.32731751    -1.392399    -1.311052
[4,]   -1.5014904  0.09788935    -1.279104    -1.311052
[5,]   -1.0184372  1.24503015    -1.335752    -1.311052
[6,]   -0.5353840  1.93331463    -1.165809    -1.048667
```

图 9-4　标准化处理后的数据集 iris

9.4.3　确定最佳 K 值

R 语言可以使用 factoextra 包中的 fviz_nbclust() 函数，对最佳 K 值进行选择。fviz_nbclust() 函数用于划分聚类分析中，可使用手肘法、轮廓系数法和簇内平方误差法确定最佳的簇数。函数形式为

```
fviz_nbclust(x,FUNcluster=NULL,method=c("silhouette","wss",),
diss=NULL,k.max=10,...)
```

参数注释：

（1）FUNcluster：用于聚类的函数，可用的参数值为：kmeans, cluster::pam, cluster::clara, cluster::fanny, hcut 等；

（2）method：用于评估最佳簇数的指标；

（3）diss：相异性矩阵，由 dist() 函数产生的对象，如果设置为 NULL，那么表示使用 dist（data, method="euclidean"）计算 data 参数，得到相异性矩阵；

（4）k.max：最大的簇数量，至少是 2。

本节使用 fviz_nbclust() 函数确定最佳 K 值。首先使用手肘法，将 method 参数设置为 "wss"，结果如图 9-5 所示。肘部对应的 K 值为 2，则对于该数据集而言，最佳聚类数应选为 2。

```
library(factoextra)
library(ggplot2)
fviz_nbclust(df,kmeans,method="wss")
```

同时使用轮廓系数法确定最佳 K 值，将 method 参数设置为 "silhouette"，结果如图 9-6 所示。K 取 2 时平均轮廓系数最大，则最佳聚类数为 2。

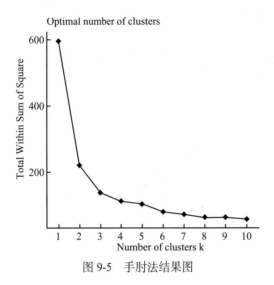

图 9-5　手肘法结果图

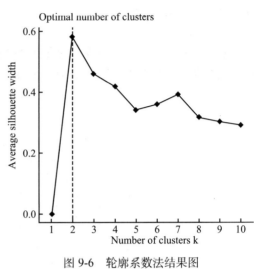

图 9-6　轮廓系数法结果图

```
fviz_nbclust(df, kmeans,method="silhouette")
```

基于上述分析，我们将最佳聚类数设置为 2。

9.4.4　聚类及可视化

R 语言中使用 kmeans() 函数进行 K 均值聚类。其函数形式为

```
kmeans(x,centers,iter.max,nstart)
```

其中，x 表示数据集（矩阵或数据框），centers 表示要提取的聚类数目，iter.max 为最大迭代次数，nstart 表示初始聚类中心的选择次数。

函数返回类的成员、类中心、误差平方和（类内平方和、类外平方和、总平方和）和类大小。由于 K 均值聚类随机选择初始聚类中心，在每次调用函数时可能获得不同结果，使用 set.seed() 函数可以保证结果是可复现的。K 均值聚类对初始中心值的选择较为敏感，通过设置 nstart 值尝试多种初始值配置，并输出最好结果。除较大数据集外，通常将 nstart 值设置为 20 或 25。

另外，使用 factoextra 包中的 fviz_cluster() 函数，可对聚类结果进行可视化处理。聚类结果如图 9-7 所示。

```
set.seed(1234)
km.res <- kmeans(df,2,nstart=25)
fviz_nbclust(km.res,data=df)
```

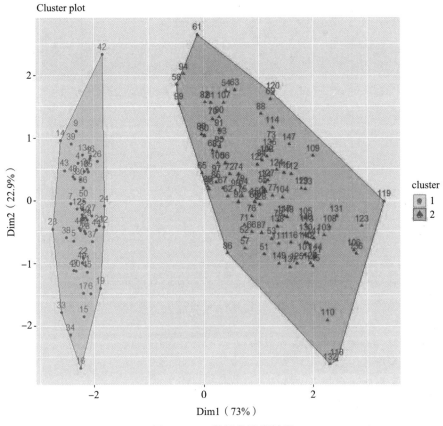

图 9-7 iris 数据集聚类结果

◎ 本章小结

本章主要从算法原理、算法示例、模型理解三个方面对 *K* 均值聚类进行理论介绍。首先详细介绍了 *K* 均值聚类算法原理，包括算法步骤、最优 *K* 值选择以及距离度量，并展示了一些延伸的 *K* 均值聚类算法；随后通过示例讲解 *K* 均值聚类算法的运行过程；为了加深读者对 *K* 均值聚类算法的理解，本章接着介绍了 *K* 均值聚类算法的优缺点；最后利用 R 语言对 *K* 均值聚类过程进行实践。

◎ 课后习题

1. 考虑图 9-8 中的 10 个点，使用 *K* 均值聚类算法，以（2，7）和（6，3）为初始聚类中心，将图 9-8 中所有样本点聚为 2 类。

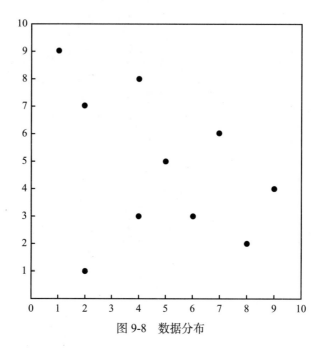

图 9-8　数据分布

2. 请简述 K 均值聚类算法的原理和过程。

3. K 均值聚类算法有哪些优缺点？

4. K 均值聚类算法如何选择最佳 K 值？

5. K 均值聚类算法如何度量样本的相似性？

第10章

关联规则分析

■ 学习目标

- 了解关联规则的基本概念
- 学习关联规则分析的基本知识
- 熟练掌握关联规则挖掘的方法
- 能够应用 Apriori 算法进行关联规则分析

■ 应用背景介绍

关联规则分析又被称作购物篮分析，最早是用于挖掘超市销售数据库中不同商品间的某种关联，比如两个商品是否会被同时购买或者购买一种商品是否会提升购买另一种商品的可能性等。"啤酒与尿布"是关联规则中最经典的一个案例，零售商通过分析发现，把啤酒放在尿布旁，有助于提升啤酒的销售量。

表 10-1 给出了某食品商店顾客的购物篮数据，其中每一行对应一个事务，每个事务拥有一个唯一标识 TID 以及购物篮的商品集合。通过分析这些数据，零售商可以获取顾客的购买偏好，并从中挖掘出意想不到的信息，如适合捆绑销售的商品组合等。这些信息蕴含巨大的价值，有利于零售商制定更好的营销策略，促进销量增长，从而推动企业的长远发展。

表 10-1　购物篮数据

TID	项集	TID	项集
1	{面包、牛奶}	4	{面包，牛奶，尿布，啤酒}
2	{面包，尿布，啤酒，鸡蛋}	5	{面包，牛奶，尿布，可乐}
3	{牛奶，尿布，啤酒，可乐}		

当下，推荐系统已经变得非常普遍。据统计，Netflix 拥有超过 2 500 万客户的电影观看记录信息，该公司基于这些信息为用户推荐其可能喜欢观看的电影。亚马逊拥有数百万客户的数千种产品购买记录的信息，客户在亚马逊上查看某些产品时，亚马逊也会根据其历史浏览数据推荐其他商品。国内常用的京东、淘宝等线上购物平台也都具备了相当成熟的好物推荐功能。关联规则分析在这些推荐功能的实现上发挥了重要的作用。

2012 年 2 月 16 日，《纽约时报》刊登了一篇题为"这些公司是如何知道您的秘密的"的报道。文中介绍了一则有趣的故事：某日，一名男性顾客愤怒地冲进一家连锁店并投诉了该店的经理，原因是该店竟然向其尚在念高中的女儿邮寄了孕妇服装和婴儿服装的优惠券。然而，男子与其女儿进一步沟通后发现自己女儿确实已有身孕，甚至预产期都和连锁店预测的一致。由此可见，近年来随着大数据的兴起，关联规则分析正扮演着愈发重要的角色。

10.1 关联分析与概率统计

本节主要介绍概率论与统计学中与关联规则分析有关的一些概念。

1. 初等概率演算

在介绍关联规则分析之前，我们先回顾一下概率论与统计学的一些基本知识，二者在概念上存在许多相通之处。

令 $P(A)$ 表示事件 A（买薯片）发生的概率。事件 A 发生的次数比例也称为 A 的支持度，它是关联矩阵 A 列中 1 的相对频率。

令 $P(B)$ 表示事件 B（买啤酒）发生的概率。事件 B 发生的次数的比例称为 B 的支持度，它是关联矩阵 B 列中 1 的相对频率。

令 $P(A$ 和 $B)$ 表示事件 A 和 B 同时发生的概率。事件 A 和 B 同时发生的次数比例称为 A 和 B 的支持度，它是同时在关联矩阵 A 和 B 列中 1 的相对频率。

$P(B|A)$ 是给定 A 时 B 的条件概率。它表示在已知事件 A（购买薯片）发生的情况下事件 B（购买啤酒）发生的概率，其中 $P(B|A) = P(A$ 和 $B)/P(A)$。

$A = $ LHS（买薯片）$\rightarrow B = $ RHS（买啤酒）是一条简单的关联规则，其中规则左侧称为"前件"，规则右侧称为"后件"，而箭头表示"相关"。

在给定事件 A(LHS) 的情况下，事件 B(RHS) 的条件概率称为事件 B 的置信度。它表示如果产品 A 已经购买，我们对产品 B 会被购买的相信程度。如果这是一个较小的值，则前件 A 和后件 B 之间并不是很相关，因为在这种情况下 B 不太可能发生。B 的置信度通常由二者的支持度（supp）计算得到，计算公式为 :supp($A = $ LHS 和 $B = $ RHS)/supp($A = $ LHS)，这两个事件的支持度是从关联矩阵中获得的。

2. 提升度

A 对 B 的提升度（lift）定义为

$$\text{lift}(A \to B) = \frac{P(B \mid A)}{P(B)} = \frac{P(A \text{和} B)}{P(A)P(B)}$$

A 对 B 的提升度是 $P(B \mid A)$ 与 $P(B)$ 的比值。该值若大于 1，则 A(LHS) 对 B(RHS) 有向上提升的作用，即如果知道 A（前件）已经发生，那么 B（后）发生的概率将会提升。A(LHS) 对 B（RHS）的提升可以计算为 supp(A = LHS 和 B = RHS) / [supp(A = LHS) supp(B = RHS)]。值得一提的是，B 对 A 的提升度同样计算为 $P(A \mid B)$ / $P(A) = P(A \text{和} B)$ / $P(A)P(B)$，二者是一样的。

前件对后件的提升度越大，表明前件对后件的促进关系越强，故找出提升度大的前件至关重要。然而，只有当后件的发生概率合理时，大幅度的提升才具有实际意义。因此，需要从数据中筛选出能够产生良好提升和高置信度的组合。

除上述度量方式之外，在一些研究中，有的学者还介绍了另一种度量——杠杆率（leverage），并将 A =LHS 对 B =RHS 的影响定义为

leverage($A \to B$) = $P(A \text{和} B) - P(A)P(B)$,

$\quad\quad\quad\quad\quad$ = lift($A \to B$)$P(A)P(B) - P(A)P(B)$,

$\quad\quad\quad\quad\quad$ = [lift($A \to B$)–1] $P(A)P(B)$.

杠杆率测量的是 A、B 一起出现的概率与 A、B 单独统计时出现概率乘积的差值。如果 A 和 B 没有关联，则杠杆率为 0；如果 A 和 B 具有一定的关联，则杠杆率 > 0。杠杆率越大表明 A 和 B 之间的关联越强。

10.2 关联规则的挖掘

本节主要介绍关联规则的概念和在关联分析中需要使用的基本术语，并介绍关联规则挖掘的相关理论与方法。

10.2.1 关联规则的基本概念

令 $I = \{i_1, i_2, \cdots, i_M\}$ 是项的集合，$T = \{t_1, t_2, \cdots, t_N\}$ 是所有事务的集合，每个事务 t_i 包含的项集都是 I 的子集。如表 10-1 中，面包、牛奶、啤酒等都是一个项，每一行对应的数据都是一个事务。

1. 项集

在关联分析中，项集就是包含一个或多个项的集合，如 { 牛奶，面包，尿布 }。包含 k 个项的项集被称为 k 项集，如 { 面包，尿布，啤酒，鸡蛋 } 就是一个 4 项集。

2. 支持度计数

支持度计数（σ）指的是一个项集 X 出现的频数，即该项集在事务中出现的次数。支持度计数可以表示为

$$\sigma(X) = \mid \{t_i \mid X \subseteq t_i, t_i \in T\}$$

比如在表 10-1 中，σ（{牛奶，面包，尿布}）=2，因为该项集只在事务 4 和事务 5 中出现了。

3. 支持度

支持度（s）是项集的支持度计数（σ）与事务总数的比值：

$$s(X) = \frac{\sigma(X)}{|T|}$$

比如在表 10-1 中，s（{牛奶，面包，尿布}）=2/5。

4. 关联规则

关联规则是形如 $X \rightarrow Y$ 的表达式，其中 X 和 Y 为项集，且 $X \cap Y = \varnothing$，即二者不相交。比如，在表 10-1 中，{牛奶，尿布} $\rightarrow$ {啤酒} 就是一条关联规则。关联规则的评估指标主要有两个：支持度（s）和置信度（c）。其中支持度代表交易数据中同时包含 X 和 Y 的交易比例，置信度代表 Y 中的项在包含 X 的事务中出现的频率，二者的定义如下：

$$s(X \rightarrow Y) = \frac{\sigma(X \cup Y)}{|T|}$$

$$c(X \rightarrow Y) = \frac{\sigma(X \cup Y)}{\sigma(X)}$$

以关联规则 {牛奶，尿布} $\rightarrow$ {啤酒} 为例，该规则的支持度为 $s=\sigma$（{牛奶，尿布，啤酒}）/$|T|$=2/5=0.4，该规则的置信度为 $c=\sigma$（{牛奶，尿布，啤酒}）/σ（{牛奶，尿布}）=2/3=0.67。

需要注意的是，关联规则意味着前项和后项更可能同时发生，而不是二者之间存在因果关系。因此，关联规则的结果需要谨慎分析。

10.2.2 关联规则的挖掘

为了发现更多的关联规则，从中获取潜在的信息和附加的价值，需要对关联规则进行挖掘。关联规则挖掘旨在从一组给定的交易中找出规则，该规则将根据交易中其他项目的出现来预测某些项目出现。

比如，从表 10-1 中的购物篮数据，我们可能得到以下关联规则：

{尿布} $\rightarrow$ {啤酒}

{牛奶，面包} $\rightarrow$ {鸡蛋，可乐}

{啤酒，面包} $\rightarrow$ {牛奶}

1. 关联规则的挖掘

给定一组事务集合 T，关联规则挖掘的目标是找到所有满足支持度 $\geq$ minsup 阈值，置信度 $\geq$ minconf 阈值的规则。其中 minsup 与 minconf 是人为设定的两个阈值，分别表示最小支持度和最小置信度。

挖掘关联规则的方法有很多，其中一种最原始的蛮力方法的步骤如下：

步骤 1：列出所有可能的关联规则。

步骤 2：计算每条规则的支持度和置信度。

步骤 3：减去那些小于 minsup 阈值和 minconf 阈值的规则。

该方法的原理非常简单，能够确保不会遗漏任何有价值的关联规则。然而，该方法的计算复杂度非常高，当数据集非常庞大时，会耗费大量的计算时间。假定一组交易数据中有 d 项，则存在的项集总数为 2^d 个，所有可能存在的关联规则数目为

$$R = \sum_{k=1}^{d-1}\left[\binom{d}{k} \times \sum_{j=1}^{d-k} \binom{d-k}{j} \right] = 3^d - 2^{d+1} + 1,$$

这意味着即使该数据中只有 6 个项，也可能产生 602 条规则。若设定 minsup=20%，minconf=50%，则产生的 602 条规则中有超过 80% 的规则不符合要求，最终被舍弃。这样做会浪费大量的计算时间，将产生许多无用的费用。因此，一种有效的关联规则方法至关重要。

通过分析表 10-1 中的数据，我们可以得到如下一些规则：

{ 牛奶，尿布 } → { 啤酒 }，该规则的支持度 s=0.4，置信度 c=0.67；

{ 牛奶，啤酒 } → { 尿布 }，该规则的支持度 s=0.4，置信度 c=1；

{ 尿布，啤酒 } → { 牛奶 }，该规则的支持度 s=0.4，置信度 c=0.67；

{ 啤酒 } → { 牛奶，尿布 }，该规则的支持度 s=0.4，置信度 c=0.67；

{ 尿布 } → { 牛奶，啤酒 }，该规则的支持度 s=0.4，置信度 c=0.5；

{ 牛奶 } → { 尿布，啤酒 }，该规则的支持度 s=0.4，置信度 c=0.5。

通过观察可以发现，以上所有规则都是同一个项目集 { 牛奶，啤酒，尿布 } 的二分法。产生于相同项目集的规则拥有相同的支持度，但是可能会有不同的置信度。基于此，我们可以将支持度和置信度的要求解耦。事实上，拆分支持度和置信度要求是大多数关联规则算法的第一步。为提高算法性能，需要将关联规则挖掘的任务划分为以下两个步骤：

步骤 1：频繁项集的生成。支持度大于等于 minsup 阈值的项集被称作频繁项集，算法的第一步就是找出所有支持度 ≥ minsup 阈值的项集。

步骤 2：规则的生成。从每个频繁项集中生成具有高置信度的规则，其中每条规则都是频繁项集的二分法，高置信度的规则被称为强规则。

假定一组交易数据中有 d 项，则存在的项集总数为 2^d 个，生成频繁项集所需的计算成本仍然很高。为了枚举项集所有可能的情况，经常会用到格结构，图 10-1 展示了数据中含有 5 项时存在的项集情况。

为了降低计算成本，提高频繁项集的生成效率，需要削减频繁项集的候选个数，也就是对候选项集进行剪枝操作。在进行剪枝操作前，我们先介绍一个重要的原理——先验原理。

2. 先验原理

该原理的定义为：如果一个项集为频繁项集，则其所有的子集一定为频繁项集。该结论可以通过支持度的性质证明得到：

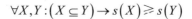

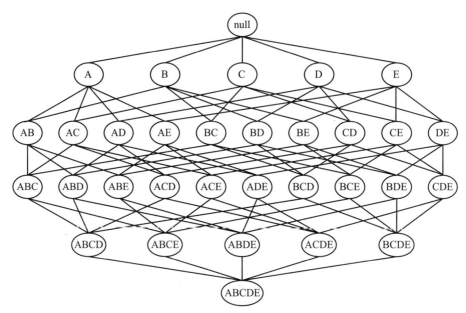

图 10-1 含有 5 项的交易数据存在的项集情况

上述支持度的性质表明，一个项集的支持度永远不会超过它的子集，这被称为支持度的反单调性。反过来说，如果一个项集为非频繁项集，则它所有的超集一定为非频繁项集。该性质可以用于剪枝操作，先验原理示例如图 10-2 所示，若 AB 为非频繁项集。则其所有的超集（如 ABC，ABD，ABCD 等）一定是非频繁项集，这些项集可以直接被剪枝，而不用计算它们的支持度。

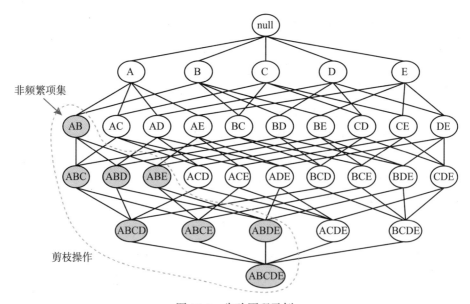

图 10-2 先验原理示例

10.3　Apriori 算法原理

Apriori 算法是关联规则挖掘的第一个算法，它利用基于支持度性质的剪枝技术，有效削减了候选集的数量，提高了算法的效率。

10.3.1　Apriori 算法的基本框架

令 F_k 代表频繁 k 项集，L_k 代表候选 k 项集，Apriori 算法的原理如下：

（1）令 $k=1$。

（2）生成 $F_1 =\{$ 频繁 1 项集 $\}$。

（3）重复以下操作，直至 F_k 为空集。

①候选集的生成：从 F_k 中生成 L_{k+1}。

②候选集的剪枝：剪去候选集 L_{k+1} 中包含长度为 k 的非频繁子集的项集。

③支持度计算：通过扫描数据库计算 L_{k+1} 中每个候选集的支持度。

④候选集消除：舍弃 L_{k+1} 中非频繁的候选集，留下的候选集即成为 F_{k+1}。

生成候选集时应当尽可能避免那些不必要的候选集，比如该候选集的某个子集是非频繁的，这种情况下该候选集一定为非频繁项集集。同时，生成候选集的过程中既要保证不会出现重复的候选集，也要确保没有遗漏任何频繁项集。

存在多种方式生成候选集，如蛮力方法、$F_{k-1} \times F_1$ 方法等。在蛮力方法中，所有的 k 项集都可能是候选集，只需要运用剪枝的方式剪去那些不符合要求的候选集即可。该方法的复杂度如下：

$$O\left(\sum_{k=1}^{d} k C_d^k\right)=O\left(d \cdot 2^{d-1}\right)$$

由此可以看出，蛮力方法的特点为简单的候选集生成、高计算开销的候选集剪枝。图 10-3 展示了运用蛮力方法生成候选 3 项集的过程。

$F_{k-1} \times F_1$ 方法通过合并频繁 1 项集和频繁 $k-1$ 项集来生成候选 k 项集，该方法的复杂度如下：

$$O\left(\sum_{k} k\left|F_{k-1}\right|\left|F_1\right|\right)$$

图 10-4 展示了运用 $F_{k-1} \times F_1$ 方法生成候选 3 项集的过程，首先通过合并频繁 1 项集和频繁 2 项集生成候选 3 项集，由于一些候选 3 项集的子集是非频繁的，因此我们对其进行剪枝操作并得到了最终的候选集。

10.3.2　$F_{k-1} \times F_{k-1}$ 方法

生成候选集的另一种方法是 $F_{k-1} \times F_{k-1}$ 方法。该方法合并两个频繁 $k-1$ 项集，前提是这两个项集的前 $k-2$ 项相同。

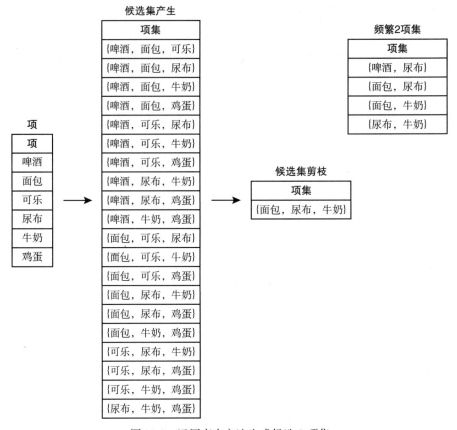

图 10-3　运用蛮力方法生成候选 3 项集

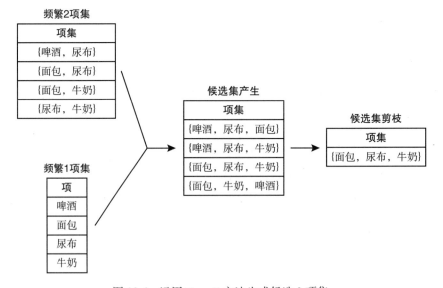

图 10-4　运用 $F_{k-1} \times F_1$ 方法生成候选 3 项集

令 F_3={ABC, ABD, ABE, ACD, BCD, BDE, CDE} 为频繁 3 项集，并以此生成频繁 4 项集。

依据 $F_{k-1} \times F_{k-1}$ 方法，合并（ABC, ABD）=ABCD，合并（ABC, ABE）=ABCE，合并（ABD, ABE）=ABDE。这里不需要合并诸如（ABD, ACD）的项集，因为它们的前 2 项并不相同。

合并操作完成后，得到候选 4 项集 L_4 ={ABCD, ABCE, ABDE}，我们对其进行剪枝。由于 ACE，BCE 并不是频繁 3 项集，而其为候选 4 项集 ABCE 的子集，根据先验原理，ABCE 一定为非频繁项集，故 ABCE 被剪去。同理，由于 ADE 并非频繁 3 项集，而其为候选 4 项集 ABDE 的子集，则 ABDE 一定为非频繁项集，故 ABDE 被减去。剪枝操作完成后，L_4 ={ABCD}。

10.3.3 $F_{k-1} \times F_{k-1}$ 方法的备用方式

$F_{k-1} \times F_{k-1}$ 方法还有一种备用方式，该方式合并两个频繁 $k-1$ 项集，前提是前者的后 $k-2$ 项等于后者的前 $k-2$ 项。

同样令 F_3 ={ABC, ABD, ABE, ACD, BCD, BDE, CDE} 为频繁 3 项集，并以此生成频繁 4 项集。依据 $F_{k-1} \times F_{k-1}$ 的备用方法，合并（ABC, BCD）=ABCD，合并（ABD, BDE）=ABDE，合并（ACD, CDE）=ACDE，合并（BCD, CDE）=BCDE。

合并操作完成后，得到候选 4 项集 L_4 ={ABCD, ABDE, ACDE, BCDE}，我们对其进行剪枝。由于 ADE 并不是频繁 3 项集，而其为候选 4 项集 ABDE 的子集，根据先验原理，ABDE 一定为非频繁项集，故 ABDE 被剪去。同理，由于 ACE 和 ADE 并不是频繁 3 项集，而其为候选 4 项集 ACDE 的子集，则 ACDE 一定为非频繁项集，故 ACDE 被减去。由于 BCE 并不是频繁 3 项集，而其为候选 4 项集 BCDE 的子集，则 BCDE 一定为非频繁项集，故 BCDE 被减去。剪枝操作完成后，L_4 ={ABCD}。

候选集确认后，必须确认候选集的支持度。一种常见的方式是扫描整个事务数据库以确定每个候选项集的支持度，这一过程必须将每个候选集与每个事务匹配，计算成本非常高。假设事务数据库为表 10-1 中的数据，现在有如下候选集：

{ 啤酒，尿布，牛奶 }

{ 啤酒，面包，尿布 }

{ 面包，尿布，牛奶 }

{ 啤酒，面包，牛奶 }

为了确定这些候选集的支持度，需要将每个候选集在数据库中遍历一次。由于表 10-1 的数据集中共有 5 条事务，计算总共需要执行 4 × 5 次。确认每个候选集的支持度后，从候选集中选出支持度 >minsup 阈值的项集，这些项集即为所需的频繁项集。

10.3.4 规则生成

关联规则的生成方式：给定一组频繁项集 L，找出其所有的非空子集 $f \subseteq L$，使得 $f \to L-f$ 满足最小置信度阈值的要求。由于该规则产生于频繁项集，因此通过这种方式生成的规则已经满足了支持度 minsup 阈值的要求。

假定 {A, B, C, D} 是一组频繁项集，则其候选的规则包括：ABC→D, ABD→C, ACD→B, BCD→A, A→BCD, B→ACD, C→ABD, D→ABC, AB→CD, AC→BD, AD→BC, BC→AD, BD→AC, CD→AB。如果频繁项集 L 中的项数为 $|L|=k$，则存在的候选关联规则数量为 2^k-2 个（忽略规则 $L→\emptyset$ 以及 $\emptyset→L$）。

一般来说，置信度并不具备反单调性。即：规则 $X→Y$ 的置信度和规则 $\tilde{X}→\tilde{Y}$ 的置信度没有绝对的大小关系，其中 $\tilde{X} \subseteq X, \tilde{Y} \subseteq Y$。以规则 ABC→D 和 AB→D 为例，$c(ABC→D)=\sigma(ABCD)/\sigma(ABC)$，$c(AB→D)=\sigma(ABD)/\sigma(AB)$，显然 $\sigma(ABD)>\sigma(ABCD)$，$\sigma(AB)>\sigma(ABC)$，这意味着 $c(ABC→D)$ 可能大于也可能小于 $c(AB→D)$。

然而，产生于同一频繁项集的规则置信度具备反单调性，即：规则 $X→Y–X$ 的置信度大于等于 $\tilde{X}→Y-\tilde{X}$ 的置信度。

假定 {A, B, C, D} 是一组频繁 4 项集，则有 $c(ABC→D)=o(ABCD)/o(ABC)$，$c(AB→CD)=\sigma(ABCD)/\sigma(AB)$，$c(A→BCD)=\sigma(ABCD)/\sigma(A)$，由于 $\sigma(A)>\sigma(AB)>\sigma(ABC)$，因此：

$$c(ABC→D) \geq c(AB→CD) \geq c(A→BCD)$$

规则的剪枝如图 10-5 所示，假设 BCD→A 为低置信度规则，则所有灰圈内的规则都为低置信度规则，这些规则将被剪枝。

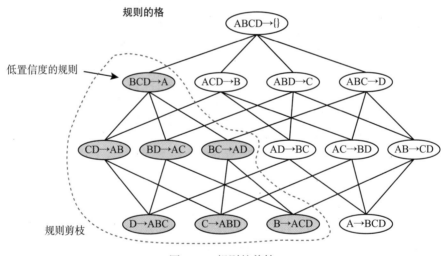

图 10-5 规则的剪枝

10.4 R 语言编程

本节利用 R 语言将关联规则分析的整个过程进行实践。对于给定的一组事务数据，关联规则分析主要包括五个部分：数据导入、数据预处理、Apriori 算法建模、结果分析、疾病数据分析。

10.4.1 数据导入

关联规则分析的相关算法都包含在了"arules"包中，该包提供了一个表达、处理、分析事务数据和模式的基本框架。因此在进行关联规则分析之前，需要先安装并加载"arules"包。

```
#安装相关包
install.packages("arules")

#相关库导入
library(arules)
```

"arules"包加载完成后，调用其中的 read.transactions() 函数读取事务数据集并创建稀疏矩阵。该函数的参数如下：

```
read.transactions(file,format=c("basket","single"),header=FALSE,sep="",cols=NULL,
  rm.duplicates=false,quote="\",skip=0,encoding="unknown")
```

其中：file 表示要读取的文件名及其路径；format 表示数据格式，分为"basket"和"single"两种，如果事务数据集的每行内容只包含商品项，则选用"basket"，如果每行内容包含交易单号 + 商品项，则选用"single"。

```
#读取数据集
simpleData <- read.transactions("E:/model_data/Data_AssociationRule/instance1.txt",
format="basket",sep=", ")
```

10.4.2 数据预处理

数据导入后，执行 simpleData 以查看事务数据集，随后调用 summary() 函数从中获取相关的统计汇总信息，并通过 inspect() 函数查看稀疏矩阵的内容。simpleData 数据集如图 10-6 所示。

```
#查看事务数据集
simpleData
```

```
transactions in sparse format with
  10 transactions (rows) and
  5 items (columns)
```

图 10-6   simpleData 数据集

simpleData 数据集的汇总统计信息如图 10-7 所示。

```
#查看数据集相关的统计汇总信息
summary(simpleData)
```

```
transactions as itemMatrix in sparse format with
10 rows (elements/itemsets/transactions) and
5 columns (items) and a density of 0.54

most frequent items:
      b     a     c     e     d (Other)
      8     7     7     3     2      0

element (itemset/transaction) length distribution:
sizes
2 3 4
5 3 2

   Min. 1st Qu.  Median   Mean 3rd Qu.   Max.
   2.0    2.0     2.5    2.7    3.0    4.0

includes extended item information - examples:
  labels
1      a
2      b
3      c
```

图 10-7　simpleData 数据集的汇总统计信息

simpleData 数据集中包含的事务如图 10-8 所示。

```
#查看稀疏矩阵的内容
inspect(simpleData)
```

由 simpleData、summary（simpleData）以 及 inspect（simpleData）的结果可知，事务数据集中总共有十行交易数据，事务的最大宽度为 5，即一行交易数据中最多只有 5 项。这些项分别为 *a*，*b*，*c*，*d*，*e*，其中 *b* 出现了 8 次，为最频繁 1 项集，*d* 出现的次数最少，仅仅为 2 次。

```
       items
[1]  {a, c, e}
[2]  {b, d}
[3]  {b, c}
[4]  {a, b, c, d}
[5]  {a, b}
[6]  {b, c}
[7]  {a, b}
[8]  {a, b, c, e}
[9]  {a, b, c}
[10] {a, c, e}
```

图 10-8　simpleData 数据集中包含的事务

10.4.3　Apriori 算法建模

对导入的数据有一个基本认识后，接下来调用 apriori() 函数建模，该函数的主要参数如下：

```
apriori(data,parameter=NULL,appearance=NULL,control=NULL)
```

其中：data 为事务类的对象或能够强制转换成事务类的任何数据结构（比如一个二元矩阵或数据框）；parameter 中包含一系列参数，用户可以根据需求自由设置，比如 support 表示规则的最小支持度，其默认值为 0.1，confidence 表示关联规则的最小置信度，其默认值为 0.8。我们设定关联规则的支持度为 0.3，置信度为 0.6，并以此挖掘关联规则。Apriori 算法建模如图 10-9 所示。

```
rule1=apriori(simpleData,parameter=list(support=0.3,confidence=0.6))
```

```
Apriori

Parameter specification:
 confidence minval smax arem  aval originalSupport maxtime support minlen maxlen target  ext
        0.6    0.1    1 none FALSE          TRUE       5     0.3      1     10  rules TRUE

Algorithmic control:
 filter tree heap memopt load sort verbose
    0.1 TRUE TRUE  FALSE TRUE    2    TRUE

Absolute minimum support count: 3

set item appearances ...[0 item(s)] done [0.00s].
set transactions ...[5 item(s), 10 transaction(s)] done [0.00s].
sorting and recoding items ... [4 item(s)] done [0.00s].
creating transaction tree ... done [0.00s].
checking subsets of size 1 2 3 done [0.00s].
writing ... [17 rule(s)] done [0.00s].
creating S4 object  ... done [0.00s].
```

图 10-9　Apriori 算法建模

10.4.4　结果分析

关联规则挖掘完成后，我们调用 inspect() 函数输出模型结果。关联规则挖掘结果如图 10-10 所示。

```
#输出模型结果
inspect((rule1))
```

```
      lhs          rhs support confidence coverage lift      count
 [1]  {}        => {c} 0.7     0.7000000  1.0      1.0000000 7
 [2]  {}        => {a} 0.7     0.7000000  1.0      1.0000000 7
 [3]  {}        => {b} 0.8     0.8000000  1.0      1.0000000 8
 [4]  {e}       => {c} 0.3     1.0000000  0.3      1.4285714 3
 [5]  {e}       => {a} 0.3     1.0000000  0.3      1.4285714 3
 [6]  {c}       => {a} 0.5     0.7142857  0.7      1.0204082 5
 [7]  {a}       => {c} 0.5     0.7142857  0.7      1.0204082 5
 [8]  {c}       => {b} 0.5     0.7142857  0.7      0.8928571 5
 [9]  {b}       => {c} 0.5     0.6250000  0.8      0.8928571 5
[10]  {a}       => {b} 0.5     0.7142857  0.7      0.8928571 5
[11]  {b}       => {a} 0.5     0.6250000  0.8      0.8928571 5
[12]  {c, e}    => {a} 0.3     1.0000000  0.3      1.4285714 3
[13]  {a, e}    => {c} 0.3     1.0000000  0.3      1.4285714 3
[14]  {a, c}    => {e} 0.3     0.6000000  0.5      2.0000000 3
[15]  {a, c}    => {b} 0.3     0.6000000  0.5      0.7500000 3
[16]  {b, c}    => {a} 0.3     0.6000000  0.5      0.8571429 3
[17]  {a, b}    => {c} 0.3     0.6000000  0.5      0.8571429 3
```

图 10-10　关联规则挖掘结果

结果表明，通过 Apriori 算法我们总共可以挖掘得到 17 条符合条件的关联规则，即这些规则的支持度大于等于 0.3，置信度大于等于 0.6。以第 15 条规则为例，关联规则 $\{a,c\} \rightarrow \{b\}$ 的支持度为 0.3，置信度为 0.6，这说明 a，c，b 同时发生的概率为 0.3，a，c 发生则 b 发生的概率为 0.6。此外，该规则的提升度为 0.75，支持度计数为 3。

10.4.5　疾病数据分析

近年来随着信息技术的不断发展，健康大数据应运而生。对庞大的健康数据进行专业化处理和再利用具有积极的意义，不仅有利于身体状况监测，在疾病预防和健康趋势分析方面都蕴含巨大的价值。为了进一步加深读者对关联规则分析的理解，提高读者对 Apriori 算法的应用能力，本节将分析一组相对复杂的疾病数据集。数据集中共有 930 个事务和 10 个项，每个事务包含病人的健康数据信息。

首先调用 read.csv() 函数导入疾病数据集，查看其前 10 行数据，并通过 length() 函数获取该数据集的数据长度。部分数据如图 10-11 所示。

```
#读取疾病数据集
illnessData<-read.csv("./illnessData.csv",encoding="UTF-8")

#查看前10行数据
illnessData[1:10,1:5]
illnessData[1:10,6:10]



#获取数据集长度
length(illnessData$病程阶段)
```

X.U.FEFF.	肝气郁结证型系数	热毒蕴结证型系数	冲任失调证型系数	气血两虚证型系数	脾胃虚弱证型系数
1	0.056	0.460	0.281	0.352	0.119
2	0.488	0.099	0.283	0.333	0.116
3	0.107	0.008	0.204	0.150	0.032
4	0.322	0.208	0.305	0.130	0.184
5	0.242	0.280	0.131	0.210	0.191
6	0.389	0.112	0.456	0.277	0.185
7	0.246	0.202	0.277	0.178	0.237
8	0.330	0.125	0.356	0.268	0.366
9	0.257	0.314	0.328	0.140	0.128
10	0.205	0.330	0.253	0.295	0.115

	肝肾阴虚证型系数	病程阶段	TNM分期	转移部位	确诊后几年发现转移
1	0.350	S4	H4	R1	J1
2	0.293	S4	H4	R1	J1
3	0.159	S4	H4	R2	J2
4	0.317	S4	H4	R2	J1
5	0.351	S4	H4	R2R5	J1
6	0.396	S4	H4	R3	J1
7	0.483	S4	H4	R1R3	J3
8	0.397	S4	H4	R1R2R3R5	J1
9	0.335	S4	H4	R2	J2
10	0.224	S4	H4	R2	J1

图 10-11　疾病数据集的部分数据

我们发现该数据集的每个事务都包含 10 个项，其中第 1 列至第 6 列为连续型数据，第 7 列至第 10 列为离散型数据，由于我们应用 Apriori 算法进行数据挖掘，因此只保留该数据集中第 7 列至第 10 列的数据，接下来我们只对保留下的离散型数据集进行关联规则挖掘。处理后的部分数据如图 10-12 所示。

```
#只保留第7-10列用于分析
illnessPartData<-illnessData[,7:10]
illnessPartData[1:20,]
```

获取分析数据后，我们调用 as() 函数将疾病数据集转换为 transactions 属性，便于后续进行关联规则分析。

	病程阶段	TNM分期	转移部位	确诊后几年发现转移
1	S4	H4	R1	J1
2	S4	H4	R1	J1
3	S4	H4	R2	J2
4	S4	H4	R2	J1
5	S4	H4	R2R5	J1
6	S4	H4	R3	J1
7	S4	H4	R1R3	J3
8	S4	H4	R1R2R3R5	J1
9	S4	H4	R2	J2
10	S4	H4	R2	J1
11	S4	H4	R1	J3
12	S4	H4	R2	J3
13	S4	H4	R1R2R3R5	J1
14	S4	H4	R1	J2
15	S4	H4	R5	J3
16	S4	H4	R1	J1
17	S3	H4	R1R2R3	J1
18	S3	H4	R2	J2
19	S3	H4	R1R2R3R4R5	J1
20	S3	H4	R1R2R3R5	J1

图 10-12　处理后的部分数据

```
#将数据转换成transactions属性
processIllData=as(illnessPartData,"transactions")
```

通过 inspect() 函数观察转换后的疾病数据集，可以发现该数据集的呈现方式明显不同于转换前。转换后的部分数据如图 10-13 所示。

```
#观察前20行的数据
inspect(processIllData[1:20])
```

	items		transactionID
[1]	{病程阶段=S4，TNM分期=H4，转移部位=R1，确诊后几年发现转移=J1}		1
[2]	{病程阶段=S4，TNM分期=H4，转移部位=R1，确诊后几年发现转移=J1}		2
[3]	{病程阶段=S4，TNM分期=H4，转移部位=R2，确诊后几年发现转移=J2}		3
[4]	{病程阶段=S4，TNM分期=H4，转移部位=R2，确诊后几年发现转移=J1}		4
[5]	{病程阶段=S4，TNM分期=H4，转移部位=R2R5，确诊后几年发现转移=J1}		5
[6]	{病程阶段=S4，TNM分期=H4，转移部位=R3，确诊后几年发现转移=J1}		6
[7]	{病程阶段=S4，TNM分期=H4，转移部位=R1R3，确诊后几年发现转移=J3}		7
[8]	{病程阶段=S4，TNM分期=H4，转移部位=R1R2R3R5，确诊后几年发现转移=J1}		8
[9]	{病程阶段=S4，TNM分期=H4，转移部位=R2，确诊后几年发现转移=J2}		9
[10]	{病程阶段=S4，TNM分期=H4，转移部位=R2，确诊后几年发现转移=J1}		10
[11]	{病程阶段=S4，TNM分期=H4，转移部位=R1，确诊后几年发现转移=J3}		11
[12]	{病程阶段=S4，TNM分期=H4，转移部位=R2，确诊后几年发现转移=J3}		12
[13]	{病程阶段=S4，TNM分期=H4，转移部位=R1R2R3R5，确诊后几年发现转移=J1}		13
[14]	{病程阶段=S4，TNM分期=H4，转移部位=R1，确诊后几年发现转移=J2}		14
[15]	{病程阶段=S4，TNM分期=H4，转移部位=R5，确诊后几年发现转移=J3}		15
[16]	{病程阶段=S4，TNM分期=H4，转移部位=R1，确诊后几年发现转移=J1}		16
[17]	{病程阶段=S3，TNM分期=H4，转移部位=R1R2R3，确诊后几年发现转移=J1}		17
[18]	{病程阶段=S3，TNM分期=H4，转移部位=R2，确诊后几年发现转移=J2}		18
[19]	{病程阶段=S3，TNM分期=H4，转移部位=R1R2R3R4R5，确诊后几年发现转移=J1}		19
[20]	{病程阶段=S3，TNM分期=H4，转移部位=R1R2R3R5，确诊后几年发现转移=J1}		20

图 10-13　转换后的部分数据

我们接着调用 apriori() 函数建模，设定关联规则的支持度为 0.08，置信度为 0.85，并以此挖掘关联规则。

```
#设定关联规则的支持度为0.08，置信度为0.85
rule2=apriori(processIllData,parameter=list(support=0.08,confidence=0.85))
```

算法建模如图 10-14 所示。

```
Apriori

Parameter specification:
 confidence minval smax arem  aval originalSupport maxtime support minlen maxlen target  ext
      0.85    0.1    1 none FALSE          TRUE       5   0.08      1     10  rules TRUE

Algorithmic control:
 filter tree heap memopt load sort verbose
    0.1 TRUE TRUE  FALSE TRUE    2    TRUE

Absolute minimum support count: 74

set item appearances ...[0 item(s)] done [0.00s].
set transactions ...[30 item(s), 930 transaction(s)] done [0.00s].
sorting and recoding items ... [14 item(s)] done [0.00s].
creating transaction tree ... done [0.00s].
checking subsets of size 1 2 3 4 done [0.00s].
writing ... [30 rule(s)] done [0.00s].
creating S4 object  ... done [0.00s].
```

图 10-14　算法建模

最终输出模型结果，获取通过 apriori 算法挖掘到的关联规则。疾病数据关联规则如图 10-15 所示。

```
#输出模型结果
rule2
inspect(rule2)
```

	lhs	rhs	support	confidence	coverage	lift	count
[1]	{确诊后几年发现转移=J2}	=> {TNM分期=H4}	0.08064516	1.0000000	0.08064516	2.240964	75
[2]	{转移部位=R2}	=> {TNM分期=H4}	0.08602151	1.0000000	0.08602151	2.240964	80
[3]	{确诊后几年发现转移=J3}	=> {TNM分期=H4}	0.08602151	1.0000000	0.08602151	2.240964	80
[4]	{TNM分期=H1}	=> {确诊后几年发现转移=J0}	0.11290323	1.0000000	0.11290323	1.823529	105
[5]	{TNM分期=H1}	=> {转移部位=R0}	0.11290323	1.0000000	0.11290323	1.805825	105
[6]	{TNM分期=H2}	=> {确诊后几年发现转移=J0}	0.21505376	0.9756098	0.22043011	1.779053	200
[7]	{TNM分期=H2}	=> {转移部位=R0}	0.22043011	1.0000000	0.22043011	1.805825	205
[8]	{TNM分期=H3}	=> {确诊后几年发现转移=J0}	0.21505376	0.9756098	0.22043011	1.779053	200
[9]	{TNM分期=H3}	=> {转移部位=R0}	0.21505376	0.9756098	0.22043011	1.761781	200
[10]	{确诊后几年发现转移=J1}	=> {TNM分期=H4}	0.27419355	0.9807692	0.27956989	2.197868	255
[11]	{确诊后几年发现转移=J0}	=> {转移部位=R0}	0.54838710	1.0000000	0.54838710	1.805825	510
[12]	{转移部位=R0}	=> {确诊后几年发现转移=J0}	0.54838710	0.9902913	0.55376344	1.805825	510
[13]	{TNM分期=H1, 确诊后几年发现转移=J0}	=> {转移部位=R0}	0.11290323	1.0000000	0.11290323	1.805825	105
[14]	{TNM分期=H1, 转移部位=R0}	=> {确诊后几年发现转移=J0}	0.11290323	1.0000000	0.11290323	1.823529	105
[15]	{病程阶段=S3, 确诊后几年发现转移=J1}	=> {TNM分期=H4}	0.08602151	1.0000000	0.08602151	2.240964	80
[16]	{病程阶段=S1, TNM分期=H2}	=> {确诊后几年发现转移=J0}	0.14516129	1.0000000	0.14516129	1.823529	135
[17]	{病程阶段=S1, 转移部位=R0}	=> {确诊后几年发现转移=J0}	0.14516129	0.9642857	0.15053763	1.758403	135
[18]	{病程阶段=S4, TNM分期=H2}	=> {确诊后几年发现转移=J0}	0.08064516	1.0000000	0.08064516	1.823529	75
[19]	{病程阶段=S4, TNM分期=H2}	=> {转移部位=R0}	0.08064516	1.0000000	0.08064516	1.805825	75
[20]	{TNM分期=H2, 确诊后几年发现转移=J0}	=> {转移部位=R0}	0.21505376	1.0000000	0.21505376	1.805825	200
[21]	{TNM分期=H2, 转移部位=R0}	=> {确诊后几年发现转移=J0}	0.21505376	0.9756098	0.22043011	1.779053	200
[22]	{TNM分期=H3, 确诊后几年发现转移=J0}	=> {转移部位=R0}	0.21505376	1.0000000	0.21505376	1.805825	200
[23]	{TNM分期=H3, 转移部位=R0}	=> {确诊后几年发现转移=J0}	0.21505376	1.0000000	0.21505376	1.823529	200
[24]	{病程阶段=S4, 确诊后几年发现转移=J0}	=> {转移部位=R0}	0.18817204	1.0000000	0.18817204	1.805825	175
[25]	{病程阶段=S4, 转移部位=R0}	=> {确诊后几年发现转移=J0}	0.18817204	1.0000000	0.18817204	1.823529	175
[26]	{病程阶段=S2, 确诊后几年发现转移=J1}	=> {TNM分期=H4}	0.10752688	0.9523810	0.11290323	2.134251	100
[27]	{病程阶段=S2, 确诊后几年发现转移=J0}	=> {转移部位=R0}	0.13978495	1.0000000	0.13978495	1.805825	130
[28]	{病程阶段=S2, 转移部位=R0}	=> {确诊后几年发现转移=J0}	0.13978495	1.0000000	0.13978495	1.823529	130
[29]	{病程阶段=S4, TNM分期=H2, 确诊后几年发现转移=J0}	=> {转移部位=R0}	0.08064516	1.0000000	0.08064516	1.805825	75
[30]	{病程阶段=S4, TNM分期=H2, 转移部位=R0}	=> {确诊后几年发现转移=J0}	0.08064516	1.0000000	0.08064516	1.823529	75

图 10-15　疾病数据关联规则

结果表明，通过 Apriori 算法我们总共可以挖掘得到 30 条符合条件的关联规则，即这些规则的支持度大于等于 0.08，置信度大于等于 0.85。以第 20 条规则为例，关联规则 {TNM 分期 =H2，确诊后几年发现转移 =J0}→{ 转移部位 =R0} 的支持度为 0.215，置信度为 1，这说明项 "TNM 分期 =H2" "确诊后几年发现转移 =J0" "转移部位 =R0" 三者同时发生的概率为 0.215，"TNM 分期 =H2" "确诊后几年发现转移 =J0" 发生则 "转移部位 =R0" 发生的概率为 1。此外，该规则的提升度为 1.8，支持度计数为 200。

◎ 本章小结

本章主要从关联分析与概率统计、关联规则的挖掘、Apriori 算法原理三个方面进行理论介绍。首先介绍了概率论与统计学中一些与关联规则分析有关的概念，包括初等概率演算、提升度等；随后讲解了关联规则的概念和关联分析中用到的基本术语，并介绍了关联规则挖掘的相关理论与方法；接着介绍了用于关联规则挖掘的经典算法——Apriori 算法；最后利用 R 语言将关联规则分析的整个过程进行了实践。

◎ 课后习题

1. 现有购物篮事务数据集如表 10-2 所示。

表 10-2 购物篮事务数据集

顾客 ID	事务 TID	购买项	顾客 ID	事务 TID	购买项
1	0001	$\{a, c, e\}$	3	0029	$\{b, c\}$
1	0036	$\{b, d\}$	4	0034	$\{a, b\}$
2	0015	$\{b, c\}$	4	0037	$\{a, b, c, e\}$
2	0037	$\{a, b, c, d\}$	5	0016	$\{a, b, c\}$
3	0026	$\{a, b\}$	5	0027	$\{a, c, e\}$

（1）把每个事务 TID 视作一个购物篮，计算项集 $\{a\}$，$\{c, e\}$，$\{a, c, e\}$ 的支持度。

（2）使用第一问中的计算结果，计算关联规则 $\{c, e\} \rightarrow \{a\}$ 和 $\{a\} \rightarrow \{c, e\}$ 的置信度，从结果判定置信度是否为对称度量。

（3）把每个顾客 ID 视作一个购物篮（若一个项在某顾客的所有购买事务中出现了至少一次，则视为其出现在该购物篮中，否则视为没有），计算项集 $\{a\}$，$\{c,e\}$，$\{a,c,e\}$ 的支持度。

（4）使用第三问中的计算结果，计算关联规则 $\{c, e\} \rightarrow \{a\}$ 和 $\{a\} \rightarrow \{c, e\}$ 的置信度。

（5）假定把每个事务 TID 视作一个购物篮时，计算得出的关联规则 r 的支持度与分别为 s_1 和 c_1 的置信度，而把每个顾客 ID 视作一个购物篮时，计算得出的关联规则 r 的支持度和分别为 s_2 和 c_2 的置信度。s_1 和 s_2 之间存在某种关系吗？c_1 和 c_2 之间呢？

2. 考虑表 10-3 中的购物篮数据集。

表 10-3 购物篮数据集

事务 TID	购买项	事务 TID	购买项
1	{牛奶，啤酒，尿布}	6	{牛奶，尿布，面包，黄油}
2	{面包，黄油，牛奶}	7	{面包，黄油，尿布}
3	{牛奶，尿布，饼干}	8	{啤酒，尿布}
4	{面包，黄油，饼干}	9	{牛奶，尿布，面包，黄油}
5	{啤酒，饼干，尿布}	10	{啤酒，饼干}

（1）不包括零支持规则的情况下，从表 10-3 的购物篮数据集中最多可以提取多少条关联规则？

（2）找出项集（长度 ≥ 2）中具有最大支持度的项集。

（3）最小支持度大于 0 的情况下，可提取的最大频繁项集是几项集？

（4）数据集中是否存在一对规则 $\{a\} \rightarrow \{b\}$ 和 $\{b\} \rightarrow \{a\}$ 存在相同的置信度？

3. 现有如下频繁 3 项集的集合。

$\{1, 3, 4\}$, $\{1, 2, 4\}$, $\{3, 4, 5\}$, $\{1, 2, 5\}$, $\{2, 3, 5\}$, $\{1, 3, 5\}$, $\{2, 3, 4\}$, $\{1, 2, 3\}$

假设数据集中的项数为 5。

（1）采用 $F_{k-1} \times F_1$ 方法合并频繁 3 项集，列出该过程得到的候选 4 项集。

（2）采用 $F_{k-1} \times F_{k-1}$ 方法合并频繁 3 项集，列出该过程得到的候选 4 项集。

（3）对第二问的结果进行剪枝操作，列出剩下的候选 4 项集。

● ○ ● ○ ● 第11章

案例分析之随机森林

■ 学习目标

- 能够对银行信贷客户案例数据选取合适的数据挖掘模型
- 熟练掌握 R 语言中的数据预处理方法
- 加深学习 R 语言中的随机森林模型构建
- 结合实验结果对案例进行分析并给出管理建议

■ 案例背景

个人信用是整个社会信用的基础，市场交易中几乎所有的经济活动都与个人信用息息相关。一旦个人行为失去约束，就会发生个人失信行为，进而出现集体失信。因此，个人信用体系建设具有极其重要的意义。然而随着经济的发展，信用记录的重要地位与信用记录的缺失之间的矛盾日益激化，因此建立完善的信用体系迫在眉睫。

近年来，随着面向个人的小额贷款业务的不断发展，防范个人信贷欺诈、降低贷款不良率成为金融机构开展相关业务的首要目标。因此，对于全社会来说，完善个人信用体系迫在眉睫。目前，金融机构利用信用评分模型，在风险和收益之间进行取舍，估算违约概率，计算未来的违约损失金额大小，调整业务策略，以实现利润最大化。

11.1 案例介绍

本案例基于 2018 年银联商务 "银杏大数据算法竞赛" 的 "信贷用户逾期预测建模大赛" 相关数据，使用 R 语言实现相关算法，实现对小额信贷业务申请个人欺诈和逾期风险的识别，进一步提升金融机构防范欺诈和降低不良率的能力。案例中所使用的数据集含有 201 个属性，11 017 条记录。根据属性含义可分为 8 类数据，包括样本标识（用户编号）、被解释变量（用户是否逾期）、身份信息及财产信息（19 项）、持卡信息（21 项）、交易信息（90 项）、放款信息（16 项）、还款信息（41 项）和申请贷款信息（12 项），其中样本标识的属性名为 user_id，被解释变量的属性名为 y，其他属性的命名为 "x_ 编号"，属性的具体含义及已有数据详见本书提供的教辅材料中的 "model_sample.csv" 文件、"参数表 .xlsx" 文件和 "字段解释 .xlsx" 文件。

11.2　描述分析

首先，根据字段含义对 20 个属性进行因子化处理，包括被解释变量 y、17 项身份信息及财产信息和 2 项持卡信息。接着，基于数据的基本特征，了解数据的统计性信息。最后，依据有限的先验信息，利用可视化分析方式，探究数据间的关系。为了解数据的基础信息，我们首先对处理后的数据进行统计汇总，以获取数据的各类别数量、最小值、最大值、中位数、均值等描述性统计结果。

```
#导入数据
bank <- read.csv("./model_sample.csv")
bank[1:3,]
dim(bank)
#根据参数的含义，对被解释变量和其他19个属性进行因子化处理
bank$y <- factor(bank$y)
bank$x_003 <- factor(bank$x_003)
bank$x_004 <- factor(bank$x_004)
bank$x_005 <- factor(bank$x_005)
bank$x_006 <- factor(bank$x_006)
bank$x_007 <- factor(bank$x_007)
bank$x_008 <- factor(bank$x_008)
bank$x_009 <- factor(bank$x_009)
bank$x_010 <- factor(bank$x_010)
bank$x_011 <- factor(bank$x_011)
bank$x_012 <- factor(bank$x_012)
bank$x_013 <- factor(bank$x_013)
bank$x_014 <- factor(bank$x_014)
bank$x_015 <- factor(bank$x_015)
bank$x_016 <- factor(bank$x_016)
bank$x_017 <- factor(bank$x_017)
bank$x_018 <- factor(bank$x_018)
bank$x_019 <- factor(bank$x_019)
bank$x_027 <- factor(bank$x_027)
bank$x_033 <- factor(bank$x_033)
#********************描述性分析************************
summary(bank)
```

数据统计性信息展示如图 11-1 所示。被解释变量 $y=0$ 的数据有 8 873 条，$y=1$ 的数据有 2 144 条，存在类别不平衡现象。因此，在训练模型时需要处理该问题，减少预测结果有偏的现象发生。

```
> summary(bank)
  user_id            y             x_001             x_002           x_003          x_004          x_005
Length:11017       0:8873    Min.   :0.0000    Min.   :19.00     0:9391     0:10189       0:10840
Class :character   1:2144    1st Qu.:0.0000    1st Qu.:27.25     1:1626     1:  828       1:  177
Mode  :character             Median :0.0000    Median :31.00
                             Mean   :0.1557    Mean   :31.82

    x_006         x_007         x_008         x_009         x_010         x_011         x_012         x_013         x_014
 0:10760      0:10999      0:11012      0:10789      0:10896      0:10995      0:11017      0:10922      0:5468
 1:  257      1:   18      1:    5      1:  228      1:  121      1:   22                   1:   95      1:5549


    x_015         x_016         x_017         x_018         x_019          x_020                 x_021
 0:10997      0:9401       0:10937      0:6031       0:11013     Min.   : 0.000       Min.   : 0.000
 1:   20      1:1616       1:   80      1:4986       1:    4     1st Qu.: 2.000       1st Qu.: 1.000
                                                                Median : 3.000       Median : 2.000
                                                                Mean   : 3.457       Mean   : 2.857

      x_022               x_023               x_024              x_025               x_026
 Min.   :0.000000    Min.   :0.00000    Min.   :0.0000    Min.   :0.000     Min.   : 0.000
 1st Qu.:0.000000    1st Qu.:0.00000    1st Qu.:0.0000    1st Qu.:1.000     1st Qu.: 1.000
 Median :0.000000    Median :0.00000    Median :0.0000    Median :1.000     Median : 1.000
 Mean   :0.002723    Mean   :0.02941    Mean   :0.2223    Mean   :1.608     Mean   : 1.578
    x_027          x_028               x_029               x_030               x_031
 0:1385      Min.   :0.00000    Min.   :0.000     Min.   :0.0000    Min.   : 0.000
 1:7501      1st Qu.:0.00000    1st Qu.:0.000     1st Qu.:0.0000    1st Qu.: 0.000
 2:1798      Median :0.00000    Median :0.000     Median :1.0000    Median : 1.000
 3: 308      Mean   :0.00354    Mean   :0.399     Mean   :0.9916    Mean   : 1.235
```

图 11-1 数据统计性信息展示

为进一步探索数据之间的关系，分析被解释变量与交易信息、放款信息、还款信息和申请贷款信息之间的关系，利用可视化分析方法，绘制数据间的关系图。我们首先绘制被解释变量与近 6 个月房地产类、汽车类、保险类等 8 种类别交易金额的关系图，绘图结果如图 11-2 所示。

```
par(mfrow=c(3,3),mai=c(.3,.6,.1,.1))#设置图形空白边界,mai=c(bottom,left,top,right)
plot(x_104~y,data=bank,col=c(grey(.2),2:6))
plot(x_108~y,data=bank,col=c(grey(.2),2:6))
plot(x_111~y,data=bank,col=c(grey(.2),2:6))
plot(x_114~y,data=bank,col=c(grey(.2),2:6))
plot(x_117~y,data=bank,col=c(grey(.2),2:6))
plot(x_120~y,data=bank,col=c(grey(.2),2:6))
plot(x_125~y,data=bank,col=c(grey(.2),2:6))
plot(x_130~y,data=bank,col=c(grey(.2),2:6))
```

由图 11-2 可知，整体上，用户在属性 x_117（近 6 个月家装建材类交易金额）和 x_120（近 6 个月教育类消费金额）呈现出相对集中的消费能力，而在其他消费类别上的消费能力差异性较大。此外，由图 11-2 可推测个人信贷的未逾期/逾期在各类别消费中差异性较小。

下面绘制被解释变量与不同时段放款总金额的关系图，绘图结果如图 11-3 所示。

```
par(mfrow=c(1,3),mai=c(.6,.6,.3,.1))
plot(x_133 ~ y,data=bank,main="30天",ylab="金额",xlab="y")
plot(x_138 ~ y,data=bank,main="90天",ylab="金额",xlab="y")
plot(x_143 ~ y,data=bank,main="180天",ylab="金额",xlab="y")
```

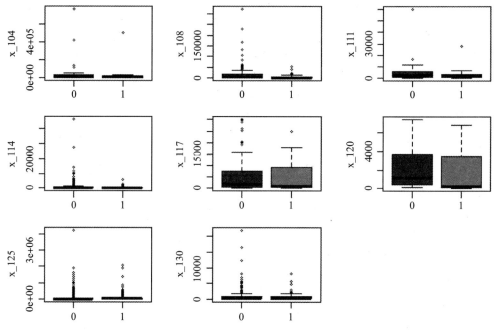

图 11-2　被解释变量与 8 类交易信息的关系

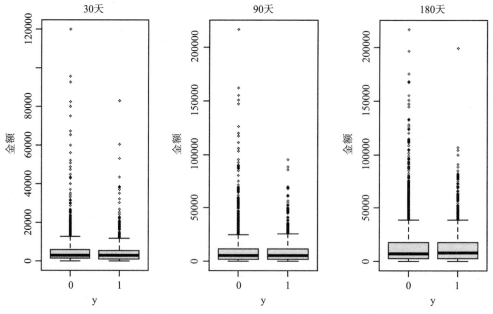

图 11-3　被解释变量与不同时段放款总金额的关系

由图 11-3 可知，不同时段放款总金额与用户是否逾期的关系。整体而言，30 天内放款总金额与 90 天放款总金额间差距大于 90 天内放款总金额与 180 天放款总金额间差距；个人信贷的未逾期 / 逾期在每个时段内的放款总金额中差异性较小。由分析可知，统计的金融机构中，对个人信用的评估较低，未能在放款阶段掌握用户信息并推测用户的逾期可能性，使得最终的放款总金额在未逾期 / 逾期用户之间存在的差异性不明显。

最后绘制被解释变量与不同时段成功申请贷款笔数的关系图，绘图结果如图 11-4 所示。

```
par(mfrow=c(1,3),mai=c(.6,.6,.3,.1))
plot(x_191 ~ y,data=bank,main="30天",ylab="成功申请贷款笔数",xlab="y")
plot(x_195 ~ y,data=bank,main="90天",ylab="成功申请贷款笔数",xlab="y")
plot(x_199 ~ y,data=bank,main="180天",ylab="成功申请贷款笔数",xlab="y")
```

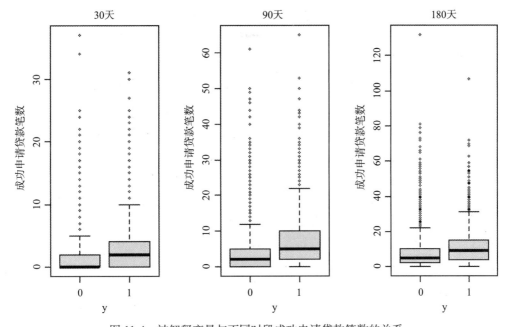

图 11-4　被解释变量与不同时段成功申请贷款笔数的关系

由图 11-4 可知被解释变量与不同时段成功申请贷款笔数的关系。整体而言，30 天成功申请贷款笔数与 90 天成功申请贷款笔数之间的差距大于 90 天内成功申请贷款笔数与 180 天成功申请贷款笔数之间的差距；在不同的时段中，个人信贷是否逾期皆会对放款总金额产生一定的影响。

调用 aggregate() 函数了解被解释变量与不同时段成功还款金额的数据关系，结果如图 11-5 所示。

```
newdata<-bank[,c(2,161,174,187)]
agg_mean <- aggregate(newdata[,2:4],by=list(newdata$y),FUN=mean,na.rm=TRUE)
agg_mean
```

```
agg_sum <- aggregate(newdata[,2:4],by=list(newdata$y),FUN=sum,na.rm=TRUE)
agg_sum
```

```
        Group.1    x_159      x_172      x_185
1            0  3171.835   6507.384   10229.29
2            1  3590.921   8124.772   12702.10

        Group.1    x_159      x_172      x_185
1            0  8389505  24565375   47760540
2            1  4273197  12138410   20602806
```

图 11-5　被解释变量与不同时段成功还款金额的数据关系

由图 11-5 可知被解释变量与不同时段成功还款金额的数据关系，了解用户未逾期/逾期在不同时段成功还款金额的均值差异和总数差异。其中图 11-5 的上半部分是 FUN 设置为 mean 的结果，下半部分是 FUN 设置为 sum 的结果。整体而言，用户未逾期/逾期的成功还款金额的均值差异较小，但总数差异较大；不同时段之间的均值差异和总数差异呈现明显差异。分析可知，未逾期用户的成功还款金额在整体上明显大于逾期用户。

通过对现有数据集进行描述性分析，了解到用户在不同消费类型上的交易金额呈现一定差异：在房地产、汽车、保险、商旅、金融和加油等 6 个类别中的消费能力相对分散，在家装建材和教育类中的消费能力相对集中；金融机构对未逾期用户和逾期用户的放款金额之间存在较小差异；未逾期用户和逾期用户在不同时段成功申请贷款笔数存在一定差异；未逾期用户的成功还款金额在整体上明显大于逾期用户。此外，我们还了解到，当前金融机构对个人的信用评估能力较低，未能在个人信贷中较好地利用用户的历史信息，导致未逾期用户和逾期用户之间的放款金额差异和成功申请贷款的差异不够显著，这在一定程度上给金融机构造成了较大风险。因此，相关金融机构需要利用用户的历史个人信贷信息、消费信息等，构建预测模型，从而进行有效的信用评估与风险预测。

11.3　模型构建

如前所述，由于数据集中存在类别不平衡的现象，故在模型构建之前，首先需要采用过采样方法对数据进行类平衡，随后利用随机森林模型进行预测。

为了防止信息泄露，我们首先进行测试集与训练集的划分，再利用训练集信息进行缺失值填充，其中训练集与测试集的数据比例为 8 : 2。下面对性别属性 x_001 和年龄属性 x_002 均采用训练集中各属性的中位数进行缺失值填充，基于其他属性的含义进行 "0" 值填充，对被解释变量 y 也进行 "0" 值填充，即默认用户为 "未逾期"。

```
# 先划分测试集与训练集，再进行缺失值填充，以防止信息泄露
sub <- sample(1:nrow(bank),round(nrow(bank)* 0.8))
num_sample <- length(sub)
set.seed(1)
train <- sample(1:nrow(bank),num_sample)
```

```
xtrain <- bank[train,3:201]
xnew <- bank[-train,3:201]
ytrain <- bank$y[train]
ynew <- bank$y[-train]

# 性别和年龄用中位数填充空缺值
xtrain[is.na(xtrain$x_001),"x_001"] <- median(xtrain$x_001,na.rm=T)
xtrain[is.na(xtrain$x_002),"x_002"] <- median(xtrain$x_002,na.rm=T)

# 用训练集信息填充测试集缺失值
xnew[is.na(xnew$x_001),"x_001"] <- median(xtrain$x_001,na.rm=T)
xnew[is.na(xnew$x_002),"x_002"] <- median(xtrain$x_002,na.rm=T)

# 其他空缺值依据字段意，选择用0来填充
xtrain[is.na(xtrain)] <- 0
xnew[is.na(xnew)] <- 0
ytrain[is.na(ytrain)] <- 0
ynew[is.na(ynew)] <- 0
```

完成信息填充后，对数据集进行检验，结果表明当前数据集已不含缺失值。

```
# 统计缺失值分类个数:FLASE 非缺失值；TRUE缺失值
table(is.na(xtrain))
输出:
   FALSE
1753986

table(is.na(xnew))
输出:
FALSE
438397

table(is.na(ytrain))
输出:
FALSE
 8814

table(is.na(ynew))
输出:
FALSE
 2203
```

由于数据存在类别不平衡现象，需要对训练集数据进行类平衡处理。这里采用的类平衡方法是过采样，利用 ROSE 包中的 ovun.sample() 函数进行处理。参数 method="over"，即为过采样方法。

```
# 处理数据不平衡:过采样
install.packages("ROSE")
```

```
library(ROSE)
under <- ovun.sample(ytrain~.,data=cbind(ytrain,xtrain),method="over",seed=1)$data
summary(ytrain)
输出:
0        1
7081    1733

summary(under$ytrain)
输出:
0        1
7081    7037

dim(under)
输出:
[1] 14118   200
```

从输出结果来看，利用过采样的方法可以得到新的训练集数据，其中被解释变量 y=0 的数据有 7 081 条，y=1 的数据有 7 037 条。

数据处理完成后，基于 randomForest 包构建基础模型。随机森林模型构建的第一步，需要指定节点中用于划分二叉树的最佳变量个数 mtry 以及随机森林所包含的最佳决策树数目 ntree。为此，我们计算不同 mtry 取值下模型的误判率均值，并计算决策树数量与模型误差的关系，将结果可视化展示。

```
xtrain <- under[,2:200]
ytrain <- under[,1]

# 随机森林模型
install.packages("randomForest")
library("randomForest")

# 寻找最优参数mtry，即指定节点中用于二叉树的最佳变量个数
n <- ncol(under)
rate <- 1  # 设置模型误判率向量初始值
for (i in 1:(n - 1)){
  set.seed(10)
  rf_train <- randomForest(ytrain ~ .,data=under,mtry=i,ntree=400)
  rate[i] <- mean(rf_train$err.rate)# 计算模型误判率均值
  print(rf_train)
}
rate  # 展示所有模型误判率的均值
plot(rate)

# 寻找最佳参数ntree，即指定随机森林所包含的最佳决策树数目
set.seed(1)
rf_train <- randomForest(ytrain ~ .,data=under,mtry=6,ntree=50)
plot(rf_train)# 绘制模型误差与决策树数量关系图
```

图 11-6 展示了 mtry 与模型误判率均值的关系，图 11-7 展示了决策树数量与模型误差的关系。当 mtry 取值为 6 时，模型的误判率均值几乎达到最低；ntree 取值大于 30 后，模型误差的下降速度较慢，且误差已经达到了一个很低的水平。综合模型的质量和求解速度考虑，我们最终将 mtry 设置为 6，ntree 设置为 30，并基于此搭建随机森林模型。

```
# 基于ntree、mtry两个参数搭建随机森林模型
set.seed(1)
rf_train <- randomForest(ytrain ~ .,data=under,mtry=6,ntree=30,importance=TRUE)
```

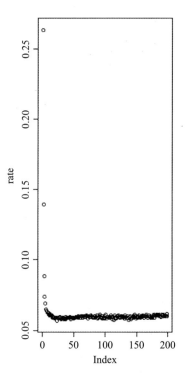
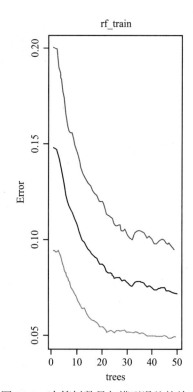

图 11-6　mtry 与模型误判率均值的关系　　　图 11-7　决策树数量与模型误差的关系

预测模型构建后，可输出模型的相关信息。我们通过调用 write.csv() 函数将模型的详细数据记录到 importance.csv 文档中，主要包括各特征在未逾期用户和逾期用户中的重要性、从精确度递减的角度来衡量重要程度和从均方误差递减的角度来衡量重要程度等 4 类数据。我们随后绘制了输入变量重要性测度指标柱状图和散点图，柱状图如图 11-8 所示。散点图如图 11-9 所示。

```
# 输出变量重要性:分别从精确度递减和均方误差递减的角度来衡量重要程度
importance <- importance(rf_train)
write.csv(importance,file="E:/R/project/bank/importance.csv",row.names=T,quote=F)
barplot(rf_train$importance[,1],main="输入变量重要性测度指标柱形图",col="blue")
box()
```

```
# 提取随机森林模型中以准确率递减方法得到维度重要性值。type=2为基尼系数方法
importance(rf_train,type=1)
varImpPlot(x=rf_train,sort=TRUE,n.var=nrow(rf_train$importance),main="输入变量重要
  性测度散点图",cex=.5)
```

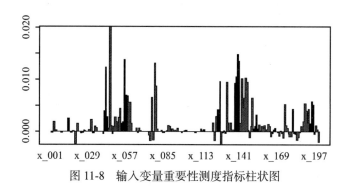

图 11-8　输入变量重要性测度指标柱状图

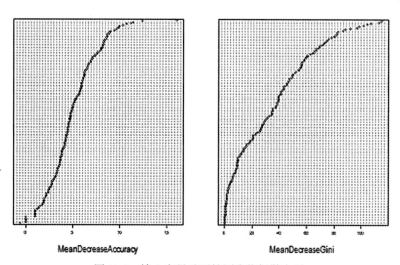

图 11-9　输入变量重要性测度指标散点图

通过观察可以发现，不同属性之间的重要性差异较大。表 11-1 展示了重要性为前六名的属性及重要性值。从精确度递减的角度分析可知：属性 x_047（近 6 个月交易金额均值 / 标准差）、x_147（最近一笔成功还款金额）、x_080（近 6 个月互联网交易金额均值 / 标准差）的重要性排前三；从均方误差递减的角度分析可知，属性 x_125（近 6 个月金融类消费金额）、x_137（90 天内放款机构数量）、x_046（近 6 个月交易金额均值）的重要性排前三。

直接输出模型可展示随机森林模型的简要信息，结果如图 11-10 所示。

```
print(rf_train)# 展示随机森林模型简要信息
```

表 11-1 重要性为前六名的属性及重要性值

排名	精确度递减角度的重要性值	属性	均方误差递减角度的重要性值	属性
1	15.969 239 73	x_047	114.707 744 7	x_125
2	12.391 962 83	x_147	114.320 040 5	x_137
3	11.381 680 1	x_080	112.763 327	x_046
4	11.185 308 16	x_020	106.754 412 5	x_145
5	10.738 921 09	x_159	104.270 240 4	x_075
6	10.303 138 7	x_048	101.468 127 1	x_042

```
Call:
 randomForest(formula = ytrain ~ ., data = under, mtry = 6, ntree = 30,        importance = TRU
E)
               Type of random forest: classification
                     Number of trees: 30
No. of variables tried at each split: 6

        OOB estimate of  error rate: 7.68%
Confusion matrix:
    0    1 class.error
0 6361  720 0.10168055
1  364 6673 0.05172659
```

图 11-10 随机森林模型的简要信息

由图 11-10 可知，构建的随机森林模型是分类模型，有 30 棵独立的决策树，每棵决策树有 6 个节点，模型误差率为 7.68%。图 11-10 中还展示了训练集的预测结果与原始结果对比的二维表，即混淆矩阵。

最后，对测试集数据进行预测，并对比预测结果与原始信息，求得准确率、精确率、召回率（敏感性）、特异性和平衡的准确率。

```
# 预测
testdata <- cbind(ynew,xnew)
pred <- predict(rf_train,newdata=testdata)
pred_out_1 <- predict(object=rf_train,newdata=testdata,type="prob")# 输出概率
table <- table(pred,ynew)
table
输出:
    ynew
pred   0     1
0  1613  277
1   179  134


accuracy <- sum(diag(table))/ sum(table)# 预测准确率
precision <- table[2,2] / (table[2,1]+table[2,2])# 精确率(阳性预测值)
recall <- table[2,2] / (table[1,2]+table[2,2])# 召回率(敏感性)
specificity <- 1 - (table[2,1] / (table[2,1]+table[1,1]))# 特异性(真阴性率)
```

```
balace_accuracy <- (recall+specificity)/ 2 # 平衡的准确率

accuracy
输出:
[1] 0.7930095

precision
输出:
[1] 0.428115

recall
输出:
[1] 0.3260341

specificity
输出:
[1] 0.9001116

balace_accuracy # 输出计算值
输出:
[1] 0.6130728
```

根据输出结果可知，测试集中正确分类的数据有 1 747 项，准确率为 79.30%，平衡的准确率为 61.31%。

11.4　结果分析

基于训练集数据在随机森林模型中的训练结果，可以从精确度递减和均方误差递减两个角度衡量重要程度，并对各个属性的重要性值进行排序。分析结果可知，用户是否逾期主要与用户的交易信息相关，其中用户的近 6 个月的交易金额和金融类消费金额的重要性尤为显著。利用构建的随机森林模型预测测试集数据，分析结果可知，该模型的准确率为 79.30%，平衡的准确率为 61.31%。

需要注意的是，在构建模型之前，需要对原始数据进行必要处理，本书主要从填充缺失值和类平衡处理两方面着手。首先，为了防止信息泄露，需要先划分训练集和测试集，再利用训练集中各个属性的数据分别填充训练集和测试集中对应属性的缺失值，而不是利用整体的数据的某个统计值（如中位数）进行填充。其次，本书选用的数据集存在类不平衡问题，因此本书在构建模型前采用过采样方式进行类平衡处理。接着，基于处理后的数据进行模型的训练，通过训练寻找到最优参数 mtry=6 和 ntree=30。最后，对测试集数据进行预测，并计算模型的准确率、精确率、召回率、特异性和平衡的准确率等指标。

◎ **本章小结**

　　本章介绍的案例基于"信贷用户逾期预测建模大赛"的相关数据，通过使用 R 语言构建随机森林预测模型，最终实现对小额信贷业务申请个人欺诈和逾期风险的识别，进一步提升金融机构防范欺诈和降低不良率的能力。

第12章 ●━━○━●━━○━●

案例分析之*K*均值聚类

■ 学习目标

- 能够对电力公司客户用电量数据选取合适的数据挖掘模型
- 熟练掌握 R 语言中的数据预处理方法
- 加深学习 R 语言中的 *K* 均值聚类过程
- 结合实验结果对案例进行分析并给出管理建议

■ 案例背景

　　随着工业化与城市化进程的推进，我国北方大部分地区在秋冬季出现了严重的雾霾天气，而传统的燃煤采暖方式则是雾霾肆虐的主要元凶之一。面对日益严峻的环境问题，国家发展改革委在"十三五"规划中明确指出要优先发展清洁能源。电力企业作为能源产业的主要供给者，必须采取散煤改造与煤改电等能源转型措施，践行国家"绿色发展"战略。居民客户是电力供给的重要需求者，推进煤改电工程将使居民用电方式发生转变。因此，研究居民客户对煤改电工程的响应程度，针对不同细分目标市场提出相应对策和建议，对提升客户满意度至关重要。

12.1 案例介绍

　　以某电力公司客户用电量数据与问卷调查收集的客户数据为实例，按照客户意愿和客户价值对目标市场进行细分，并提出管理建议。案例进行了客户细分变量提取、数据收集、数据预处理、*K* 均值聚类，最后给出了对策与建议。

12.2 客户细分变量提取

12.2.1 客户意愿细分变量

影响客户意愿的因素主要包括自然与经济、客户用电量和影响客户改造意愿等相关因素。自然与经济因素主要是指客户所在地的自然地理环境与经济状况，相关变量主要包括冬季气温、地理环境、居住环境、客户年收入与所在地生产总值。其中，冬季气温能够体现采暖季客户用电行为差异，居住环境包括城中村、县城、乡村与城镇小区等，能够体现客户用电环境差异。客户年收入与所在地生产总值则能够体现客户经济条件以及所处城镇的总体经济水平差异。

客户用电量包括使用习惯、电价类型、采暖面积、人口数量和保温层情况。在煤改电项目中，政府推出多种新型电价收费方式。选取电价类型为变量，能够探究各种电价种类的客户特性。采暖面积能够反映不同客户的供暖需求。选择人口数量为细分变量主要是因为在以往的研究中，家庭人数会显著影响客户的用电行为。保温层的配备情况会直接影响客户家庭的保暖情况，但由于在数据收集阶段，99.1% 的客户家庭中都安装了保温层，因此取消该项变量。

此外，影响客户改造意愿的变量主要包括改造时间、改造前资源用量、改造前资源价格、电器类型、电器品牌、电器价格、设备功率、补贴政策普及情况和补贴情况。其中：改造时间影响客户对电力采暖方式的接受与适应程度；电器类型、电器品牌和设备功率表示客户对不同类型电器的使用意愿，影响其用电方式；补贴情况和补贴政策普及情况是指在煤改电项目实施过程中，客户是否接收了政府机构的电费补贴以及补贴政策普及情况。

基于上述分析，影响客户意愿的细分变量选取如图 12-1 所示。

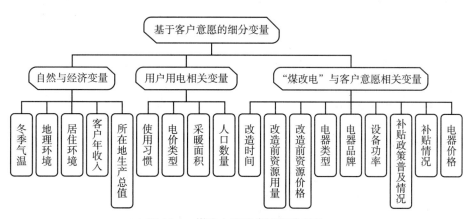

图 12-1 煤改电客户意愿细分变量

12.2.2 客户价值细分变量

基于煤改电客户价值的细分变量较多，不同研究针对不同的数据维度与数据规模提出了不同的细分变量，采用较多的包括年用电量、年度最大负荷、月度用电量、分时用电量、年最大峰谷差以及日用电量等多种细分变量。本案例主要研究进行煤改电项目改造后居民的用电行为差异，从用电量数据进行探索，主要关注采暖季用电量的变化。

12.3 数据收集

12.3.1 客户意愿数据

使用问卷调查的方式对已完成煤改电改造的客户进行相关数据的收集，调查范围主要集中在陕西省关中地区，包括西安、咸阳、西咸新区、宝鸡、渭南和铜川这六个市区的城镇及农村居民。问卷中的问题主要围绕客户意愿细分变量进行设置，包括客户基本信息、采暖方式及用能特点、陕西省采暖补贴落实情况和客户满意度。最后通过随机抽样发放调查问卷，完成数据调研。

12.3.2 客户价值数据

本案例抽取了 2018 年实施煤改电项目的 46.1 万个客户的月用电量数据，包括客户基本信息、改造时间和电价类型等信息，时间跨度从 2017 年 11 月至 2019 年 11 月共 25 个月。

12.4 数据预处理

收集到的数据通常规模庞大、类型混乱、不完全且模糊，同时包含各种噪声数据，影响数据挖掘的效果。因此需要对数据进行预处理。数据预处理的常用方法包括数据清洗、数据变换、数据规约等，本案例中采用的预处理方式包括数据清洗与整理、离群值处理、标准化处理与 One-Hot 编码。

12.4.1 数据清洗与整理

1. 缺失值处理

在收集用电量数据时，由于部分用户不在用电场所居住等原因，导致系统中存在缺失值，故通过数据预处理将有缺失值的数据剔除。此外，由于个别客户填写方式有误，导致部分问卷收集的数据不能覆盖全部细分变量，故将无法获取有效数据的问卷进行剔除。

2018 年实施煤改电改造的用户的月用电量数据中缺失值处理过程如下：

```
library(openxlsx)
data <- read.xlsx('./userValue2018.xlsx')
data <- na.omit (data)
```

2.字符变量转换

为便于数据分析，需要将字符变量转化为数值型变量，在转换过程需保证转换后的数据能够反映原本数据之间的差距，且不改变原本字符变量之间的关系。字符变量转换部分内容如表12-1所示。

表 12-1　字符变量转换部分内容

类别	指标	数值	类别	指标	数值
BOOL	是	1	地理环境	平原	1
	否	0		山区	0

12.4.2　离群值处理

离群值（outlier）是指在数据集中同其他数据存在较大差异的值，离群值是个体某些极端情况的表现，或运行中出现的异常数值。离群值的存在会对方差和标准差产生比较大的影响。而 *K* 均值算法对于离群值十分敏感，因此需要对离群值进行处理。

箱线图是统计学中用来显示数据分布情况的常用图形，可以快速定位离群点并显示分布情况，常被用来处理离群值。以总用电量为依据，使用箱线图处理 2018 年实施煤改电用户的月用电量数据中的离群点，过程如下：

```
data2 <- as.data.frame(lapply(data,as.numeric))
boxplot(data2$sum)
```

剔除离群点前数据分布情况如图 12-2 所示。

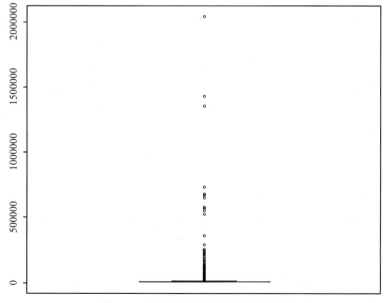

图 12-2　剔除离群点前数据分布情况

通过箱线图定义离群值，并提取出不包含离群值的数据集，剔除离群点后的数据分布情况如图 12-3 所示。

```
outliers <- boxplot(data2$sum,plot=FALSE)$out
x <- data2
x <- x[-which(x$sum %in% outliers),]
boxplot(x$sum)
```

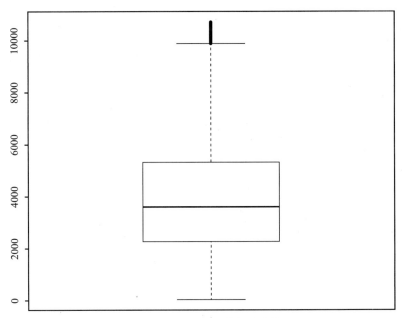

图 12-3　剔除离群点后数据分布情况

12.4.3　标准化处理

案例所收集的数据指标较多，不同的指标具备不同的量纲。若直接使用原始数据分析，则会因为量纲不同，导致数值较大的数据对研究结果起到较大的影响，而数值较小的数据则会因为其与较大数值数据间的差异导致其对研究结果的影响作用被削弱。

本案例使用 z-score 标准化对数据进行处理，z-score 标准化公式如下所示：

$$x' = \frac{x - u}{\sigma}$$

式中，x 为原始数据；u 为样本均值；σ 为样本标准差。

随机取出 5 000 个样本，对 2018 年实施煤改电的用户的月用电量数据进行分析。数据标准化过程如下：

```
dim(x)[1]
输出:
```

```
[1] 134749

newdata <- x[1:134749,4:28]
set.seed(1234)
newdata <- newdata[sample(nrow(newdata),5000),]
df <- scale(newdata)
```

12.4.4　One-Hot 编码

本案例数据集中变量类型不统一，针对混合型变量的数据集，若直接将分类型变量连续化，例如转换为 1，2，3，4，则可能会出现偏离实际的分析结果。特征之间的距离是用来聚类的关键函数，目前常用的距离为欧式距离，One-Hot 编码可以使欧氏距离的计算更为精确。因此，案例针对离散的分类型变量采用了 One-Hot 编码。

以案例中变量"用电习惯"为例，客户用电习惯包括全天使用、上午 8:00 至晚上 8:00 使用和晚上 8:00 至第二天上午 8:00 使用，将原本的使用习惯转换为三个 0-1 变量，如表 12-2 所示。

表 12-2　用电习惯：One-Hot 编码

用电习惯	用电习惯 -1	用电习惯 -2	用电习惯 -3
全天使用	1	0	0
上午 8:00 至晚上 8:00 使用	0	1	0
晚上 8:00 至第二天上午 8:00 使用	0	0	1

则全天使用对应的 One-Hot 编码为 [1, 0, 0]，上午 8:00 至晚上 8:00 使用对应的编码为 [0, 1, 0]，晚上 8:00 至第二天上午 8:00 使用对应的编码为 [0, 0, 1]。本案例使用 One-Hot 编码表示用电习惯和居住环境 2 个离散分类型数据，使分析结果更加科学。此外，居住环境包括城中村、县城、乡村和城镇小区共 4 个属性值。

12.4.5　Binary 编码

对于分类类别较多的分类离散变量，若采用 One-Hot 编码，则会导致维度急剧增长，过高的维度与过于离散的数据会稀释数据间的联系。此时使用二进制编码能够有效避免维度爆炸情况的发生。

案例中将电价类型、电器种类、生产厂家、常住人口、补贴普及情况、享受过的补贴情况进行了二进制编码。以电价类型为例，电价类型二进制编码如表 12-3 所示。

常住人口包括 1、2、3…9、10 共 10 个属性值；补贴普及情况包括普及和未普及 2 个属性值；享受过的补贴情况包括未享受、电价补贴和一次性购置补贴。电器种类包括空调、小太阳、电热毯、电锅炉（含壁挂和落地式）、空气源热泵（热风机）、直热式电暖器和电炕等。生产厂家包括格力、美的、海尔、海信、松下、珠海、春晖等。

表 12-3　电价类型二进制编码

变量	类别	序号	二进制编码	最终编码	
电价类型	不清楚	0	0000-00-00	0	0
	电采暖电价	1	0000-00-01	0	1
	峰谷电价	2	0000-00-10	1	0
	阶梯电价	3	0000-00-11	1	1

12.5　K 均值聚类

12.5.1　K 值确定

1. 手肘法

首先使用手肘法，分别确定对煤改电客户意愿和客户价值数据集进行聚类时的最佳 K 值。客户意愿手肘图绘制过程如下：

```
library (openxlsx)
userwill <- read.xlsx ('./userWilling.xlsx')
userwill <- na.omit (userwill)
fviz_nbclust (userwill,kmeans,method="wss")
```

输入代码后得到的手肘图结果如图 12-4 所示。

此外，客户价值数据集的手肘图绘制过程如下：

```
library(ggplot2)
library(factoextra)
fviz_nbclust(df,kmeans,method="wss")
```

基于客户价值数据集的手肘图结果如图 12-5 所示。

从手肘图可以看出，当聚类数为 2 时，图 12-4 和图 12-5 中的畸变程度都是最大的，因此在对客户意愿和客户价值数据聚类时，可以考虑选择 2 为初始 K 值。

2. 轮廓系数法

客户意愿数据集的轮廓系数图绘制过程如下：

```
fviz_nbclust(userwill,kmeans,method="silhouette")
```

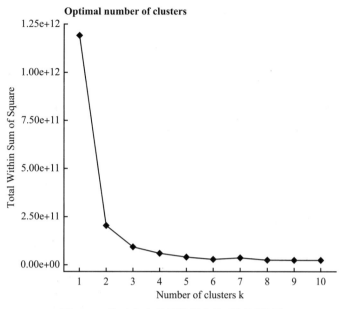

图 12-4 基于客户意愿数据集的手肘图结果

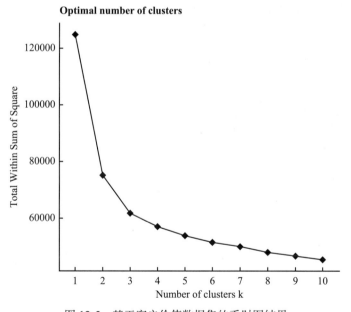

图 12-5 基于客户价值数据集的手肘图结果

基于客户意愿数据集的轮廓系数图结果如图 12-6 所示。

客户价值数据集轮廓系数图绘制过程如下：

```
fviz_nbclust(df,kmeans,method="silhouette")
```

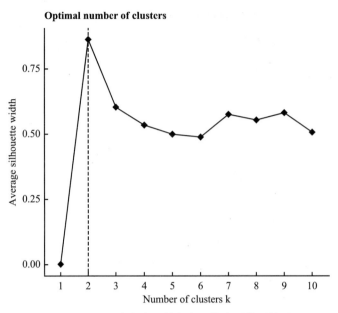

图 12-6　基于客户意愿数据集的轮廓系数图结果

基于客户价值数据集的轮廓系数图结果如图 12-7 所示。

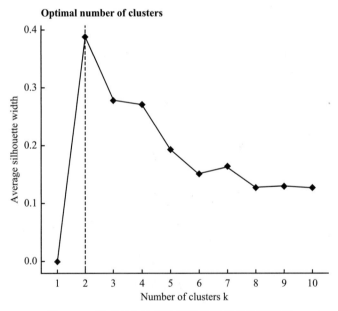

图 12-7　基于客户价值数据集的轮廓系数图结果

使用轮廓系数法确定最佳 K 值，将 method 参数设置为 "silhouette"。由图可知：K 取 2 时基于客户意愿和基于客户价值数据集的平均轮廓系数均最大，则最佳聚类数为 2。

12.5.2 聚类及可视化

综合手肘图和轮廓系数图，在对用户意愿数据集和用户价值数据集聚类时，最佳 K 值均取为 2，以下进行 K 均值聚类并将结果可视化。

基于客户意愿数据集聚类过程如下：

```
set.seed(1234)
km.will <- kmeans(userwill,2,nstart=25)
fviz_cluster(km.will,data=userwill)
```

基于客户意愿数据集的聚类结果如图 12-8 所示。

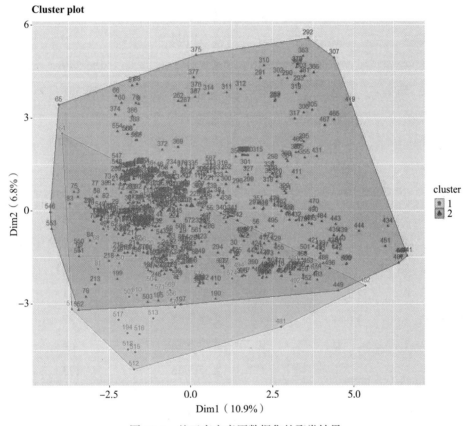

图 12-8 基于客户意愿数据集的聚类结果

煤改电客户意愿数据聚类的最终聚类中心如表 12-4 所示。

```
will.km <- kmeans(userwill,2,nstart=25)
round(will.km$centers,digits=0)
```

表 12-4　煤改电客户意愿数据聚类的最终聚类中心

变量类型	聚类 1	聚类 2	变量类型	聚类 1	聚类 2
电价种类-1	1	1	常住人口-3	0	0
电价种类-2	1	1	常住人口-4	1	0
采暖面积	80	63	地理环境-0	0	0
原资源用量	632	382	地理环境-1	1	1
原资源价钱	560	398	居住环境-1	0	0
电器种类-1	0	0	居住环境-2	0	0
电器种类-2	0	0	居住环境-3	1	1
电器种类-3	0	0	居住环境-4	0	0
电器种类-4	0	0	家庭年收入	195 349	37 595
电器种类-5	0	0	改造时间	43 538	43 576
电器种类-6	1	1	用电习惯-1	1	0
设备功率	4	4	用电习惯-2	0	1
生产厂家-1	0	0	用电习惯-3	0	0
生产厂家-2	0	0	补贴政策普及-0	0	0
生产厂家-3	0	0	补贴政策普及-1	1	1
生产厂家-4	0	0	补贴情况-1	0	0
生产厂家-5	0	0	补贴情况-2	0	0
生产厂家-6	0	0	补贴情况-3	1	1
电器价格	4 044	3 444	夏季气温	27	26
常住人口-1	0	0	冬季气温	6	6
常住人口-2	1	1	生产总值	223	269

　　从聚类中心上看，第一类客户所处自然与经济环境有以下特点：冬季平均气温为6度，夏季平均气温为27度。大多位于平原地区的乡村，家庭年收入均值为195 349元，所在地区年生产总值的平均值为223亿元。对于客户用电相关因素而言，该类客户采用的电价类型大多数为阶梯电价与电采暖电价，平均采暖面积为80平方米，平均常驻人口为5人，并且习惯在上午8：00至晚上8：00使用电采暖设备。改造时购买采暖设备的平均价格为4 044元，平均功率为4kW。另外，该类客户对于补贴政策基本上都了解过且偏向于接纳一次性购置补贴政策。

第二类客户与第一类客户存在一定差异，其所在自然环境与第一类客户基本相同，但经济环境与第一类客户相差较大。其家庭年收入的均值为 37 595 元，仅为第一类客户的19.2%，所在地区年平均生产总值为第一类客户的120.6%。第二类客户采用的电价类型与第一类客户基本相同，其平均采暖面积是第一类客户的78.7%，平均用电人口为 4 人，用电习惯为晚上 8:00 至第二天上午 8:00 使用电采暖设备。改造时购买采暖设备的平均价格为第一类客户的85.2%。此外，补贴情况与第一类客户类似。

第一类客户改造前的采暖方式资源消耗量与金额都相对较高，采暖面积较大，且年收入水平明显高于第二类客户；从用电习惯上看，该类客户不仅注重夜间的采暖需求，对于白天的采暖需求也乐于满足。综上，第一类客户总体上收入水平较高，采暖需求较高，并且对于满足自己采暖需求的意愿也较高，将其定位为"积极客户"。同时我们将第二类客户定位为"保守客户"。

基于客户价值数据集的聚类过程与上文基于客户意愿的聚类相似：

```
km.value<- kmeans(df,2,nstart=25)
fviz_cluster(km.value,data=df)
```

基于客户价值数据集的聚类结果如图 12-9 所示。煤改电客户价值数据聚类的最终聚类中心如表 12-5 所示。

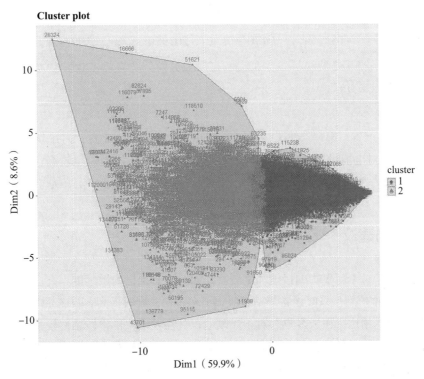

图 12-9　基于客户价值数据集的聚类结果

```
value.km <- kmeans(df,2,nstart=25)
value.km$centers
round(aggregate(newdata,by=list(cluster=value.km$cluster),mean))
```

表 12-5　煤改电客户价值数据聚类的最终聚类中心

时间	聚类		时间	聚类	
	1	2		1	2
201711	195	87	201812	220	85
201712	217	86	201901	417	135
201801	285	101	201902	428	142
201802	335	113	201903	378	154
201803	295	128	201904	237	91
201804	207	86	201905	183	77
201805	172	75	201906	186	81
201806	171	77	201907	194	86
201807	209	90	201908	287	122
201808	363	152	201909	268	117
201809	416	170	201910	199	88
201810	182	82	201911	205	91
201811	176	78			

从聚类中心上看，第一类客户从 2017 年 11 月至 2019 年 11 月，月平均用电量均高于第二类客户，其对电能设备的使用频率较高，且高温季节的用电量也较高，说明第一类客户用电意愿强烈，将其定位为"大客户"。相对而言，将第二类客户定义为"小客户"。

12.6　对策与建议

"积极客户"对于新事物的接纳程度较高，同时对于价格的敏感度不高。可以通过提供一户上门服务、推广新型采暖设备等措施吸引更多客户，同时提高客户满意度。

"保守客户"相比"积极客户"对于煤改电积极性较低，价格敏感性较强，仅需满足自身的刚性需求即可。可以通过提高煤改电宣传力度、推广电采暖电价、开展成片改造、推广低功率设备和优化补贴政策等措施，提高客户对煤改电工程的响应程度，同时通过成片改造的规模效应降低项目实施成本。

"大客户"用电量高，用电习惯良好，但用电量增长空间不大，应当着重提高用电满意度来培养客户忠诚度，并利用"大客户"的高配合度进行新政策的推广。可通过为大客户打造专属的增值服务、提供主动故障维修、优化客户应急用电体验等措施，在大客户中树立品牌效应，提高客户满意度，形成良好的口碑。

"小客户"用电量低，高温季与采暖季的用电习惯基本没有培养出来，同时对于价格极其敏感。对于这类客户而言，用电量增长空间较大，客户规模庞大，应当着重吸引客户采用电器设备，优化补贴政策来促进用电量的增长。可通过优化补贴政策、完善客户服务通道、加强冬季电采暖宣传以及推广制热效率高的采暖设备等措施进行优化。

◎ 本章小结

本章介绍的案例以某电力公司客户用电量数据与问卷调查收集的客户数据为实例，通过使用 R 语言运用 K 均值聚类方法分别对客户意愿和客户价值数据聚类，给出目标市场的细分结果，并根据细分结果对各细分市场进行定义与分析，最终提出对策与建议。

参考文献

［ 1 ］LEDOLTER J. Data mining and business analytics with R［M］. Hoboken: Wiley, 2013.

［ 2 ］O'NEIL C, SCHUTT R. Doing data science: straight talk from the frontline［M］. Sebastopol: O'Reilly media, 2013.

［ 3 ］TAN P N, STEINBACH M, KUMAR V. Introduction to data mining［M］. London: Pearson, 2016.

［ 4 ］达尔加德. R 语言统计入门［M］. 郝智恒, 何通, 邓一硕, 等译. 北京: 人民邮电出版社, 2014.

［ 5 ］李航. 统计学习方法［M］. 北京: 清华大学出版社, 2012.

［ 6 ］刘顺祥. R 语言数据分析、挖掘建模与可视化［M］. 北京: 清华大学出版社, 2021.

［ 7 ］威克姆. ggplot2: 数据分析与图形艺术［M］. 黄俊文, 王小宁, 于嘉傲, 等译. 西安: 西安交通大学出版社, 2018.

［ 8 ］王翔, 朱敏. R 语言: 数据可视化与统计分析基础［M］. 北京: 机械工业出版社, 2019.

［ 9 ］张杰. R 语言数据可视化之美: 专业图表绘制指南［M］. 北京: 电子工业出版社, 2019.

［10］周志华. 机器学习［M］. 北京: 清华大学出版社, 2016.

［11］朱顺泉, 夏婷. R 语言与数据分析实战［M］. 北京: 人民邮电出版社, 2021.